高职高专“十三五”建筑及工程管理类专业系列规划教材

建筑装饰工程计量与计价

Construction Project

主　编　孙来忠　韦　莉

副主编　范玉霞

主　审　李君宏

西安交通大学出版社
XI'AN JIAOTONG UNIVERSITY PRESS

国家一级出版社
全国百佳图书出版单位

图书在版编目(CIP)数据

建筑装饰工程计量与计价 / 孙来忠，韦莉主编. —西安：西安交通大学出版社，2020.9(2023.6 重印)
ISBN 978-7-5605-9679-2

Ⅰ. ①建… Ⅱ. ①孙… ②韦… Ⅲ. ①建筑装饰-工程造价-高等职业教育-教材 Ⅳ. ①TU723.3

中国版本图书馆 CIP 数据核字(2017)第 103283 号

书　　名 建筑装饰工程计量与计价
主　　编 孙来忠　韦　莉
责任编辑 李逢国

出版发行 西安交通大学出版社
(西安市兴庆南路 1 号　邮政编码 710048)
网　　址 http://www.xjtupress.com
电　　话 (029)82668357　82667874(市场营销中心)
(029)82668315(总编办)
传　　真 (029)82668280
印　　刷 西安明瑞印务有限公司

开　　本 787mm×1092mm　1/16　**印张** 13.75　**字数** 344 千字
版次印次 2020 年 9 月第 1 版　2023 年 6 月第 4 次印刷
书　　号 ISBN 978-7-5605-9679-2
定　　价 39.80 元

如发现印装质量问题，请与本社市场营销中心联系。
订购热线：(029)82665248　(029)82667874
投稿热线：(029)82664840
读者信箱：xj_rwjg@126.com

前言

本书以能力培养为主线，注重实用性与针对性，恰当地融合理论知识与实践能力，针对土建类高职高专学生应掌握的最新政策法规、标准规范、专业知识和操作能力要求，注重培养学生的实际工作能力和后续学习考证能力的引导，使学生较快成为具有实际工作能力的建筑装饰施工管理人才。

在内容上，注重收集和引入工程实例，融汇最新甘肃省定额标准和计算规则，融合计算工程量知识和计价知识，以及相关法规、标准和规范于一体，深入浅出，简明扼要，图文并茂，通俗易懂。在编排上，每章开始时提出学习目标和学习重难点，每章结束时进行本章小结、能力训练、案例和项目实训，前呼后应，循序渐进，使学习者目标明确、思路清晰，从而掌握建筑装饰工程量计算和计价、施工图预算等相关的基本概念、基本原理和方法，同时通过案例分析、能力训练和项目实训，使学习者获得编制建筑装饰单位工程工程量清单的能力。

本书第一和第二章由甘肃建筑职业技术学院范玉霞编写，第三和第五章由甘肃建筑职业技术学院韦莉编写，第四章由甘肃建筑职业技术学院孙来忠编写。全书由甘肃建筑职业技术学院李君宏担任主审，孙来忠、韦莉担任主编，范玉霞担任副主编。

本书是高职高专土建类建筑装饰工程技术专业、建筑室内设计专业及相近专业的专业课程教材，也可作为成人教育土建类及相关专业的教材和从事建筑装饰工程施工、预算、管理、造价等专业技术人员的参考书。

在本书的编写过程中，我们得到了甘肃省行业领导和专家的大力支持与帮助，书中引用和参考了相关文献、资料，在此一并表示感谢。由于编者的水平有限，书中错误和疏漏之处在所难免，恳请广大专家和读者批评指正。

编　者

2020 年 7 月

目录

第一章 建筑装饰工程概述

内容提要

基本建设、工程造价、工程计价的特点和模式;建筑装饰工程计量与计价。

教学目标

1. 知识目标:熟悉基本建设内容和工程造价的内容;掌握工程计价的特点和模式;了解建筑装饰工程计量与计价。

2. 能力目标:熟悉工程计价的特点和模式。

第一节 基本建设概述

一、基本建设的概念

基本建设是指固定资产扩大再生产的新建、扩建、改建、恢复工程及与之相关的其他工作。实际上基本建设是形成新的固定资产的经济活动过程,即把一定的物质资料如建筑材料、机器设备等,通过购置、建造和安装等活动转化为固定资产,形成新的生产能力或使用效益的过程。与此相关的其他工作,如征用土地、勘察设计、筹建机构和生产职工培训等也属于基本建设。由此可见,基本建设实质上是形成新的固定资产的经济活动,是实现社会扩大再生产的重要手段。

所谓固定资产是指在社会再生产过程中,可供生产或生活较长时间内基本保持原有实物形态的劳动资料或其他物资资料,如建筑物、构筑物、机械设备或电气设备。一般地,凡列为固定资产的劳动资料,应同时具备以下两个条件:①使用期限在一年以上;②劳动资料的单位价值在限额以上。限制的额度,对小型企业是 1000 元以上;对中型企业是 1500 元以上;对大型企业是 2000 元以上。

二、基本建设的分类

(一)按照建设性质分类

1. 新建项目

新建项目是指新开始建设的基本建设项目,或在原有固定资产的基础上扩大 3 倍以上规模的建设项目。这是基本建设的主要形式。

2. 扩建项目

扩建项目是指在原有固定资产的基础上扩大 3 倍以内规模的建设项目,其建设目的是为了扩大原有产品的生产能力或效益。

3. 改建项目

改建项目是指为了提高生产效率或使用效益，对原有设备、工艺流程进行技术改造的建设项目。这是基本建设的补充形式。

4. 迁建项目

迁建项目是指由于各种原因迁移到另外的地方建设的项目。迁建项目中符合新建、扩建、改建条件的，应分别作为新建、扩建或改建项目。

5. 恢复项目

恢复项目是指因遭受自然灾害或战争使得建筑物全部报废而投资重新恢复建设的项目，或部分报废后又按原规模重新恢复建设的项目。

(二)按照建设规模分类

按照设计生产能力和投资规模，基本建设项目划分为大型项目、中型项目和小型项目三类。习惯上将大型项目和中型项目合称为大中型项目，这一般是按产品的设计能力或全部投资额来划分。

(三)按照国民经济各行业性质和特点分类

按照国民经济各行业性质和特点，基本建设项目划分为竞争性项目、基础性项目和公益性项目三类。

1. 竞争性项目

竞争性项目指投资效益比较高、竞争性比较强的一般性建设项目。

2. 基础性项目

基础性项目指具有自然垄断性、建设周期长、投资额大而收益低的基础设施和需要政府重点扶持的一部分基础工业项目，以及直接增强国力的符合经济规模的支柱产业项目。

3. 公益性项目

公益性项目主要包括科技、文教、卫生、体育和环保等设施，公、检、法等政权机关，以及政府机关、社会团体办公设施和国防建设等。

三、基本建设的内容

1. 建筑工程

建筑工程是指永久性和临时性的建筑物、构筑物的建造。建筑物为房屋及设备设施，包括土建工程，房屋内水、电、暖，以及为人们生活提供方便的设施；构筑物有桥梁、隧道、公路、铁路、矿山、水利及园林绿化工程等。

2. 设备安装工程

设备安装工程包括各种机械设备和电气设备的安装，与设备相连的工作台、梯子等的装设，附属于被安装设备的管线敷设和设备的绝缘、保温、油漆等，以及为测定安装质量对单个设备进行试运转的工作。

3. **设备、工具、器具、生产用具的购置**

设备、工具、器具及生产用具的购置是指车间、实验室、医院、学校、宾馆、车站等生产、工作、学习场所应配备的各种设备、工具、器具、家具及实验设备的购置。

4. **其他基本建设工作**

其他基本建设工作是指在上述工作之外而与建设项目有关的各项工作，如筹建机构、征用土地、培训工人及其他生产准备等工作。

四、基本建设项目的划分

1. **建设项目**

建设项目是指有经过有关部门批准的立项文件和设计任务书，按一个总体设计组织施工、经济上实行独立核算、管理上具有独立组织形式的基本建设单位。如一座工厂、一所学校、一所医院等均为一个建设项目。一个建设项目有一个或几个单项工程。

2. **单项工程**

单项工程是指在一个建设项目中具有独立的设计文件，竣工后可以独立发挥生产能力或效益的工程。它是建设项目的组成部分，如工业项目中的各个车间、办公楼等，民用项目中学校的教学楼、图书馆、食堂等。

3. **单位工程**

单位工程是指竣工后一般不能独立发挥生产能力或效益，但具有独立的设计图纸，可以独立组织施工的工程。它是单项工程组成部分，按其构成，又可分解为建筑工程和设备安装工程。

一般情况下，单位工程是进行工程成本核算的对象。单位工程产品的价格通过编制单位工程施工图预算来确定。

4. **分部工程**

分部工程是单位工程的组成部分。按照工程部位、设备种类、使用材料的不同，可以将一个单位工程分解为若干个分部工程。如房屋的土建工程，按其不同的工种、不同的结构和部位可分为土石方工程、桩基础工程、砖石工程、混凝土及钢筋混凝土工程、金属结构工程、木结构工程、屋面工程、保温防水工程、楼地面工程、一般抹灰工程等分部工程。

5. **分项工程**

分项工程是分部工程的组成部分。按照不同的施工方法、不同的材料、不同的规格，可将一个分部工程分解为若干个分项工程。如可将砖石砌筑工程分为砖砌体和毛石砌体两类，其中砖砌体又可分为砖基础、砖墙等分项工程。

分项工程是工程量计算的基本要素，是工程项目划分的基本单位，所以核算工程量均按分项工程计算。建设工程预算的编制就是从最小的分项工程开始，由小到大逐步汇总而成的。

五、基本建设项目程序

基本建设项目程序是指建设项目从决策、设计、施工到竣工验收和后评价的全过程中，各项工作必须遵循的先后次序。

项目建设程序是人们在认识客观规律的基础上制定出来的，是建设项目科学决策和顺利实施的重要保证。按照建设项目发展的内在联系和发展过程，项目建设程序分成若干阶段，这些发展阶段有严格的先后次序，不能任意颠倒。

我国项目建设程序依次分为决策、勘察设计、建设实施、竣工验收和后评价五个阶段。

第二节　工程造价概述

一、工程造价的概念

从业主(投资者)的角度来定义，工程造价(广义)是指建设一项工程预期开支或实际开支的全部固定资产投资费用。投资者在投资活动中所支付的全部费用最终形成了工程建成以后交付使用的固定资产、无形资产和其他(递延)资产价值，所有这些开支构成工程造价。工程造价可衡量建设工程项目的固定资产投资费用的大小。

从市场角度来定义，工程造价(狭义)是指工程建造价格，即为建成一项工程，预计或实际在土地市场、设备市场、技术劳务市场，以及承包市场等交易活动中所形成的建筑安装工程的价格和建设工程总价格。

二、工程造价在不同建设阶段的表现形式

工程造价在工程项目的不同建设阶段具有不同的表现形式，主要有投资估算、设计概算、施工图预算、合同价、工程结算、竣工决算等。基本建设造价文件在基本建设的不同阶段，有不同的内容和不同的形式，其相互对应的关系如图 1－1 所示。

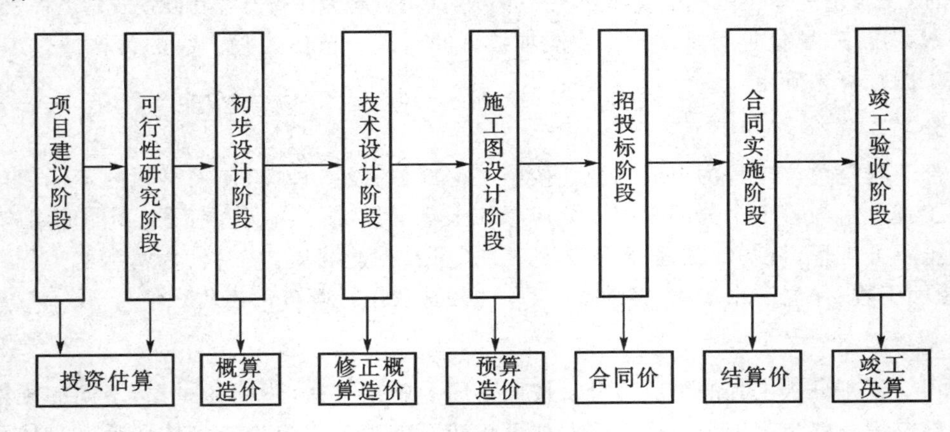

图 1－1　基本建设阶段形成的造价文件

(一)投资估算

投资估算是建设项目决策、筹资和控制造价的主要依据。投资估算是指在项目建议书或可行性研究阶段，依据现有资料，通过一定的方法对拟建项目所需投资额进行预先测算和确定的过程。投资估算也可表示估算出的建设项目的投资额，或称估算造价。就一个建设项目来说，如果项目建议书和可行性研究分不同阶段，如分规划、项目建议书、可行性研究和评审阶段，则相应的投资估算也分为四个阶段。

(二)设计概算

设计概算是指在初步设计阶段,根据初步设计图纸、概算定额(或概算指标)、各项费用标准等资料,预先测算和确定的建设项目从筹建到竣工验收交付使用所需全部费用的文件(在初步设计阶段编制的文件称为设计概算,在技术设计阶段编制的文件称为修正概算)。

设计概算造价文件由建设项目总概算、各单项工程综合概算和各单位工程概算三个层次构成。设计概算与投资估算相比,准确性有所提高,但它受估算造价的控制。

(三)施工图预算

施工图预算是在施工图设计阶段,根据施工图纸、预算定额、各项取费标准、建设地区的自然技术经济条件,以及各种资源价格信息等资料编制的,用以确定拟建工程造价的技术经济文件。施工图预算造价比设计概算或修正概算造价更为详细准确,但同样要受前一阶段所限定的工程造价的控制。施工图预算是签订建筑工程承包合同、实行工程预算包干、拨付工程款及进行竣工结算的依据;实行招标的工程,施工图预算可作为确定标底和招标控制价的依据。

(四)合同价

建设项目在招投标阶段,建筑工程的价格是通过标价来确定的。标价常分为标底价、招标控制价、投标价和合同价等。标底价是招标人对拟招标工程事先确定的预期价格,作为衡量投标人投标价的一个尺度。招标控制价是招标人根据国家或省级、行业建设行政主管部门颁发的有关计价依据和办法,按设计施工图纸计算的,对招标工程限定的最高工程造价。投标价是投标人投标时报出的工程造价。合同价是发包、承包双方在施工合同中约定的工程造价。其中,标底价和投标价分别是招标、投标双方对招标工程的预期价格,并非实际交易价格;合同价是双方的成交价格,但它并不等同于工程最终决算的实际工程造价;招标控制价是合同价的最高限额。

(五)工程结算

工程结算是指在工程项目施工阶段,依据施工承包合同中有关付款条款的规定和已经完成的工程量,按照规定的程序,由承包商向业主收取工程款的一项经济活动。工程结算文件由施工承包方编制,经业主方的项目管理人员审核后确认工程结算价款。当工程项目全部完成并经验收合格,在交付使用之前,再由施工承包方根据合同价格和实际发生费用的增减变化情况编制竣工结算文件,双方进行竣工结算。逐期结算的工程价款之和形成工程结算价,已完工程结算价是建设项目竣工决算的基础资料之一。

(六)竣工决算

竣工决算是在项目建设竣工验收阶段,当所建设项目全部完工并经过验收后,由建设单位编制的从项目筹建到竣工验收、交付使用全过程中实际支付的全部建设费用的经济文件。竣工决算是反映项目建设成果、实际投资额和财务状况的总结性文件,是业主考核投资效果,办理工程交付、动用、验收的依据。

不同阶段工程造价文件对比如表 1－1 所示。

表 1-1 概预算的分类对比

项目	类别					
	投资估算	设计概算 修正概算	施工图预算	合同价	结算价	竣工决算
编制阶段	项目建议书 可行性研究	初步设计、 扩大初步设计	施工图设计	招投标	施工	竣工验收
编制单位	建设单位工程 咨询单位	设计单位	施工单位、 设计单位、 工程咨询单位	承发包双方	施工单位	建设单位
编制依据	投资估算 指标	概算定额	预算定额	预算 定额	预算定额、 施工变更资料	预算定额、 工程建设 其他费用定额
用途	投资决策	控制投资 及造价	编制标底 投标报价等	确定工程 发包、承包价格	确定工程 实际建造价格	确定工程 项目实际投资

三、工程计价的特点及模式

(一)工程计价的特点

1.计价的单件性

任何一项工程都有特定的用途、功能、规模,对其结构形式、空间分割、设备配置和内外装饰等都有具体的要求,这就使得工程内容和实物形态千差万别。同时,每项工程所处地区、地段的不同,也使这一特点更为强化。建设项目产品的个体差异性决定了工程计价必须针对每项工程单独进行。

2.计价的多次性

建设项目建设周期长、规模大、造价高,使得工程计价需要按建设程序分阶段进行,导致同一建设项目在不同建设阶段多次计价,这是为了保证工程计价的准确性和工程造价控制的有效性。建设项目全过程多次计价是一个由粗到细、逐步深化并逐步接近实际造价的过程。

3.计价的组合性

建设项目可以分解为许多有内在联系的独立和不能独立发挥效能的多个工程组成部分。从计价和工程管理的角度,分部分项工程还可以再分解。建设项目的这种组合性决定了工程计价的过程是一个逐步组合的过程,即建设项目总造价由其内部各个单项工程造价组合而成,单项工程造价由其内部各个单位工程造价组合而成,单位工程造价由其内部各个分部工程费用组合而成,分部工程费用又是由其内部各个分项工程费用组合而成。建设项目造价的计算过程和计算顺序是:分项工程费用→分部工程费用→单位工程造价→单项工程造价→建设项目总造价。

4.计价方法的多样性

工程造价具有多次计价的特点,不同建设阶段的计价有各不相同的计价依据,对造价的精确度要求也不同，这就决定了工程造价的计价方法具有多样性的特征。即使在同一个建设阶段，工程计价也有不同的方法，如投资估算的计算方法有单位生产能力估算法、生产能力指数法、设备系数法等，概算、预算造价的计算方法有单价法和实物法等。

5. 计价的动态性

建设项目从立项到竣工一般都要经历一个较长的建设周期，其间会出现一些不可预见的因素对工程造价产生影响。如设计变更，材料、设备价格及人工工资标准变化，市场利率、汇率调整，因承发包方原因或不可抗力造成的索赔事件等，均可能造成项目建设中的实际支出偏离预计数额。因此，建设项目的造价在整个建设期内是不确定的，工程计价须随项目的进展进行动态跟踪、调整，直至竣工决算后才能真正形成建设项目的实际造价。

6. 计价依据的复杂性

由于工程的组成要素复杂，影响造价的因素较多，使得计价依据也较为复杂，种类繁多。工程计价一方面要依据工程建设方案或设计文件，考虑工程建设条件；另一方面还要反映建设市场的各种资源价格水平；同时还必须遵循现行的工程造价管理规定、计价标准、计价规范、计价程序。计价依据的复杂性不仅使计算过程复杂，而且要求计价人员必须熟悉各类依据的内容和规定，加以正确应用。

(二)工程计价的模式

由于建筑产品具有特殊性，因此与一般工业产品价格的计价方法相比，就应采取特殊的计价模式及方法，即采用定额计价模式和工程量清单计价模式。

1. 定额计价模式

定额计价模式，是在我国计划经济时期及计划经济向市场经济转型时期所采用的行之有效的计价模式。定额计价的基本方法是“单位估价法”，即根据国家或地方颁布的统一预算定额规定的消耗量及其单价，以及配套的取费标准和材料预算价格，先计算出相应的工程量，套用相应的定额单价而计算出定额直接费，再在直接费的基础上计算各种相关费用及利润和税金，最后汇总形成建筑产品的造价。其基本计算公式如下：

$$建筑工程造价=[\sum(工程量\times定额单价)\times(1+各种费用的费率+利润率)]\times(1+税金率)$$

定额单价包括人工费、材料费和机械费三部分。

预算定额是由国家或地方统一颁布的，视为地方经济法规，必须严格遵照执行。

按定额计价模式确定的建筑工程造价，由于存在预算定额规范消耗量，有各种文件规定了人工、材料、机械单价及各种取费标准，在一定程度上防止了高估冒算和压级压价，体现了工程造价的规范性、统一性和合理性。但对市场的竞争起到了抑制作用，不利于促进施工企业改进技术、加强管理、提高劳动效率和市场竞争力，现在提出了另一种计价模式——工程量清单计价模式。

2. 工程量清单计价模式

工程量清单计价模式是 2003 年提出的一种过程造价确定模式，这种计价模式是国家仅统一项目编码、项目名称、计量单位和工程量计算规则（即“四统一”），由各施工企业在投标报价时根据自身情况自主报价，在招投标过程中经过竞争形成建筑产品的价格。

工程量清单计价模式的实施，实质上是建立了一种强有力而且行之有效的竞争机制，由于施工企业在投标竞争中必须报出合理低价才能中标，所以对促进施工企业改进技术、加强管理、提高劳动效率和市场竞争力会起到积极的推动作用。

工程量清单计价模式的造价计算是综合单价法，即招标方给出工程量清单，投标方根据工程量清单组合分部分项工程的综合单价，并计算出分部分项工程的费用，再计算出税金，最后汇总形成总造价。其基本计算公式如下：

$$建筑工程造价=[\sum(工程量\times综合单价)+措施项目费+其他项目费+规费]\times(1+税金率)$$

综上所述，定额计价模式采用的方法是单位估价法，而工程量清单计价模式采用的方法是综合单价法。

第三节　课程学习指导

一、课程性质与目的

该课程是建筑装饰专业的一门主干课，是加强学生经济概念的一门重要课程。其目的是使学生懂得建筑装饰工程投资的构成及各分项工程成本计算与控制。掌握具体建筑装饰工程计量与计价的方法及文件编制。

二、课程教学要求

(1)了解建筑装饰工程投资构成，了解建筑装饰工程及相关费用的构成与确定方法。

(2)理解建筑装饰工程定额及单价确定的原理，理解有关计算方法。

(3)掌握建筑装饰工程造价文件的编制，熟练掌握建筑装饰工程量的计算及概算、预算的实际计算。

三、建筑装饰工程预算课课程的研究对象

本课程把建筑装饰工程的施工生产成果与施工生产消耗之间的内在定量关系作为研究对象；把如何认识和利用建筑装饰施工成果与施工消耗之间的经济规律，特别是运用市场经济的基本理论合理确定建筑装饰工程预算造价，作为本课程的研究任务。

本课程的任务就是学好预算的三个关键点：正确地应用定额；合理地确定工程造价；熟练地计算工程量。通过本课程的学习，学生应掌握工程造价的组成、工程量计算、工程造价管理的现状与发展趋势。核心任务是帮助学生建立现代的、科学的工程造价管理的思维观念和方法，使学生具备工程造价管理的初步能力。

四、课程的学习重点

在理论知识学习上要掌握预算编制原理、建筑装饰工程预算费用构成、建筑装饰工程预算编制程序等内容，要了解建筑装饰工程预算定额的编制方法，掌握工程量清单计价原理与方法。

在实践中要熟练掌握建筑装饰工程量计算方法、建筑装饰工程预算定额使用方法、建筑装饰工程量清单计价方法等。

五、与其他课程的关系

编制建筑装饰工程预算离不开施工图，因此，建筑装饰制图、建筑构造、建筑装饰设计、建筑装饰构造等课程内容是识读施工图的基础。

编制建筑装饰工程预算要与各种装饰材料打交道，还要了解建筑装饰施工过程。所以，建筑装饰材料、建筑装饰施工技术是本课程的专业基础课。

此外，建筑装饰施工组织与管理、建筑设备、合同管理等课程也与本课程有较为密切的关系。

本章小结

1. 基本建设的概念

基本建设是指固定资产扩大再生产的新建、扩建、改建、恢复工程及与之相关的其他工作。

2. 基本建设的分类

①新建项目；②扩建项目；③改建项目；④迁建项目；⑤恢复项目。

3. 基本建设项目的划分

①建设项目；②单项工程；③单位工程；④分部工程；⑤分项工程。

4. 基本建设程序

我国项目建设程序依次分为决策、勘察设计、建设实施、竣工验收和后评价五个阶段。

5. 工程造价的概念

从业主（投资者）的角度来定义，工程造价（广义）是指建设一项工程预期开支或实际开支的全部固定资产投资费用。

从市场角度来定义，工程造价（狭义）是指工程建造价格，即为建成一项工程，预计或实际在土地市场、设备市场、技术劳务市场，以及承包市场等交易活动中所形成的建筑安装工程的价格和建设工程总价格。

6. 工程造价在不同建设阶段的表现形式

工程造价在工程项目的不同建设阶段具有不同的表现形式，主要有投资估算、设计概算、施工图预算、合同价、工程结算、竣工决算等。

7. 工程造价计价的特点

①计价的单件性；②计价的多次性；③计价的组合性；④计价方法的多样性；⑤计价的动态性；⑥计价依据的复杂性。

8. 工程计价的模式

由于建筑产品具有特殊性，因此与一般工业产品价格的计价方法相比，就应采取特殊的计价模式及方法，即采用定额计价模式和工程量清单计价模式。

能力训练

1. 简述基本建设的分类。

2. 简述基本建设的划分。

3. 项目基本建设程序是什么？我国项目建设程序由哪些阶段组成？

4. 简述建设项目在各个建设阶段应完成的工程造价文件。

5. 简述建设工程造价的特点及工程造价计价的特点。

第二章 定额与相关规范

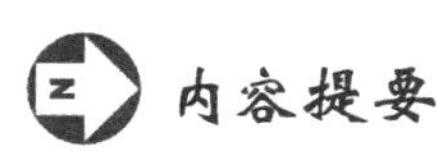

内容提要

定额的概念、特性、分类及制定的基本方法；施工定额的概念、作用及编制原则；预算定额的概念、作用及编制原则；预算定额的套用和换算；单位估价表的概念和编制；人工工资单价的确定；材料预算价格的确定方法；施工机械台班预算价格的确定方法；概算定额与概算指标的概念及作用。

教学目标

1. 知识目标：了解定额的概念及作用；熟悉定额的分类、预算定额的构成要素、掌握预算定额的内容和步骤；掌握预算定额的编制过程。

2. 能力目标：熟悉定额分类，能初步编制预算定额。

第一节 定额概述

一、定额基础知识

（一）定额的概念

定额是指在正常的施工条件下，完成单位合格产品所必须消耗的劳动、材料、机械台班的数量标准。这种量反映了完成某项合格产品与各种生产消耗之间特定的数量关系。

定额是根据不同用途和适用范围，由国家指定的机构按照一定程序编制，并按照规定程序审批和颁发执行的。建筑工程实行定额管理，是为了在施工中力求用最少的人力、物力和资金消耗量，生产出更多、更好的建筑产品，取得最好的经济效益。

定额水平是一定时期社会生产力水平的反映，它与操作人员的技术水平、机械化程度、新材料、新工艺、新技术的发展和应用有关，与企业的组织管理水平和全体技术人员的劳动积极性有关。

（二）定额的特点

1. 科学性

定额的编制是在认真研究和自觉遵循客观规律的基础上，用科学方法确定各项消耗量标准所确定的定额水平；是反映生产力发展的平均水平；是大多数企业和员工经过努力能够达到的平均先进水平。

2. 系统性

每种专业定额有一个完整独立的体系，能全面地反映建筑工程所有的工程内容和项目，与建筑工程技术标准、技术规范相配套。定额各项目之间都存在着有机的联系，它们相互协调、相互补充。

3. 法令性

定额一经国家、地方主管部门或授权单位颁发，各地区及有关施工单位，都必须严格遵守和执行，不得随意变更定额的内容和水平。定额的法令性保证了建筑工程统一的造价与核算尺度。

4. 稳定性

建筑工程中任何一种定额，在一段时期内都表现出稳定的状态。根据具体情况不同，稳定的时间有长有短，一般在5～10年。

5. 时效性

定额反映了一定时期内的生产技术与管理水平。随着生产力水平的向前发展，工人的劳动生产率和技术装备水平会不断地提高，各种资源的消耗量也会有所下降。因此，必须及时地修改与调整定额，以保持其与实际生产力水平相一致。

(三)定额的作用

1. 定额是确定建筑工程造价的依据

设计文件规定了工程规模、工程数量及施工方法后，即可依据相应定额所规定的人工、材料、机械台班的消耗量，以及单位预算价值和各种费用标准来确定建筑工程造价。

2. 定额是确定“工、料、机”消耗量的依据

为了更好地组织和管理施工生产，必须编制施工进度计划和施工作业计划。在编制计划和组织管理施工生产中，要以各种定额作为计算人力、物力和资金需用量的依据。

3. 定额是技术经济比较的依据

定额是总结先进生产方法的手段，是在平均先进合理的条件下，通过对施工生产过程的观察、分析综合制定出来的。它比较科学地反映出了生产技术和劳动组织的先进合理程度。

4. 定额是建筑企业实现合理分配的重要依据

建筑企业经济改革的关键是推行投资包干制和以招标、投标、承包为核心的经济责任制，其中签订包工协议、计算招标标底和投标报价、签订总包和分包合同协议等，通常都以建筑工程定额为主要依据。

此外，定额是组织生产、开展预算和决算对比的依据，是编制概算定额的依据，是建筑企业降低工程成本的重要依据。

(四)定额的分类

定额是一个综合概念，是建筑工程生产消耗性定额的总称。它包括的定额种类很多，按其内容、形式、用途和使用要求，可大致分为以下几类。

1. 按生产要素分类

定额按生产要素可分为劳动定额、材料消耗定额和机械台班使用定额。这三种定额是编制其他各种定额的基础，也称为基础定额。

2. 按编制程序和用途分类

定额按编制程序和用途可分为工序定额、施工定额、预算定额、概算定额、概算指标、投资

估算指标等。

3. 按编制单位和执行范围分类

定额按编制单位和执行范围可分为全国统一定额、行业统一定额、地区统一定额、企业统一定额和补充定额等。通常在工程量的计算和人工、材料、机械台班的消耗量计算中，以全国统一定额为依据，而单价的确定逐渐由企业定额所替代或完全实行市场化。

4. 按费用性质分类

定额按费用性质可分为直接费定额、间接费定额和其他费定额等。

5. 按专业不同分类

定额按适用专业分为建筑工程消耗量定额、装饰工程消耗量定额、安装工程消耗量定额、市政工程消耗量定额、园林绿化工程消耗量定额等。

定额分类如图 2－1 所示。

二、工时研究

对施工过程的细致分析，使我们能够深入地确定施工过程各个工序组成的必要性及其施工顺序的合理性，从而正确地制定各个工序所需要的工时消耗。按组织的复杂程度，施工过程可分为工序、工作过程等。

从施工技术操作和组织的观点来看，工序是基本的施工过程。工序是组织过程中不可分割、操作过程中技术相同的施工过程，如钢筋除锈、切断钢筋、弯曲钢筋等都是工序。

(一)人工工时的分析

工人工作时间按其消耗的性质，可以分为两大类，即必须消耗的时间和损失时间，如图 2－2 所示。

1. 必须消耗的时间

必须消耗的时间是工人在正常施工和合理组织的条件下，为完成一定合格产品所消耗的时间。它包括有效工作时间、休息时间和不可避免中断时间。其中，有效工作时间，又可分为准备与结束工作时间、基本工作时间、辅助工作时间。

(1)准备与结束工作时间。

准备与结束工作时间是指生产工人在执行施工任务前或任务完成后整理工作所消耗的工作时间，如更换工作服、领取料具、工作地点布置、检查安全措施、调整和保养机械设备等。其时间消耗的多少与任务的复杂程度有关。

(2)基本工作时间。

基本工作时间是指施工活动中完成生产一定产品的施工工艺所需消耗的时间，也就是生产工人借助于劳动手段，直接改变劳动对象的性质、形状、位置、外表、结构等所需消耗的时间，如生产工人进行钢筋加工、砌砖墙等的时间消耗。

(3)辅助工作时间。

辅助工作时间是指为保证基本工作顺利完成所做辅助工作需消耗的时间，如机械上油，以及砌砖过程中的起线、收线、检查等所消耗的时间，它一般与任务的大小成正比。

(4)不可避免中断时间。

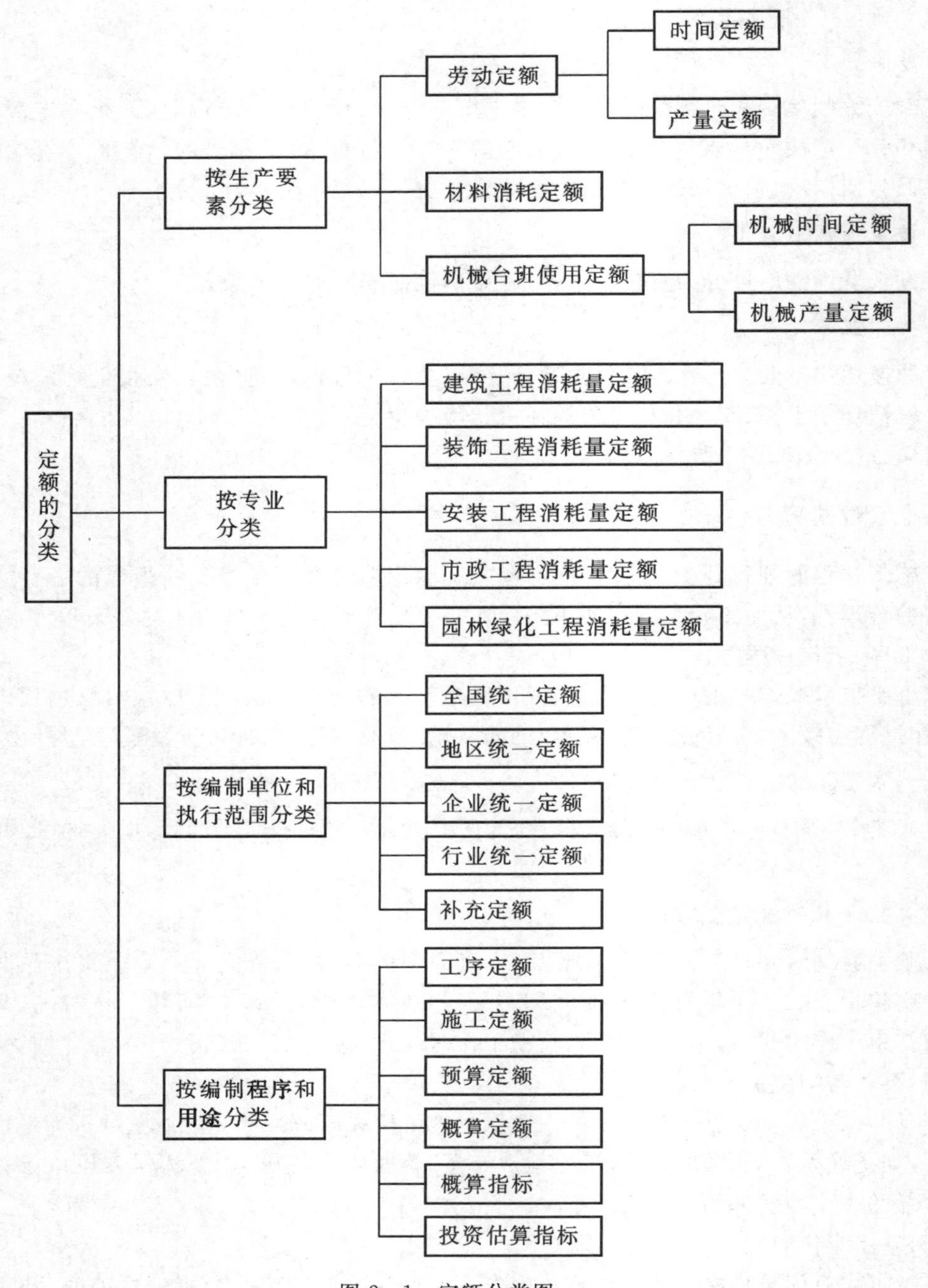

图 2-1　定额分类图

不可避免中断时间是指由于工艺的要求，在施工组织或作业中引起的不可避免的中断操作所消耗的时间，如抹水泥砂浆地面、压光时因等待收水而造成的工作中断等。这类事件消耗的长短，与产品的工艺要求、生产条件、施工组织情况等有关。

(5)休息时间。

休息时间是指生产工人在工作班内为恢复体力消耗的时间，应根据工作的繁重程度、劳动

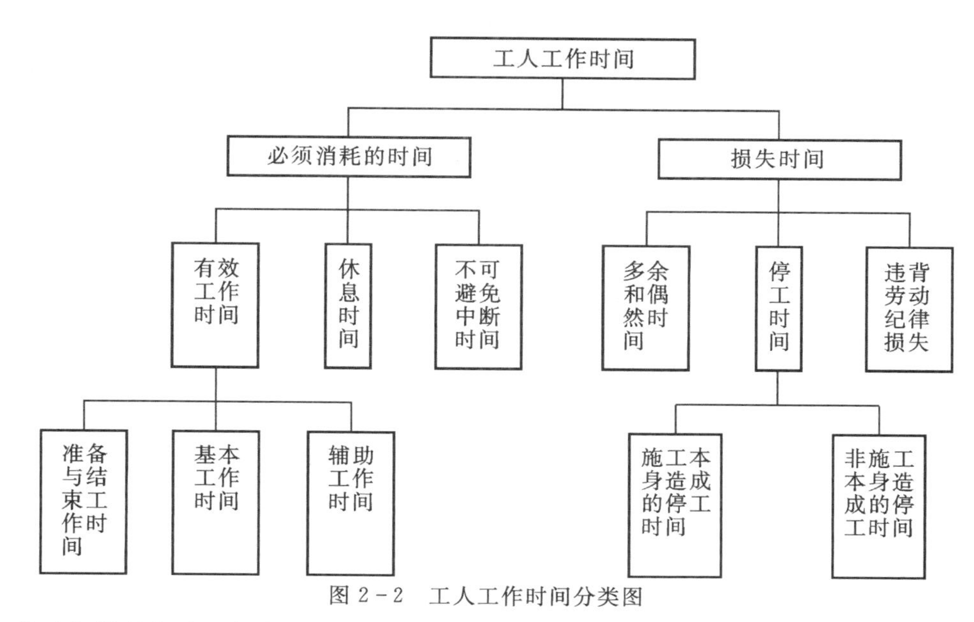

图 2－2　工人工作时间分类图

条件和劳动保护的规定，将其列入定额时间内。

2. 损失时间

损失时间是指与完成施工任务无关，而与工人在施工过程中的个人过失或某些偶然因素有关的时间消耗。损失时间可分为停工时间、多余或偶然工作时间、违反劳动纪律时间。

(1)停工时间。

停工时间是指因非正常原因造成的工作中断所损失的时间。按照造成原因的不同，停工时间又可分为施工本身原因造成的停工和非施工本身原因造成的停工。施工本身造成的停工，包括因施工组织不善、材料供应不及时、施工准备不够充分而引起的停工；非施工原因造成的停工，包括突然停电、停水、暴风、雷雨等造成的停工。

(2)多余或偶然工作时间。

多余或偶然工作时间是指工人在工作中因粗心大意、操作不当或技术水平低等原因造成的工时浪费，如寻找工具、质量不符合要求时的整修和返工、对已加工好的产品做多余的加工等。

(3)违反劳动纪律时间。

违反劳动纪律时间是指工人不遵守劳动纪律而造成的工作中断所损失的时间，如迟到早退、工作时擅离岗位、闲谈等损失的时间。

(二)机械工时的分析

机械工时是指机械在工作班内的时间消耗。按其与产品生产的关系，机械工时可分为与产品生产有关的时间和与产品生产无关的时间。通常把与生产产品有关的时间称为机械定额时间(必须消耗的时间)，而把与生产产品无关的时间称为非机械定额时间(损失时间)，如图2－3所示。

必须消耗的时间是指机械在工作班内消耗的与完成合格产品生产有关的工作时间，包括有效工作时间、不可避免中断时间和不可避免的无负荷工作时间。

(1)有效工作时间。

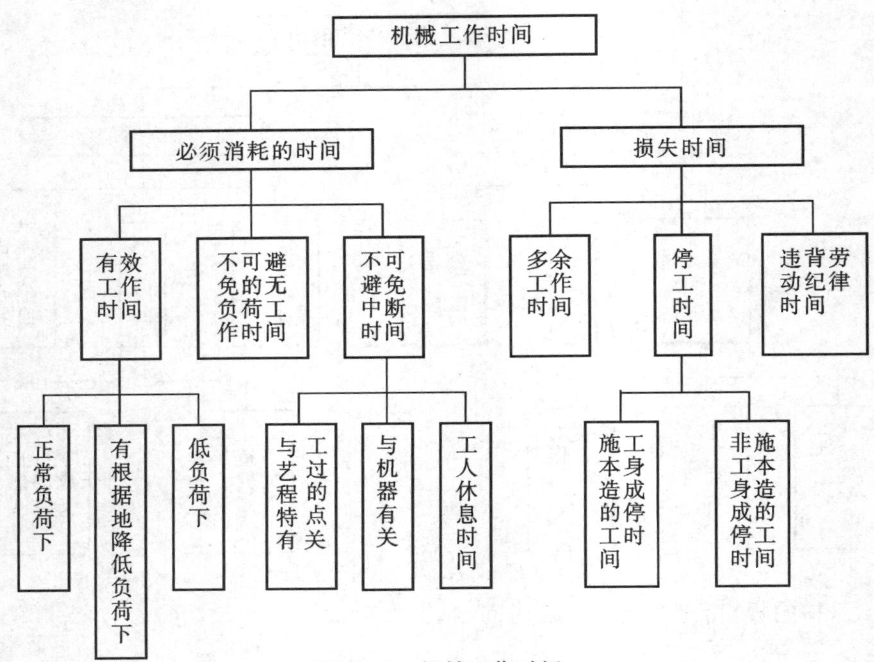

图 2－3　机械工作时间

有效工作时间是指机械直接为完成产品生产而工作的时间，包括正常负荷下和降低负荷下两种工作时间的消耗。

①正常负荷下的工作时间。该工作时间是指机械与其说明规定负荷相等的负荷下（满载）进行工作的时间。

②有根据地降低负荷下的工作时间。由于技术上的原因，个别情况下机械可能在低于规定负荷下工作，如汽车载运重量轻、体积大的货物时，不能充分利用汽车载重吨位而不得不降低负荷工作。

③低负荷下的工作时间。

(2)不可避免中断时间。

不可避免中断时间是指施工中由于技术操作和组织的原因而造成机械工作中断的时间，包括下列三种情况：

①与工艺过程特点有关的不可避免中断时间。如汽车装、卸货的停歇中断，喷浆机喷浆时从一个地点转移到另一个地点的工作中断。

②与机器有关的不可避免中断时间。如机械开动前的检查，给机械加油、加水时的停驶等。

③工人休息时间。如机械不可避免地停转所引起的机械工作中断时间。

(3)不可避免的无负荷工作时间。

不可避免的无负荷工作时间是指由于施工的特性和机械本身的特点所造成的机械无负荷工作时间。它又可分为以下两种：

①循环的不可避免的无负荷工作时间。它是指由于施工的特性所引起的机械空运转所消耗的时间。它在机械的每一工作循环中重复一次，如铲运机返回铲土地点、推土机的空车返回等。

②定时的不可避免的无负荷工作时间。它是指工作班开始或结束时的无负荷空转或工作地段转移所消耗的时间，如压路机的工作地段转移、工作班开始或结束时运货汽车来回放空车等。

2. 损失时间

损失时间，是指机械在工作班内与完成产品生产无关的时间损失，并不是完成产品所必须消耗的时间。损失时间按其发生的原因，可分为以下几种。

(1)多余工作时间。多余工作时间是指产品生产中超过工艺规定所用的时间，如搅拌机超过规定搅拌时间而多余运转的时间等。

(2)违反劳动纪律所损失的时间，如因迟到早退、闲谈等所引起的机械停运转的损失时间。

(3)停工时间。停工时间是指由于施工组织不善和外部原因所引起的机械停运转的时间损失，如机械停工待料，机械保养不好的临时损坏，未及时给机械供水和燃料而引起的停工时间损失，水源、电源的突然中断，大风、暴雨、冰冻等影响而引起的机械停工时间损失。

(三)工时研究的方法

工时测定是制定定额的一个主要步骤。工时测定是用科学的方法观察、记录、整理、分析施工过程所消耗的工作时间，为制定建筑工程定额提供可靠依据。测定工时通常使用计时观察法。

计时观察法是以研究工时消耗为对象，以观察测时为手段，通过密集抽样和粗放抽样等技术进行直接时间研究的一种技术测定方法。

计时观察法的特点是能够把现场工时消耗情况和施工组织技术条件联系起来加以考察。它在施工过程分类和工作时间分类的基础上，对选定的过程进行全面观察、测时、计量、记录、整理和分析研究，以获得该施工过程的技术组织条件和工时消耗的基础资料，分析出工时消耗的合理性和影响工时消耗的具体因素，以及各个因素对工时消耗影响的程度。所以，它不仅能为制定定额提供基础数据，而且也能为改善施工组织管理、改善工艺过程和操作方法、消除不合理的工时损失和进一步挖掘生产潜力提供技术根据。

对施工过程进行观察、测时、计算实物和劳务产量，记录施工过程所处的施工条件和确定影响工时消耗的因素，是计时观察法的三项主要内容和要求。计时观察法种类很多，其中最主要的有三种。①测时法。测时法主要适用于测定定时重复的循环工作的工时消耗，是精确度比较高的一种计时观察法。②写实记录法。写实记录法是一种研究各种性质工作时间消耗的方法。获得分析工作时间消耗的全部资料，如基本工作时间、辅助工作时间、不可避免中断时间、准备与结束时间、休息时间和各种损耗时间等，从而得到制定定额的基础技术数据，并且精确程度能达到0.5～1 min。写实记录法的观察对象，可以是一个工人，也可以是一个工人小组。③工作日写实法。工作日写实法是一种研究整个工作班内的各种工时消耗的方法。运用该法主要有两个目的：一是取得编制定额的基础资料；二是检查定额的执行情况，找出缺点，改进工作。

三、我国建筑工程定额的发展历程

随着工程预算制度的建立和发展，工程预算定额也相应产生并不断发展。1955年原建筑工程部编制了《全国统一建筑工程预算定额》，1957年原国家建委在此基础上进行了修订并颁发全国统一的《建筑工程预算定额》，之后，原国家建委通知将建筑工程预算定额的编制和管理工作，下放到省、市、自治区。各省、市、自治区于以后几年间先后组织编制了本地区的建筑安装工程预算定额。1981 年原国家建委组织编制了《建筑工程预算定额》(修改稿)，各省、市、自治区在此基础上于 1984 年、1985 年先后编制了适合本地区的建筑安装工程预算定额。预算定额是预算制度的产物，它为各地区建筑产品价格的确定提供了重要依据。特别应该提出的是，《建筑工程工程量清单计价规范》(GB 50500—2008) 自 2008 年 12 月 1 日起在全国开始执行，这在我国工程计价管理方面是一个重大改革，在工程造价领域与国际惯例接轨方面是一个重大的举措。

第二节　施工定额

一、施工定额的概念和作用

(一)施工定额的概念

施工定额，是施工企业(建筑安装企业)为组织生产和加强管理在企业内部使用的一种定额，属于企业生产定额的性质。它是建筑安装工人在合理的劳动组织或工人小组在正常施工条件下，为完成单位合格产品，所需劳动、材料、机械台班消耗的数量标准。它由劳动定额、材料定额和机械定额三个相对独立的部分组成。施工定额是施工企业内部经济核算的依据，也是编制预算定额的基础，然而其对外不具备法规性质。

施工定额的项目划分很细，它是以同一性质的施工过程为标定对象编制的计量性定额，是工程建设定额中分项最细、定额子目最多的一种定额，也是工程建设定额中的基础性定额。

(二)施工定额的作用

施工定额在企业管理工作中的基础作用主要表现在以下几个方面。

1. 施工定额是企业计划管理的依据

施工定额既是企业编制施工组织设计的依据，又是企业编制施工作业计划的依据。

施工组织设计一般包括三部分内容，即所建工程的资源需要量、使用这些资源的最佳时间安排和施工现场平面规划。确定所建工程的资源需要量，要依据施工定额；施工中实物工程量的计算，要以施工定额的分项和计量单位为依据；施工进度计划也要根据施工定额进行计算。

施工作业计划则是根据企业的施工计划、拟建工程施工组织设计和现场实际情况编制的，它是以实现企业施工计划为目的的具体执行计划，也是施工队、组进行施工的依据。因此，施工组织设计和施工作业计划是企业计划管理中不可缺少的环节。这些计划的编制必须依据施工定额。

2. 施工定额是组织和指挥施工生产的有效工具

企业组织和指挥施工队、组进行施工，应该按照施工作业计划下达施工任务书和限额领料单。施工任务单列明应完成的施工任务，也记录班组实际完成任务的情况。

3. 施工定额是计算工人劳动报酬的依据，也是企业激励工人的目标条件

施工定额是衡量工人劳动数量和质量的标准，是计算工人计件工资的基础，也是计算奖励工资的依据。完成定额好，工资报酬就多；达不到定额，工资报酬就少；真正实现多劳多得，少劳少得。

4.施工定额有利于推广先进技术

作业性定额水平中包含着某些已成熟的先进施工技术和经验。工人要达到和超过定额，就必须掌握和运用这些先进技术，注意改进工具和改进技术操作方法，注意材料的节约，避免浪费。

5.施工定额是编制施工预算、加强企业成本管理和经济核算的基础

施工预算是施工单位用以确定单位工程人工、机械、材料和资金需要量的计划文件，它以施工定额为编制基础，既反映设计图纸的要求，也考虑在现实条件下可能采取的节约人工、材料和降低成本的各项具体措施。

6.施工定额是编制工程建设定额体系的基础

施工定额是基础定额，它是编制预算定额等其他定额的重要依据。

(三)施工定额的编制原则

1.平均先进原则

企业施工定额的编制应能够反映比较成熟的先进技术和先进经验，有利于降低工、料、机消耗量和提高企业管理水平，起到鼓励先进、勉励中间、鞭策落后的作用。

2.简明适用性原则

企业施工定额设置应简单明了，便于查阅，计算要满足劳动组织分工，满足经济责任与核算个人生产成本的劳动报酬的需要。同时，企业自行设定的定额标准也要符合《建筑工程工程量清单计价规范》“五个统一”的要求。

3.以专家为主编制定额原则

企业施工定额的编制要求有一支经验丰富、技术与管理知识全面、具备一定政策水平的专家队伍，这样才可以保证编制施工定额的延续性、专业性和实践性。

4.实事求是、动态管理原则

结合企业经营管理的特点，确定工、料、机各项消耗的数量，对影响造价较大的主要项目，要多考虑施工组织设计和先进的工艺，从而使定额在运用上更贴近实际、技术上更先进、经济上更合理。此外，还应注意到市场行情瞬息万变，企业的管理水平和技术水平也在不断地更新，不同工程在不同时段都有不同的价格，因此企业施工定额的编制还要注意便于动态管理。

5.其他原则

企业施工定额的编制还要注意量价分离，独立自产，及时采用新技术、新结构、新材料、新工艺等原则。

(四)施工定额的种类

施工定额包括劳动定额、材料消耗定额和机械台班使用定额等三部分。

1.劳动定额

劳动定额，即人工定额，是指在先进合理的施工组织和技术措施的条件下，完成合格的单位建筑安装产品所需要消耗的人工数量。它通常以时间定额(工日或工时)来表示。

劳动定额主要表示生产效率的高低、劳动力的合理运用、劳动力和产品的关系以及劳动力的配备情况。

2. 材料消耗定额

材料消耗定额是指在节约、合理地使用材料的条件下,完成合格的单位建筑安装产品所必须消耗的材料数量。它主要用于计算各种材料的用量,其计量单位为立方米、米等。

3. 机械台班使用定额

机械台班使用定额分为机械时间定额和机械产量定额两种。

在正确地组织施工与合理地使用机械设备的条件下,施工机械完成合格的单位产品所需的时间称为机械时间定额,其计量单位通常以台班或台时来表示。在单位时间内,施工机械完成合格的产品数量则称为机械产量定额。

(五)施工定额的特性

(1)施工定额是作业性定额,它是作为施工企业管理的重要依据,如作为编制施工作业计划、进行施工作业控制以及生产班组经济核算等的依据。

(2)施工定额是企业定额,它是施工企业自行编制的一种企业内部有关生产消耗的数量标准,其作用一般局限于企业内部。

(3)施工定额的标定对象为某一工作过程,它是按工程的施工工艺及操作程序对施工过程进行划分,定额项目的划分较细。

(4)施工定额的水平一般取平均水平,即企业中大部分生产工人通过努力能够达到的水平。

(5)施工定额所规定的消耗内容包括人工、材料及机械的消耗,或者说,施工定额从内容上看,包括劳动定额、材料消耗定额以及机械台班消耗定额。施工定额是一种计量性定额。

(六)施工定额的编制依据

(1)经济政策和劳动制度。具体包括建筑安装工人技术等级标准、建筑安装工人及管理人员工资标准、劳动保护制度、工资奖励制度、利税制度、8 小时工作日制度等。

(2)行业主管部门颁发的各项建筑安装工程施工及验收技术规范。

(3)施工操作规程和安全操作规程。

(4)建筑安装工人技术等级标准。

(5)技术测定资料、经验统计资料、有关半成品配合比资料等。具体包括生产要素消耗技术测定及统计数据、建筑工程标准图集或典型工程图纸。

(七)施工定额的编制方法与步骤

施工定额的编制方法与编制步骤主要包括施工定额项目的划分,定额项目计量单位的确定,定额册、章、节的编排三个方面。

1. 施工定额项目的划分

施工定额的项目划分应遵循三项具体要求:一是不能把隔日的工序综合到一起;二是不能把由不同专业的工人或不同小组完成的工序综合到一起;三是应具有可分可合的灵活性。施工定额项目划分,按其具体内容和工效差别,一般可采用以下六种方法。

(1)按手工和机械施工方法的不同划分。

由于手工和机械施工方法不同,使得工效差异很大,即对定额水平的影响很大,因此在项目划分上应加以区分,如钢筋、木模的制作可划分为机械制作、部分机械制作和手工制作项目。

(2)按构件类型及形体的复杂程度划分。

同一类型的作业,如模板工程,由于构件类型及结构复杂程度不同,其表面形状及体积也不同,模板接触面积、支撑方式、支模方法及材料的消耗量也不同,它们对定额水平都有较大的影响,因此定额项目要分开。

(3)按建筑材料品种和规格的不同划分。

建筑材料的品种和规格不同,对工人完成某种产品的工效影响很大。如落水管安装,要按不同材料及不同管径进行划分。

(4)按构造做法及质量要求的不同划分。

不同的构造做法和不同的质量要求,其单位产品的工时消耗、材料消耗都有很大的不同。如砖墙按双面清水、单面清水、混水内墙、混水外墙等分别列项,并在此基础上还按墙厚不同划分。又如墙面抹灰,按质量等级划分为高级抹灰、中级抹灰和普通抹灰项目。

(5)按施工作业面的高度划分。

施工作业面的高度越高,工人操作及垂直运输就越困难,对安全要求也就越高,因此施工面高度对工时消耗有着较大的影响。一般,采取增加工日或乘系数的方法,将不同高度对定额水平的影响程度加以区分。

(6)按技术要求与操作的难易程度划分。

技术要求与操作的难易程度对工时消耗也有较大的影响,应分别列项。如人工挖土,按土壤类别分为四类,挖一、二类土就比挖三、四类土用工少;又如人工挖基础土方,由于开挖宽度和深度各有不同,应按开挖宽度和深度及土壤类别的不同分别列项。

2.定额项目计量单位的确定

一个定额项目,就是一项产品,其计量单位应能确切反映出该项产品的形态特征。所以确定定额项目计量单位要遵循以下原则:①能确切、形象地反映产品的形态特征;②便于工程量与工料消耗的计算;③便于保证定额的精确度;④便于在组织施工、统计、核算和验收等工作中使用。

3.定额册、章、节的编排及表格拟定

(1)定额册的编排。

定额册的编排一般按工种、专业和结构部位划分,以施工的先后顺序排列。如建筑工程施工定额可分为土石方工程、桩与地基基础工程、砌筑工程、混凝土及钢筋混凝土工程、金属结构工程、屋面及防水工程等分册。各分册的编排和划分,要同施工企业劳动组织的实际情况相结合,以利于施工定额在基层的贯彻执行。

(2)定额章的编排。

章的编排和划分,通常有以下两种方法:

①按同工种不同工作内容划分。如木结构分册分为门窗制作、门窗安装、木装修、木间壁墙裙和护壁、屋架及屋面木基层、天棚、地板、楼地面及木栏杆、扶手、楼梯等章。

②按不同生产工艺划分。如混凝土及钢筋混凝土分册,按现浇混凝土工程和预制混凝土工程进行划分。

(3)定额节的编排。

为了使定额层次分明,各分册或各章应下设若干节。节的划分主要有以下两种方法:

①按构件的不同类别划分。如现浇混凝土工程一章中,分为现浇基础、柱、梁、板、楼梯等多节。

②按材料及施工操作方法的不同划分。如装饰分册分为白灰砂浆、水泥砂浆、混合砂浆、弹涂、干黏石、木材面油漆、金属面油漆、水质涂料等节,各节内又下设若干子项目。

(4)定额表格的拟定。

定额表格内容一般包括定额编号、项目名称、工作内容、计量单位、人工消耗量指标、材料和机械台班消耗量指标等。表格编排形式可灵活处理,不强调统一,应视定额的具体内容而定。

(八)施工定额手册的组成

施工定额手册是施工定额的汇编,其内容主要包括以下三个部分。

1.文字说明

文字说明部分包括总说明、分册说明和分节说明。

(1)总说明。

总说明一般包括定额的编制原则和依据、定额的用途及适用范围、工程质量及安全要求、劳动消耗指标及材料消耗指标的计算方法、有关全册的综合内容、有关规定及说明。

(2)分册说明。

分册说明主要对该分册定额有关编制和执行方面的问题与规定进行阐述,如分册中包括的定额项目和工作内容、施工方法说明、有关规定(如材料运距、土壤类别的规定等)的说明和工程量计算方法、质量及安全要求等。

(3)分节说明。

分节说明主要内容包括具体的工作内容、施工方法、劳动小组成员等。

2.定额项目表

定额项目表是定额手册的核心部分和主要内容,包括定额编号、计量单位、项目名称、工料消耗量及附注等。附注是定额项目的补充,主要说明没有列入定额项目的分项工程执行的定额、执行时应增(减)工料的具体数值等,它是对定额使用的补充和限制。

3.附录

附录一般排在定额手册的最后,主要内容包括名词解释及图解、先进经验及先进工具介绍、混凝土及砂浆配合比表、材料单位重量参考表等。

(九)劳动定额

1.劳动定额的概念

劳动定额是指在正常施工技术组织条件下,完成单位合格产品所必需的劳动消耗量的标准。劳动定额应反映生产工人劳动生产率的平均水平。

2.劳动定额的表现形式

生产单位产品的劳动消耗量可用劳动时间来表示,同样在单位时间内劳动消耗量也可以用生产的产品数量来表示。因此,劳动定额有两种基本的表现形式,即时间定额和产量定额。

(1)时间定额。

时间定额是指某种专业的工人班组或个人,在合理的劳动组织与合理使用材料的条件下,完成质量合格的单位产品所必需的工作时间。

时间定额一般采用工日作为计量单位,即:工日/立方米、工人/平方米、工日/米等。

每个工日的工作时间,按现行劳动制度规定为8小时。

时间定额的计算公式为:

时间定额=工人工作时间(工日)÷完成产品数量

(2)产量定额。

产量定额是指劳动者在单位时间(工日)内生产合格产品的数量标准,或完成工作任务的数量额度。

产量定额的计量单位通常以一个工日完成合格产品的数量表示,即立方米/工日、平方米/工日、米/工日等。

产量定额的计算公式为:

产量定额=完成产品数量÷工人工作时间(工日)

(3)时间定额与产量定额的关系。

时间定额与产量定额是互为倒数关系。即:

时间定额×产量定额=1

或

时间定额=1÷产量定额

3.劳动定额的测定方法

劳动定额的测定方法目前仍采用以下几种方法,即技术测定法、统计分析法、比较类推法和经验估计法。

(1)技术测定法。

技术测定法是指在正常的施工条件下,对施工过程中的具体活动进行现场观察,详细记录工人和机械的工作时间和产量,并客观分析影响时间消耗和产量的因素,从而制定定额的一种方法。这种方法有较高的科学性和准确性,但耗时多,常用于制定新定额和典型定额。

(2)统计分析法。

统计分析法是根据过去完成同类产品或完成同类工序的实际耗用工时的统计资料与当前生产技术组织条件的变化因素相结合,进而分析研究制定劳动定额的一种方法。该方法适用于施工条件正常、产品稳定且批量大、统计工作健全的施工过程。由于统计资料反映的是工人过去已达到的水平,在统计时并没有也不可能剔除施工活动中的不合理因素,因而这个水平一般偏于保守。

(3)比较类推法。

比较类推法又称典型定额法,是以生产同类型产品(或工序)的定额为依据,经过分析比较,类推出同一组定额中相邻项目定额水平的方法。这种方法简便、工作量小,只要典型定额选择恰当,切合实际,具有代表性,类推出的定额水平一般比较合理。这种方法适用于同类型产品规格多、批量小的作业过程。

(4)经验估计法。

经验估计法是由定额人员、技术人员和工人相结合,根据时间经验,经过分析图纸、现场观察、了解施工工艺、分析施工生产的技术组织条件和操作方法等情况，进行座谈讨论以制定定额的一种方法。经验估计法简便及时，工作量小，可以缩短定额制定的时间，但由于受到估计人员主观因素和局限性的影响，因而只适用于不易计算工作量的施工作业，通常是作为一次性定额制定时使用。

4. 定额消耗量的基本方法

(1)分析基础资料，拟订编制方案。确定工时消耗影响因素，如技术因素和组织因素；整理计时观察资料；整理分析日常积累的资料；拟订定额的编制方案。

(2)确定正常的施工条件。确定工作地点、工作组成及施工人员的编制等。

(3)确定劳动定额消耗量。

(十)材料消耗定额

1. 材料消耗定额的概念

材料消耗定额是指在合理使用材料的条件下，生产单位合格产品所必须消耗一定品种、规格的材料的数量标准，包括各种原材料、燃料、半成品、构配件、周转性材料摊销等。

2. 材料消耗定额的作用

(1)材料消耗定额是企业确定材料需要量和储备量的依据，是企业编制材料需要计划和材料供应计划不可缺少的条件。

(2)材料消耗定额是施工队向工人班组签发限额领料单、实行材料核算的标准。

(3)材料消耗定额是实行经济责任制、进行经济活动分析、促进材料合理使用的重要资料。

3. 材料消耗定额的组成

材料消耗量由两部分组成，即材料净用量和材料损耗量。

材料净用量是指为了完成单位合格产品所必需的材料使用量，即构成工程实体的材料消耗量。材料损耗量是指材料从工地仓库领出到完成合格产品生产的过程中不可避免的合理损耗量，包括材料场内运输损耗量、加工制作损耗量和施工操作损耗量三部分。即：

材料消耗量＝材料净用量＋材料损耗量

材料损耗量的多少，常用材料损耗率表示。其计算公式为：

材料损耗率＝材料损耗量÷材料消耗量×100%

4. 材料消耗定额的表现形式

根据材料使用次数的不同，建筑材料可分为非周转性材料和周转性材料两类，因此在定额中的消耗量，分为非周转性材料消耗量和周转性材料摊销量两种。

(1)非周转性材料消耗量。

非周转性材料是指在工程施工中构成工程实体的一次性消耗材料、半成品，如混凝土、砖等。

(2)周转性材料摊销量。

周转性材料摊销量是指一次投入、经多次周转使用、分次摊销到每个分项工程中的材料数量，如模板、脚手架等。根据材料的耐用期、残值率和周转次数，计算单位产品所应分摊的数量。

(十一)机械台班使用定额

1.机械台班使用定额的概念

机械台班使用定额,是指在正常的施工条件、合理的施工组织和合理使用施工机械的条件下,由技术熟练的工人操纵机械,生产单位合格产品所必须消耗的机械工作时间的标准。

2.机械台班使用定额的表现形式

按表达方式的不同,机械台班使用定额分为机械时间定额和机械产量定额。

(1)机械时间定额。

机械时间定额是指在合理组织施工和合理使用机械的条件下,某种机械生产单位合格产品所必须消耗的机械作业时间。机械时间定额以“台班”为单位,即一台机械作业一个工作班(8小时)为一个台班。

(2)机械产量定额。

机械产量定额是指在合理组织施工和合理使用机械的条件下,某种机械在一个台班内必须生产的合格产品的数量。

机械产量定额的单位以产品的计量单位来表示,如 m^3、m^2、m、t 等。

(3)机械时间定额与机械产量定额的关系。

机械时间定额与机械产量定额互为倒数关系。

第三节　预算定额

一、预算定额概述

(一)预算定额的概念

预算定额是指在正常合理的施工条件下,完成一定计量单位的分部分项工程或结构构件和建筑配件所必须消耗的人工、材料和施工机械台班的数量标准。有些预算定额中不但规定了人、材、机消耗的数量标准,而且还规定了人、材、机消耗的货币标准和每个定额项目的预算定额单价,使其成为一种计价性定额。

(二)预算定额的种类

1.按专业性质划分

按专业性质划分,预算定额有建筑工程定额和安装工程定额两大类。

建筑工程定额按适用对象又分为建筑工程预算定额、水利工程概算定额、市政工程预算定额、铁路工程预算定额、公路工程预算定额、土地开发整理项目预算定额、通信建设工程费用定额、房屋修缮工程预算定额、矿山井巷预算定额等。

安装工程预算定额按适用对象又分为电气设备安装工程预算定额、机械设备安装工程预算定额、通信设备安装工程预算定额、化学工业设备安装工程预算定额、工业管道安装工程预算定额、工艺金属结构安装工程预算定额、热力设备安装工程预算定额等。

2.按管理权限和执行范围划分

按管理权限和执行范围划分,预算定额可分为全国统一定额、行业统一定额和地区统一定额等。

全国统一定额由国务院建设行政主管部门组织制定发布;行业统一定额由国务院行业主管部门制定发布;地区统一定额由省、自治区、直辖市建设行政主管部门制定发布。

3.按物资要素划分

按物资要素划分,预算定额分为劳动定额、材料消耗定额和机械定额,但它们互相依存形成一个整体作为预算定额的组成部分,各自不具有独立性。

二、预算定额的构成

预算定额由预算定额总说明、工程量计算规则、分部工程说明、分项工程定额项目表、附录和附表五部分组成。

1.预算定额总说明

(1)预算定额的适用范围、指导思想及目的作用。

(2)预算定额的编制原则、主要依据及上级下达的有关定额修编文件。

(3)使用该定额必须遵守的规则及适用范围。

(4)定额所采用的材料规格、材质标准,以及允许换算的原则。

(5)定额在编制过程中已经包括及未包括的内容。

(6)各分部工程定额的共性问题的有关规定及使用方法。

2.工程量计算规则

工程量是核算工程造价的基础,是分析建筑工程技术经济指标的重要数据,是编制计划和统计工作的指标依据。必须根据国家有关规定,对工程量的计算做出统一的规定。

3.分部工程说明

(1)分部工程所包括的定额项目内容。

(2)分部工程各定额项目工程量的计算方法。

(3)分部工程定额内综合的内容及允许换算和不得换算的界限及其他规定。

(4)使用该分部工程允许增减系数范围的界定。

4.分项工程说明

(1)在定额项目表表头上方说明分项工程工作内容。

(2)该分项工程包括的主要工序及操作方法。

5.定额项目表

(1)分项工程定额编号(子目号)。

(2)分项工程定额名称。

(3)预算基价。预算基价包括人工费、材料费、机械费。

(4)人工表现形式。人工表现形式包括工日数量、工日单价。

(5)材料(含构配件)表现形式。材料栏列出主要材料和周转使用材料名称及消耗数量,次要材料一般都以其他材料形式以金额(元)或占主要材料的比例表示。

(6)施工机械表现形式。机械栏内列出主要机械名称规格和数量,次要机械以其他机械费形式以金额(元)或占主要机械的比例表示。

(7)预算定额的基价。人工工日单价、材料价格、机械台班单价均以预算价格为准。

(8)说明和附注。在定额表下说明应调整、换算的内容和方法。

三、预算定额的作用

1.预算定额是编制施工图预算、确定和控制建筑安装工程造价的基础

施工图预算是施工图设计文件之一,是控制和确定建筑安装工程造价的必要手段。编制施工图预算,除设计文件规定的建设工程的功能、规模、尺寸和文字说明是计算分部分项工程量和结构构件数量的依据外,预算定额是确定一定计量单位工程人工、材料、机械消耗量的依据,也是计算分项工程单价的基础。

2.预算定额是对设计方案进行技术经济比较、技术经济分析的依据

设计方案的选择要满足功能、符合设计规范,既要技术先进又要经济合理。对设计方案进行比较,主要是通过定额对不同方案所需人工、材料和机械台班消耗量等进行比较。这种比较可以判明不同方案对工程造价的影响。对于新结构、新材料的应用和推广,也需要借助于预算定额进行技术分项和比较,从技术与经济的结合上考虑普遍采用的可能性和效益。

3.预算定额是施工企业进行经济活动分析的参考依据

实行经济核算的根本目的,是用经济的方法促使企业在保证质量和工期的条件下,用较少的劳动消耗取得预定的经济效果。企业可根据预算定额,对施工中的劳动、材料、机械的消耗情况进行具体的分析,以便找出低工效、高消耗的薄弱环节及其原因,提供对比数据,提高企业在市场上的竞争力。

4.预算定额是编制标底、投标报价的基础

市场经济体制下,预算定额作为编制标底的依据和施工企业报价的基础,这是由它本身的科学性和权威性决定的。

5.预算定额是编制概算定额和估算指标的基础

概算定额和估算指标是在预算定额基础上经综合扩大编制的,也需要利用预算定额作为编制依据,这样做不但可以节省编制工作中的人力、物力和时间,收到事半功倍的效果,还可以使概算定额和概算指标在水平上与预算定额一致,以避免造成执行中的不一致。

总之,加强预算定额的管理,对于控制和节约建设资金,降低建筑安装工程的劳动消耗,加强施工企业的计划管理和经济核算,都具有重大的现实意义。

四、预算定额的编制

(一)预算定额的编制原则

1.社会平均先进水平原则

预算定额应遵循价值规律的要求,按生产该产品的社会平均必要劳动时间来确定其价值。也就是说,在正常的施工条件下,以平均的劳动强度、平均的技术熟练程度,在平均的技术装备条件下,完成单位合格产品所需的劳动消耗量就是预算定额的消耗水平。

2.简明适用原则

预算定额是在施工定额的基础上进行扩大和综合的,它要求有更加简明的特点,以适应简

化预算编制工作和简化建设产品价格计算程序的要求。当然，定额的简易性也应服务于它的适用性的要求。

3.统一性和差别性相结合原则

统一性，是从培育全国统一市场规范计价行为出发，定额的制定、实施由国家相关管理部门统一负责。国家统一定额的制定或修订，有利于通过定额管理和工程造价的管理，实现建筑安装工程价格的宏观调控。通过统一，使工程造价具有统一的计价依据，也使考核设计和施工的经济效果具备同一尺度。

差别性，是指各部门和省市(自治区)、直辖市主管部门可以在自己管辖的范围内，依据部门(地区)的实际情况，制定部门和地区性定额、补充性制度和管理办法，以适应各地区间发展不平衡和差异大的实际情况。

4.“以专为主，专群结合”原则

编制定额应以专家为主，这是实践经验的总结，编制要有一支经验丰富、技术与管理知识全面、有一定政策水平的、稳定的专家队伍。通过他们的辛勤工作才能积累经验，保证编制定额的准确性。同时要在专家编制的基础上，注意走群众路线，因为广大的建筑安装工人是施工生产的实践者，也是定额的执行者，最了解生产实际和定额的执行情况及存在问题，基层工人参与定额编制有利于以后在定额管理中对其进行必要的修订和调整。

(二)预算定额的编制步骤

预算定额的编制分为准备工作、编制初稿、终审定稿三个阶段，如图2-5所示。

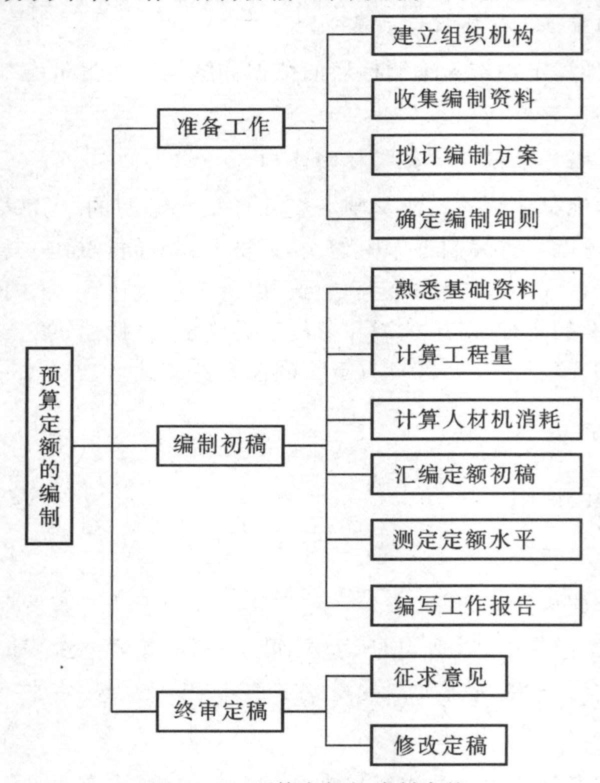

图2-5　预算定额的编制步骤

1. 准备工作阶段

准备工作阶段的任务是成立编制机构，拟订编制方案，确定定额项目，全面收集各项依据资料。预算定额的编制工作量大，政策性强，组织工作复杂。因此在编制准备阶段要明确和做好以下几项工作：

(1)建筑企业深化改革对预算定额编制的要求；

(2)预算定额的适用范围、用途和水平；

(3)确定编制机构的人员组成，安排编制工作的进度；

(4)确定定额的编排形式、项目内容、计量单位及小数位数；

(5)确定活劳动与物化劳动消耗量的计算资料(如各种图集及典型工程施工图纸等)。

2. 编制初稿阶段

在定额编制的各种资料收集完整之后，就可进行定额的测算和分析工作，并编制初稿。初稿要按编制方案中确定的定额项目和典型工程图纸，计算工程量，再分别测算人工、材料和机械台班消耗指标，在此基础上编制定额项目表，并拟订出相应的文字说明。

3. 终审定稿阶段

定额初稿完成后，应与原定额进行比较，分析定额水平提高或降低的原因，然后对定额初稿进行修正。

定额水平的测算、分析和比较，其内容还应包括：规范变更的影响，施工方法改变的影响，材料损耗率调整的影响，劳动定额水平变化的影响，机械台班定额单价及人工日工资标准、材料价差的影响，定额项目内容变更对工程量计算的影响等。通过测算并修正定稿之后，即可拟写编制说明和审批报告，并一起呈报主管部门审批。

五、分项工程定额指标的确定

分项工程定额指标的确定，包括确定定额项目和内容，确定定额计量单位，计算工程量，确定人工、材料和机械台班消耗量指标等内容。

(一)确定定额项目及其内容

单位工程按工程性质可以划分为若干个分部工程，如土石方工程、桩与地基基础工程、脚手架工程等。分部工程可以划分为若干个分项工程，如土石方工程又可划分为人工挖土方，人工挖沟槽、基坑，人工挖孔桩等分项工程。对于编制定额来讲，对工项目还需要再进一步详细地划分。

(二)定额项目计量单位和小数位数的确定

定额项目计量单位，应能确切、形象地反映产品的形态特征，便于工程量与工料机消耗的计算；便于保证定额的精确度；便于在组织施工、统计、核算和验收等工作中使用。

1. 确定预算定额计量单位

(1)当物体的三个度量，即长、宽、高三个数值都会发生变化时，采用体积(m^3)作为计量单位，如土石方、砌筑、混凝土等工程。

(2)当物体厚度固定，而长度和宽度不固定时，采用面积(m^2)作为计量单位，如楼地面面层、墙面抹灰、门窗等工程。

(3)当物体的截面形状固定，但长度不固定时，采用延长米(m)作为计量单位，如栏杆、管道、线路等工程。

(4)当物体体积和面积相同，而重量和价格差异很大时，采用重量单位千克(kg)或吨(t)计算。

(5)当物体的形状不规则、结构复杂时，就以自然单位计算，如阀门以个为单位，散热器以片为单位，其他以件、台、套、组等为单位。

2. 小数位数的取定

(1)人工：以工日为单位，取两位小数。

(2)主要材料及半成品：木材以 m^3 为单位，取三位小数；钢筋以 t 为单位，取三位小数；水泥以 kg 为单位，取整数；砂浆、混凝土以 m^3 为单位，取两位小数；标准砖以千块为单位，取两位小数；其余材料一般取两位小数。

(3)单价：以元为单位，取两位小数。

(4)施工机械：以台班为单位，取两位小数。

3. 工程量计算

预算定额是一种综合定额，它包括了完成某一分项工程的全部工作内容。如砖墙定额中，其综合的内容有筛砂、调运砂浆、运转、砌窗台虎头砖、腰线、门窗套、砖过梁、附墙烟囱、壁橱和安放木砖、铁件等。因此，在确定定额项目中各种消耗量指标时，首先应根据编制方案中所选定的若干典型工程图纸，计算出单位工程中各种墙体及上述综合内容所占的比重，然后利用这些数据，结合定额资料，综合确定人工和材料消耗净用量。工程量计算一般以列表的形式进行计算。

4. 计算和确定预算定额中各消耗量指标

预算定额是在施工定额的基础上编制的一种综合性定额，所以首先要将施工定额中以施工过程、工序为项目确定的工程量，按照典型设计图纸，计算出预算定额所要求的分部分项工程量；再把预算定额与施工定额两者之间存在幅度差等各种因素考虑进去，确定出预算定额中人工、材料、机械台班的消耗量指标。

5. 编制预算定额基价

预算定额基价是指以货币形式反映的人工、材料、机械台班消耗的价值额度，它是以地区性预算价格资料为基准综合取定的单价，乘以定额各消耗量指标，得到该项定额的人工费、材料费和机械使用费，并汇总形成定额基价。

6. 编制预算定额项目表格，编写预算定额说明

根据已确定的定额项目和内容、定额计量单位，人工、材料和机械台班消耗量指标等内容，编制预算定额项目表格，并编写预算定额说明、定额的适用范围、编制依据、编制原则以及定额的使用注意事项等，整理全册定额项目内容。

(三)预算定额消耗量指标的确定

1. 人工消耗量指标的确定

预算定额中人工消耗量指标包括完成该分项工程的各种用工数量。它的确定有两种方法：一种是以施工定额为基础确定，另一种是以现场观察测定资料为基础计算。预算定额的人

工消耗由下列四部分组成。

(1)基本用工。

基本用工是指完成该分项工程的主要用工量。基本用工数量，按综合取定的工程量和劳动定额中相应的时间定额进行计算。例如，在完成砌筑砖墙体工程中的砌砖、运砖、调制砂浆、运砂浆等所需的工日数量。

(2)材料及半成品超运距用工。

材料及半成品超运距用工是指预算定额中材料及半成品的运输距离，超过了劳动定额基本用工中规定的距离所需增加的用工量。即：

$$\text{超运距}=\text{预算定额规定的运距}-\text{劳动定额规定的运距}$$

(3)辅助用工。

辅助用工是指在劳动定额内不包括而在预算定额内必须考虑的施工现场所发生的材料加工等用工，如筛砂、淋石灰膏等增加的用工。

(4)人工幅度差。

人工幅度差主要是指预算定额和劳动定额由于定额水平不同而引起的水平差。人工幅度差的内容包括：①在正常施工条件下，土建工程中各工种施工之间的搭接，以及土建工程与水、暖、风、电等工程之间交叉配合需要的停歇时间；②施工机械的临时维修和在单位工程之间转移，以及水、电线路在施工过程中移动所发生的不可避免的工作停歇时间；③由于工程质量检查和隐蔽工程验收，导致工人操作时间的延长；④由于场内单位工程之间的地点转移，影响的工人操作时间；⑤由于工种交叉作业造成工程质量问题，对此所花费的用工。

2. 材料消耗量指标的确定

预算定额的材料消耗量指标是由材料的净用量和损耗量构成，具体内容如下。

(1)主材消耗用量的确定。

①主材净用量的确定。应结合分项工程的构造做法，综合取定的工程量及有关资料进行计算。

②主材损耗量的计算。材料损耗量由施工操作损耗、场内运输损耗、加工制作损耗和场内管理损耗所组成。损耗量用损耗率表示为：

$$\text{损耗率}=\frac{\text{材料损耗量}}{\text{材料总消耗量}}\times 100\%$$

$$\text{材料总消耗量}=\text{材料净用量}+\text{材料损耗量}=\frac{\text{材料净用量}}{1-\text{损耗率}}$$

(2)次要材料消耗量的确定。

次要材料包括两类材料：一类是直接构成工程实体，但用量很小、不便计算的零星材料；另一类是不构成工程实体，但在施工中消耗的辅助材料，这些材料用量不多，价值不大，不便在定额中逐一列出，因而将它们合并统称为次要材料。

3. 机械台班消耗量指标的确定

预算定额中的机械台班消耗量指标，一般是在施工定额的基础上，再考虑一定的机械幅度差进行计算的。

(1)大型机械台班消耗量。

大型机械，如土石方机械、打桩机械、吊装机械、运输机械等，在预算定额中按机械种类、容量或性能及工作物对象，并按单机或主机与配合辅助机械，分别以台班消耗量表示。其台班消耗量指标是按施工定额中规定的机械台班产量计算，再加上机械幅度差确定的。

$$机械台班消耗量=\frac{工序工程量}{机械台班产量}\times(1+机械幅度差系数)$$

(2)按工人班组配备使用的机械台班消耗量。

对于按工人班组配备使用的机械，如垂直运输的塔吊、卷扬机、混凝土搅拌机、砂浆搅拌机等，应按小组产量计算台班产量，不增加机械幅度差，计算公式为：

$$分项定额机械台班消耗量=\frac{分项定额计量单位值}{小组总人数\times\sum(分项计算取定比重\times劳动定额综合产量)}$$

$$=\frac{分项定额计量单位值}{小组产量}$$

(3)专用机械台班消耗量。

分部工程的各种专用中小型机械，如打夯、钢筋加工、木作、水磨石等专用机械，一般按机械幅度差系数为10%来计算其台班消耗量，列入预算定额的相应项目内。

(4)其他中小型机械使用量。

对于在施工中使用量较少的各种中小型机械，不便在预算定额中逐一列出，而将它们的台班消耗量和机械费计算后并入“其他机械费”，单位为元，列入预算定额的相应子目内。

六、预算单价的确定

一项工程直接费用的多少，除取决于预算定额中的人工、材料和机械台班的消耗量外，还取决于人工工资标准、材料和机械台班的预算单价。因此，合理确定人工工资标准、材料和机械台班的预算价格，是正确计算工程造价的重要依据。

(一)人工工日单价的确定

1.人工工日单价

人工工日单价是指一个生产工人一个工作日内在工程估价中应计入的全部费用。它具体包括生产工人基本工资、工资性补贴、生产工人辅助工资、职工福利费和生产工人劳动保护费。

人工工日单价的计算公式为：

$$人工日工资单价(G)=\sum_{i=1}^{5}G_i$$

(1)基本工资。

基本工资是指根据劳动合同约定或国家及企业规章制度规定的工资标准计算的工资。

$$基本工资(G_1)=\frac{生产工人平均月工资}{年平均每月法定工作日}$$

(2)工资性补贴。

工资性补贴是指按规定标准发放的物价补贴，煤、燃气补贴，交通补贴，住房补贴，流动施工津贴等。其计算公式为：

$$工资性补贴(G_2)=\frac{\sum 年发放标准}{年日历-法定假日}+\frac{\sum 月发放标准}{年均每月法定工作日}+每工作日发标准$$

(3)生产工人辅助工资。

生产工人辅助工资是指生产工人年有效施工天数以外非作业天数的工资，包括职工学习、培训期间的工资，调动工作、探亲、休假期间的工资，因气候影响的停工工资，女工哺乳期间的工资，病假在6个月以内的工资及产、婚、丧假期的工资。其计算公式为：

$$生产工人辅助工资(G_3)=\frac{全年无效工作日\times(G_1+G_2)}{全年日历日-法定假日}$$

(4)职工福利费。

职工福利费是指按规定标准计提的职工福利费。其计算公式为：

$$职工福利费(G_4)=(G_1+G_2+G_3)\times 福利费计提比例$$

(5)生产工人劳动保护费。

生产工人劳动保护费是指按规定标准发放的劳动保护用品的购置费及修理费、徒工服装补贴、防暑降温费，以及在有碍身体健康环境中施工的保健费用等。其计算公式为：

$$生产工人劳动保护费(G_5)=\frac{生产工人年平均支出劳动保护费}{全年日历日-法定假日}$$

2. 影响人工工日单价的因素

影响建筑安装工人人工工日单价的因素，归纳起来有以下几个方面。

(1)社会平均工资水平。

建筑安装工人人工工日单价必然与社会平均工资水平趋同。社会平均工资水平取决于经济发展水平。由于我国改革开放以来经济迅速增长，社会平均工资也有了大幅度增长，从而影响人工工日单价的大幅度提高。

(2)生活消费指数。

生活消费指数的提高会影响人工工日单价的提高，以减少生活水平的下降，或维持原来的生活水平。生活消费指数的变动取决于物价的变动，尤其取决于生活消费品物价的变动。

(3)人工工日单价的组成内容。

例如，住房消费、养老保险、医疗保险、失业保险费等列入人工工日单价，会使人工工日单价提高。

(4)劳动力市场供需变化。

在劳动力市场，如果需求大于供给，人工单价就会提高；如果供给大于需求，市场竞争激烈，人工单价就会下降。

(5)社会保障和福利政策。

政府推行的社会保障和福利政策也会影响人工工日单价的变动。

(二)材料预算单价的确定

1. 材料预算单价的构成

材料预算单价是指建筑材料(构成工程实体的原材料、辅助材料、构配件、零件、半成品)由其来源地(或交货地点)运至工地仓库(或施工现场材料存放点)后的出库价格。具体包括以下四部分内容：

(1)材料原价(或供应价格)：是指出厂价或交货地价格。

(2)材料运杂费：是指材料自来源地运至工地仓库或指定堆放地点所发生的全部费用。

(3)运输损耗费：是指材料在运输装卸过程中不可避免的损耗。

(4)采购及保管费：是指为组织采购、供应和保管材料过程中所需要的各项费用，具体包括采购费、仓储费、工地保管费、仓储损耗费。

2. 材料预算价格的计算方法

材料预算价格的计算公式为：

材料基价=(供应价格+运杂费)×(1+运输损耗率)×(1+采购保管费率)

3. 影响材料预算价格变动的因素

(1) 市场供需变化。材料原价是材料预算价格中最基本的组成。市场供大于求，价格就会下降；反之，价格就会上升，从而也就会影响材料预算价格的涨落。

(2) 材料生产成本的变动直接涉及材料预算价格的波动。

(3) 流通环节的多少和材料供应体制也会影响材料预算价格。

(4) 运输距离和运输方法的改变会影响材料运输费用的增减，从而也会影响材料预算价格。

(5) 国际市场行情会对进口材料价格产生影响。

(三)机械台班单价的计算

1. 机械台班单价的计算

机械台班单价的计算公式为：

机械台班单价=台班基本折旧费+台班大修理费+台班经常修理费+台班安拆费及场外运费+台班人工费+台班燃料动力费+台班养路费及车船使用税

(1)自有机械台班单价的计算。

①台班基本折旧费。该费用是指施工机械在规定使用期限内，每一台班所摊的机械原值及因支付贷款利息而分摊到每一台班的费用。其计算公式为：

$$台班基本折旧费=\frac{机械预算价格\times(1-残值率)\times(1+贷款利息系数)}{使用总台班}$$

②台班大修理费。该费用是指为保证机械完好和正常运转达到大修理间隔期需进行大修而支出各项费用的台班分摊额。其计算公式为：

$$台班大修理费=\frac{一次大修理费\times大修理次数}{使用总台班}$$

$$大修理次数=使用周期-1=\frac{使用总台班}{大修理间隔台班}-1$$

③台班经常修理费。该费用是指大修理间隔期分摊到每一台班的中修理费和定期的各级保养费。其计算公式为：

$$台班经常修理费=\frac{中修理费+\sum(各级保养一次费用\times各级保养次数)}{大修理间隔台班}$$

$$=台班大修理费\times系数 K$$

④台班安拆费及场外运输费。台班安拆费是指施工机械在现场进行安装与拆卸所需的人工、材料、机械和试运转费用，以及机械辅助设施的折旧、搭设、拆除等费用。场外运输费是指施工机械整体或分体自停放地点运至施工现场或由一施工地点运至另一施工地点的运输、装卸、辅助材料及架线等费用。其计算公式为：

$$台班安装拆卸费=\frac{一次安拆费\times每年安拆次数}{摊销台班数}$$

$$台班辅助设施折旧费=\sum\left[\frac{一次使用量\times预算单价\times(1-残值率)}{摊销台班数}\right]$$

$$台班场外运输费=\frac{(一次运费及装卸费+辅助材料一次摊销费+一次架线费)\times年均场外运输次数}{年工作台班}$$

⑤人工费。该费用是指专业操作机械的司机、司炉及其他人员在工作日及机械规定的年工作台班以外的人工费用。工作班以外的机上人员人工费用，以增加机上人员的工日数形式列入定额内。其计算公式为：

$$台班人工费=定额机上人工工日\times日工资单价$$

$$定额机上人工工日=机上定员工日\times(1+增加工日系数)$$

$$增加工日系数=\frac{年度工日-年工作台班-管理费内非生产天数}{年工作台班}$$

⑥台班燃料动力费。该费用是指机械在运转时所消耗的电力、燃料等的费用。其计算公式为：

$$台班动力燃料费=每台班所消耗的动力燃料数\times相应单价$$

⑦养路费及牌照税。该费用是指按交通部门的规定，自行机械应缴纳的公路养护费及牌照税。这项费用一般按机械载重吨位或机械自重收取。其计算公式为：

$$台班养路费=\frac{自重(或核定吨位)\times年工作月\times(月养路费+牌照税)}{年工作台班}$$

(2)租赁机械台班单价的计算。

租赁机械台班单价的计算一般有两种方法，即静态和动态的方法。

①静态方法。所谓静态方法是指不考虑资金时间价值的方法。

②动态方法。所谓动态方法是指在计算租赁机械台班单价时考虑资金时间价值的方法。

2.影响机械台班单价变动的因素

影响机械台班单价变动的因素有以下四个方面：

(1)施工机械的价格。这是影响折旧费进而影响机械台班单价的重要因素。

(2)机械使用年限。这不仅影响折旧费的提取，也影响大修理费和经常维修费的开支。

(3)机械的使用效率和管理水平。

(4)政府征收税费的规定。

七、单位估价表的编制

(一)单位估价表的概念

单位估价表是在预算定额所规定的各项消耗量的基础上，根据所在地区的人工工资、物价水平，确定人工工日单价、材料预算价格、机械台班预算价格，从而用货币形式表达拟定预算定额中每一分项工程的预算定额单价的计算表格。它既反映了预算定额统一规定的“量”，又反映了本地区所确定的“价”，把“量”与“价”的因素有机地结合起来，但主要还是确定“价”的问题。

单位估价表的明显特点是地区性强，所以也称作地区单位估价表或工程预算单价表。不同地区分别使用各自的单位估价表，互不通用。单位估价表的地区性特点是由工资标准的地区性及材料、机械预算价格的地区性所决定的。对于全国统一预算定额项目不足的，可由地区主管部门补充。个别特殊工程或大型建设工程，当不适用统一的地区单位估价表时，履行向主管部门申报和审批程序，单独编制单位估价表。

（二）单位估价表的作用

单位估价表的作用主要体现在以下几个方面：

(1)单位估价表是编制、审核施工图预算和确定工程造价的基础依据；

(2)单位估价表是工程拨款、工程结算和竣工决算的依据；

(3)单位估价表是施工企业实行经济核算、考核工程成本、向工人班组下达作业任务书的依据；

(4)单位估价表是编制概算价目表的依据。

（三）单位估价表的编制

1.编制依据

(1)中华人民共和国住房和城乡建设部发布的《全国统一建筑工程基础定额》；

(2)各省、自治区、直辖市住房和城乡建设厅(委员会)编制的《建筑工程预算定额》或《建设工程预算定额》；

(3)地区建筑安装工人工资标准；

(4)地区材料预算价格；

(5)地区施工机械台班预算价格；

(6)国家与地区对编制单位估价表的有关规定及计算手册等资料。

单位估价表是由若干个分项工程或结构构件的单价所组成，因此编制单位估价表的工作就是计算分项工程或结构构件的单价。其计算公式为：

$$\text{分项工程预算单价} = \text{人工费} + \text{材料费} + \text{机械费}$$

其中：

$$\text{人工费} = \text{分项工程定额用工量} \times \text{地区综合平均日工资标准}$$

$$\text{材料费} = \sum(\text{分项工程定额材料用量} \times \text{相应的材料预算价格})$$

$$\text{机械费} = \sum(\text{分项工程定额机械台班使用量} \times \text{相应机械台班预算单价})$$

2.编制步骤

(1)选用预算定额项目。单位估价表是针对某一地区而编制的，所以要选用在本地适用的定额项目(包括定额项目名称、定额消耗量和定额计量单位等)。本地不需要的项目，在单位估价表中可以不编入；反之，本地常用而预算定额中没有的定额项目，在编制单位估价表时要补充列入，以满足使用的要求。

(2)抄录定额的工、料、机械台班数量。将预算定额中所选定项目的工、料、机械台班数量，逐项抄录在单位估价表分项工程单价计算表的各栏目中。

(3)选择和填写单价。将地区日工资标准、材料预算价格、施工机械台班预算单价，分别填入工程单价计算表中相应的单价栏内。

(4)进行单价计算。单价计算可直接在单位估价表上进行，也可通过工程单价计算表计算各项费用后，再把结果填入单位估价表。

(5)复核与审批。将单位估价表中的数量、单价、费用等认真进行核对，以便纠正错误。汇总成册由主管部门审批后，即可排版印刷，颁发执行。

八、预算定额的运用

1.预算定额的直接套用

当施工图纸的设计要求与所选套用的相应定额项目内容一致时，则可直接套用定额。绝大部分定额属于这种情况。直接套用定额项目的方法步骤如下：

(1)根据施工图纸中的工程项目内容，从定额目录中查出该项目所在定额中的部位，选定相应的定额项目与定额编号。

(2)在套用定额前，必须注意核实分项工程的名称、规格等与定额规定中是否一致，施工图纸的工程项目内容与定额规定内容一致时，可直接套用定额。

(3)将定额编号和定额工料消耗量分别填入工料计算表内。

(4)确定工程项目的人工、材料、机械台班需用量。

2.预算定额的换算

当施工图纸的设计要求与所套用的相应定额项目内容不一致时，应在定额规定的范围内换算。对换算后的定额项目，应在其定额编号后注明“换”字，如“5－21换”。

定额换算的基本思路是，根据建筑工程设计图纸中分项工程的实际内容，选定某一相关定额子目，按定额规定换入应增加的人工、材料和机械，减去应扣除的人工、材料和机械。可表示为：

换算后的消耗量＝分项定额工料机耗量＋换入的工料机耗量－换出的工料机耗量

九、预算定额与施工定额的关系

预算定额是在施工定额的基础上制定的，两者都是施工企业实现科学管理的工具，但是两者又有不同之处。

1.作用不同

施工定额是施工企业内部管理的依据，直接用于施工管理；预算定额是一种计价性的定额，其主要作用表现在对工程造价的确定和计量方面。

2.定额水平不同

编制施工定额应是平均先进的水平标准。编制预算定额应体现社会平均水平。

3.项目划分和定额内容不同

施工定额的编制主要以工序或工作过程为研究对象，所以定额项目划分详细，定额工作内容具体；预算定额是在施工定额的基础上经过综合扩大编制而成的，所以定额项目划分更加综合，每一个定额项目的工作内容包括了若干个施工定额的工作内容。

第四节　概算定额与概算指标

一、概算定额

概算定额是设计单位在初步设计阶段或扩大初步设计阶段确定工程造价，编制设计概算的依据。概算定额中的项目，是以建筑结构部位为主，将预算定额中若干分项综合为一个项目。概算定额比预算定额计算简化，但准确性降低了。概算额要高于预算额。

1.概算定额的概念

概算定额，是指为了完成单位扩大分项工程或单位扩大结构构件所必须消耗的人工、材料和机械台班的数量标准。

概算定额是由预算定额综合而成的。按照《建设工程工程量清单计价规范》的要求，为适应工程招标、投标的需求，预算定额项目的综合有些与概算定额项目一致，如挖土方只有一个项目，不再划分一、二、三、四类土；砖墙只有一个项目，综合了外墙、半砖、一砖、一砖半、二砖、二砖半墙等。

2.概算定额的作用

(1)概算定额是初步设计阶段编制建设项目概算和技术设计阶段编制修正概算的依据。

(2)概算定额是设计方案比较的依据。

(3)概算定额是编制主要材料需要量计划的依据。

(4)概算定额是编制概算指标和投资估算指标的依据。

(5)概算定额在工程总承包时作为已完工程价款结算的依据。

3.概算定额的编制原则

(1)简明适用。

(2)社会平均水平，与预算定额之间保留幅度差(5%以内，一般为3%)。

(3)细算粗编。

4.概算定额的编制依据

(1)现行的设计标准规范。

(2)现行建筑安装工程预算定额。

(3)国务院各有关部门和各省、自治区、直辖市批准颁发的标准设计图集和有代表性的设计图纸。

(4)现行的概算定额及其他相关资料。

(5)编制期内的人工工资标准、材料预算价格、机械台班费用等。

5.概算定额的内容

各地区概算定额的形式、内容各有特点，但一般包括下列主要内容：

(1)总说明。

总说明主要阐述概算定额的编制原则、编制依据、适用范围、有关规定、取费标准和概算造价计算方法等。

(2)分章说明。

分章说明主要阐明本章所包括的定额项目及工程内容、规定的工程量计算规则等。

(3)定额项目表。

定额项目表是概算定额的主要内容，它由若干分节定额表组成。各节定额表表头注有工作内容，定额表中列有计量单位、概算基价、各种资源消耗量指标，以及所综合的预算定额的项目与工程量等。

6. 概算定额的编制步骤

概算定额的编制一般分为三个阶段，即准备阶段、编制阶段、审查报批阶段。

二、概算指标

1. 概算指标的概念

概算指标是比概算定额综合性、扩大性更强的一种定额指标，它规定出了人工、材料、机械消耗数量标准和费用标准。

2. 概算指标的作用

(1)概算指标是编制投资估价和控制初步设计概算，以及工程概算造价的依据。

(2)概算指标是设计单位进行设计方案的技术经济分析、衡量设计水平、考核投资效果的标准。

(3)概算指标是建设单位编制基本建设计划、申请投资贷款和主要材料计划的依据。

3. 概算指标的编制依据

(1)现行的设计标准规范；

(2)现行建筑安装工程预算定额；

(3)国务院各有关部门和各省、自治区、直辖市批准颁发的标准设计图集和有代表性的设计图纸；

(4)现行的概算定额及其他相关资料；

(5)编制期内的人工工资标准、材料预算价格、机械台班费用等。

4. 概算指标的内容

(1)总说明。总说明从总体上说明概算指标的作用、编制依据、适用范围和使用方法等。

(2)示意图。示意图主要表明工程的结构形式。

(3)结构特征。结构特征主要对工程的结构形式、层高、层数和建筑面积进行说明。

(4)经济指标。经济指标说明该项目每个单位的造价指标及土建、水暖和电照等单位工程的相应造价。

5. 概算指标的应用

概算指标的应用一般有两种情况：第一种情况，如果设计对象的结构特征与概算指标一致时，可直接套用；第二种情况，如果设计对象的结构特征与概算指标的规定局部不同时，要对指标的局部内容调整后再套用。

第五节　相关规范

一、《建设工程工工程量清单计价规范》(GB 50500—2013)

长期以来，我国建筑安装工程项目在工程造价计价过程中一直沿用定额计价法进行工程计价，定额计价法属于计划经济时代的计价方法，在计划经济时代对于明确工程造价计价思路、促进工程造价的统一管理做出了重要的贡献，在我国的经济建设过程中起到了不可替代的作用。但是，定额计价法在发挥其优势的过程中也逐渐暴露出其体制自身的矛盾，主要表现为随着我国建筑市场经济的快速发展，随之带来的企业之间的竞争日益加剧，定额计价法的计划经济特性不适应市场竞争体制的缺陷也越来越明显。

为了适应我国快速发展的社会主义市场经济体制，充分建立建筑业市场竞争机制，充分与国际工程造价计价模式接轨，摆脱过去计划经济时期建筑工程造价由国家调控甚至定价，企业报价缺乏自主权，不能体现企业实力，不能充分体现市场竞争，阻碍生产力发展的状态，国家住房和城乡建设部于 2003 年 2 月发布《建设工程工程量清单计价规范》(GB 50500—2003)(以下简称"03 清单计价规范")，并正式在全国推广工程量清单计价。从此，我国工程造价计价模式进入了定额计价与工程量清单计价并行的时代。

2008 年，国家住房和城乡建设部总结了"03 清单计价规范"实施以来的经验，针对执行中存在的问题，于 2008 年 12 月正式发布了《建设工程工程量清单计价规范》(GB 50500—2008)(以下简称"08 清单计价规范")。

2012 年 12 月 25 日国家住房和城乡建设部正式发布了《建设工程工程量清单计价规范》(GB 50500—2013)(以下简称"13 清单计价规范")。"13 清单计价规范"的发布标志着我国工程造价管理行业在工程造价领域的应用迈上了一个新的台阶。

二、定额计价模式与工程量清单计价模式的主要区别

(一)定额计价模式与工程量清单计价模式的主要区别(见表 2-1)

表 2-1　定额计价模式与工程量清单计价模式的主要区别

区别	计价方式	
	定额计价模式	工程量清单计价模式
所适用的经济模式不同	企业根据国家或行业提供统一的人工、材料和机械消耗标准和价格，计算工程造价的模式，是计划经济的产物	企业根据自身条件和市场情况自主确定人工、材料和机械消耗标准和价格计算工程造价的模式，属于市场经济的产物
计价的依据和计价水平不同	主要依据地区统一的预算定额和定额基价计价，反映社会平均水平	主要依据全国统一的《建设工程工程量清单计价规则》和企业定额计价，反映企业自身的生产能力及水平
项目的设置不同	一般按照预算定额的子目内容设置，各子目的内容与定额子目一致，包括的工程内容也是单一的	按照清单计价规范的子目内容设置，较定额项目划分有较大的综合性，一个清单项目可能包括多个定额子目
建筑安装工程费费用构成不同	由直接费、间接费、利润和税金构成	由分部分项工程费、措施项目费、其他项目费、规费和税金构成
工程量计算规则不同	采用地区统一的定额工程量计算规则，计算内容为工程净量加上预留量	采用全国统一的清单工程量计算规则，计算内容为工程实体的净量，是国际通行的工程量计算方法

续表 2－1

区别	计价方式	
	定额计价模式	工程量清单计价模式
单价的构成不同	采用工料单价计价，即分项工程的单价仅由人工费、材料费和机械费构成，不包括管理费、利润和风险，不能反映建筑产品的真实价格	采用综合单价计价，即分项工程的单价不仅包括人工费、材料费和机械费，还包括管理费、利润和一定范围内的风险费，反映建筑产品的真实价格
风险承担方式不同	量和价的风险均由承包人承担	工程量的风险由招标人承担，报价的风险由承包人承担

（二）《建设工程工程量清单计价规范》的主要内容

《建设工程工程量清单计价规范》（GB 50500—2013）主要内容包括总则、术语、一般规定、工程量清单编制、招标控制价、投标报价、合同价款约定、工程计量、合同价款调整、合同价款期中支付、竣工结算与支付、合同解除的价款结算与支付、合同价款争议的解决、工程造价鉴定、工程计价资料与档案、计价表格等十六部分，具体内容详见右侧二维码。

二、《房屋建筑与装饰工程工程量计算规范》（GB 50854—2013）

国家建设主管部门为了规范房屋建筑与装饰工程造价计量行为，统一房屋建筑与装饰工程工程量计算规则、工程量清单的编制方法，制定了本规范。适用于工业与民用建筑与装饰工程发承包及实施阶段计价活动中的工程计量和工程量清单编制；房屋建筑与装饰工程计价，必须按本规范规定的工程量计算规则进行工程计算。

《房屋建筑与装饰工程工程量计算规范》（GB 500854—2013）内容包括正文、附录、条文说明三部分，其中正文包括总则、术语、工程计量、工程量清单编制，共计 29 项条款；附录部分包括附录 A 土石方工程，附录 B 地基处理与边坡支护工程，附录 C 桩基工程，附录 D 砌筑工程，附录 E 混凝土及钢筋混凝土工程，附录 F 金属结构工程，附录 G 木结构工程，附录 H 门窗工程，附录 J 屋面及防水工程，附录 K 保温、热、防腐工程，附录 L 楼地面装饰工程，附录 M 墙、柱面装饰与隔断、幕墙工程，附录 N 天棚工程，附录 P 油漆、涂料、裱糊工程，附录 Q 其他装饰工程，附录 R 拆除工程，附录 S 措施项目等 17 个附录，共计 557 个项目。具体内容详见右侧二维码。

三、《建筑工程建筑面积计算规范》（GB/T 50353—2013）

本规范的主要内容包括：总则，术语，计算建筑面积的规定。具体内容详见右侧二维码。

第六节　预算编制实例

工程名称：××小区复式，四房两厅二卫一厨，建筑面积 170m²，装修档次为中高档。工程预算编制详见表 2－2。

表 2-2　某装饰项目预算书

序号	工程名称	数量	单位	主材单价	损耗系数	主材内容（品牌、型号、等级）	辅料单价	辅料内容	人工单价	人工合价	小计
基本装饰类											
	一层										
（一）	客厅卫生间										
1	地面地砖	4.13	m^2	70	1.08	斯米克 VFLT17NP	10	黄砂、水泥、胶水	15	61.95	418.78
2	地面抬高（找平）	4.13	m^2	0	1.00		15	黄砂、水泥	6	24.78	86.73
3	墙面瓷砖	18.46	m^2	68	1.08	斯米克 VWH090NP	18	水泥、801 胶水、填缝剂	16	295.36	2009.92
4	花砖	2.00	片	25.5	1.00	斯米克	0		0		51.00
5	扣板吊顶	4.13	m^2	65	1.20	莱斯顿铝扣板（白色）	12	增加龙骨、木料、钉子、硅胶	12	49.56	431.17
6	扣板专用角线	4.00	根	18	1.00	3 米/根	2		0		80.00
7	分体座厕	1.00	套	2372	1.00	乐家丹圣	30	法兰、膨胀螺栓、硅胶	35	35.00	2437.00
8	成品台盆柜	1.00	套	1700	100	欧曼 T580	20	落水、硅胶	30	30.00	1750.00
9	龙头	1.00	套	0	1.00	摩恩	5		10	10.00	15.00
10	洗衣机龙头	1.00	项	30	1.00		1		8	8.00	39.00
11	安装明镜	1.00	块	0	1.00	1 m^2 以内	15	中型硅胶、不锈钢钉	20	20.00	35.00
12	卫浴五金安装（甲供）	1.00	套	0	1.00		5	膨胀螺栓	30	30.00	35.00
13	浴霸安装（甲供）	1.00	只	0	1.00		10	加固龙骨	10	10.00	20.00
14	换气扇安装（甲供）	1.00	只	0	1.00		10	加固龙骨	10	10.00	20.00
15	砌管道井	1.00	根	50	1.00		20		50	50.00	120.00
16	三角阀	4.00	个	34	1.00	朝阳	1		5	20.00	160.00
17	地漏	2.00	只	32	1.00	求精	0		5	10.00	74.00

续表 2-2

序号	工程名称	数量	单位	主材单价	损耗系数	主材内容（品牌、型号、等级）	辅料单价	辅料内容	人工单价	人工合价	小计
18	门套	5.00	m	44.8	1.00	饰面板+细木工板	9	木料、胶水、封固底漆、钉子	11.5	57.50	326.50
19	门套线条	10.00	m	16	1.00	60 mm×15 mm	2	胶水、封固底漆、钉子	4.2	42.00	222.00
20	木门定制安装	100	扇	380	1.00	樱桃木工艺门	0	方得木门	30	30.00	410,00
21	木门、门套油漆	3.50	套	16	100	欧龙	6	稀释剂、回丝、砂皮、钉眼腻子	20	70.00	147.00
22	铰链	1.00	付	26	1.00	华意达	1		8	8.00	35.00
23	门吸	1.00	件	28	1.00	华意达	1		4	4.00	33.00
24	门槛大理石	1.00	块	100	1.00	新西米黄（含磨边）	10	黄砂水泥、硅胶	10	10.00	120.00
25	窗台大理石	0.36	m^2	200	1.10	新西米黄	8	硅胶	0		87.20
26	窗台大理石加工费	0.86	m	35	1.00		0		0	—	30.10
27	无框淋浴房	1.00	m	2050	100	新美铝 E—02	20	膨胀螺栓、硅胶	0	—	2070.00
28	挡水条	1.00	m	150	1.00	新西米黄	0		0	—	150.00
									小计	886.15	11408.58
（二）	厨房										
1	地面地砖	6.62	m^2	106.64	1.08	斯米克 R01130K 之 PP	10	黄砂水泥	15	99.30	933.23
2	地面抬高（找平）	6.62	m^3	0	1.00		15	黄砂水泥	6	39.72	139.02
3	墙面瓷砖	12.56	m	81.82	1.08	现代 33080	18	水泥、801 胶水、填缝剂	16	200.96	1.555.00
4	扣板吊顶	6.62	m	65	1.20	莱斯顿铝扣板（白色）	12	增加龙骨木料钉子	12	79.44	691.13
5	扣板专用角线	4.00	根	12	1.00	3 米/根	2		0		56.00
6	厨房水槽、龙头（甲供）	1.00	套	0	1.00	摩恩套餐	1	生料带、落水硅胶	25	25.00	26.00
7	灶具、脱排安装（甲供）	1.00	套	0	1.00		35	煤气阀、膨胀螺栓	20	20.00	55.00

续表 2-2

序号	工程名称	数量	单位	主材单价	损耗系数	主材内容（品牌、型号、等级）	辅料单价	辅料内容	人工单价	人工合价	小计
8	排风扇安装(甲供)	100	套	0	1.00		0		5	5.00	5.00
9	热水器(甲供,包安装)	1.00	套	0	1.00		35	煤气阀、膨胀螺栓	0		35.00
10	料理台	4.55	m	1400	1.10	合家欢	0		0		6370.00
11	门套	11.00	m	44.8	1.10	饰面板＋细木工板	9	木料、胶水、封固底漆、钉子	11.5	126.50	777.48
12	门套线条	22.00	m	16	1.00	60 mm×15 mm	2	胶水、封固底漆、钉子	4.2	92.40	488.40
13	移门定制安装	5.50	m^2	460	1.00	卡罗莎(中德合资)	0		30	165.00	2695.00
14	门套油漆	5.00	m^2	16	1.00		8	稀释剂、回丝、砂皮、钉眼腻子	20	100.00	220.00
15	门槛大理石	1.00	块	396	1.00	新西米黄(含磨边)	10	黄砂水泥、硅胶	10	10.00	416.00
16	三角阀	2.00	个	34	1.00	朝阳	1		5	10.00	80.00
17	滑轮	4.00	付	260	1.00	品良(台湾)	0		20	80.00	1120.00
18	移门导轨	3.20	m	38	1.20	品良专用	2		5	16.00	169.60
									小计	1069.32	15831.86
(三)	餐厅(含过道)										
1	木地板	18.83	m^2	140	1.05	东阳实木复合	3	地板钉	6	112.98	2940.30
2	木地龙骨	18.83	m^2	12	1.05	绿峰	3	美固钉、垫衬料	5	94.15	390.72
3	踢脚线	16.80	m	10.5	1.08	饰面板＋密度板＋压线条	2.5	胶水、封固底漆、钉子	3	50.40	286.27
4	踢脚线清漆	16.80	m	2.5	1.00	欧龙	1	稀释剂、回丝、砂皮、钉眼腻子	1.5	25.20	84.00
5	墙、顶面批嵌、乳胶漆	81.20	m^2	9.3	1.10	立邦五合一	7	腻子粉、熟胶粉、满批二腻子	7.5	609.00	2064.92
6	门套	5.50	m	22.5	1.10	饰面板＋细木工板	9	木料、胶水、封固底漆、钉子	11.5	63.25	253.83
7	门套线条	11.00	m	16	1.00	60 mm×15 mm	2	胶水、封固底漆、钉子	4.2	46.20	244.20

续表 2-2

序号	工程名称	数量	单位	主材单价	损耗系数	主材内容（品牌、型号、等级）	辅料单价	辅料内容	人工单价	人工合价	小计
8	门套清水漆	2.20	m^2	16	1.00	欧龙	8	稀释剂、回丝、砂皮、钉眼腻子	20	44.00	96.80
9	窗套	4.20	m	44.8	1.10	饰面板＋细木工板	9	木料、胶水、封固底漆、钉子	11.5	48.30	296.86
10	窗套线条	4.20	m	16	1.00	60 mm×15 mm	2	胶水、封固底漆、钉子	4.2	17.64	93.24
11	窗套油漆	1.26	m^2	16	1.00	欧龙	8	稀释剂、回丝、砂皮、钉眼腻子	20	25.20	55.44
12	窗台大理石板	1.5	m	80	1.00	进口新西米黄	8	硅胶	7	10.50	142.50
13	磨边	1.50	m	35	1.00		0	异型另议	0	—	52.50
									小计	1146.82	7001.58
（四）	客厅										
1	木地板	21.97	m^2	140	1.05	东阳实木复合	3	地板钉	6	131.82	3430.62
2	木地龙骨	21.97	m^2	12	1.05	绿峰	3	美固钉、垫衬料	5	109.85	455.88
3	踢脚线	18.93	m	10.5	1.08	饰面板＋密度板＋压线条	2.5	胶水、封固底漆、钉子	3	56.79	322.57
4	踢脚线清漆	18.93	m	2.5	1.00	欧龙	1	稀释剂、回丝、砂皮、钉眼腻子	1.5	28.40	94.65
5	墙、顶面批嵌、乳胶漆	86.50	m^2	9.3	1.10	立邦五合一	7	腻子粉、熟胶粉、满批二遍腻子	7.5	648.75	2199.70
6	门套	6.80	m	22.5	1.10	饰面板＋细木工板	9	木料、胶水、封固底漆、钉子	11.5	78.20	313.82
7	门套线条	13.60	m	16	1.00	60 mm×15 mm	2	胶水、封固底漆、钉子	4.2	57.12	301.92
8	门套清水漆	2.50	m^2	16	1.00	欧龙	8	稀释剂、回丝、砂皮、钉眼腻子	20	50.00	110.00
									小计	1160.93	7229.15
（五）	客卧室										
1	木地板	16.23	m^2	140	1.05	东阳实木复合	3	地板钉	6	97.38	2534.31
2	木地龙骨	16.23	m^2	12	1.05	绿峰	3	美固钉、垫衬料	5	81.15	336.77

续表 2-2

序号	工程名称	数量	单位	主材单价	损耗系数	主材内容（品牌、型号、等级）	辅料单价	辅料内容	人工单价	人工合价	小计
3	踢脚线	16.50	m	10.5	1.08	饰面板＋密度板＋压线条	2.5	胶水、封固底漆、钉子	3	49.50	281.16
4	锡脚线清漆	16.50	m	2.5	1.00	欧龙	1	稀释剂、回丝、砂皮、钉眼腻子	1.5	24.75	82.50
5	墙、顶面批嵌、乳胶漆	59.77	m^2	9.3	1.10	立邦五合一	7	腻子粉、熟胶粉、满批二遍腻子	7.5	448.28	1519.95
6	木门定制安装	1.00	扇	380	1.00	樱桃木工艺门	0		30	30.00	410.00
7	门套	12.70	m	44.8	1.10	饰面板＋细木工板	9	木料、胶水、封固底漆、钉子	11.5	146.05	897.64
8	门套线条	25.50	m	16	1.00	60 mm×15 mm	2	胶水、封固底漆、钉子	4.2	107.10	566.10
9	铰链	1.00	付	26	1.00	华意达	1		8	8.00	35.00
10	门吸	1.00	件	28	1.00	华意达	1		4	4.00	33.00
11	木门、门套油漆	7.62	m^2	16	1.00	欧龙	8	稀释剂、回丝、砂皮、钉眼腻子	20	152.40	335.28
12	窗台大理石板	0.83	m	80	1.00	进口新西米黄	8	硅胶	7	5.81	78.85
13	磨边	0.83	m	35	1.00		0	异型另议	0		29.05
									小计	1154.42	7139.61
	二层										
（六）	主卧室										
1	木地板	21.62	m^2	140	1.05	东阳实木复合	3	地板钉	6	129.72	3375.96
2	木地龙骨	21.62	m^2	12	1.05	绿峰	3	美固钉、垫衬料	5	108.10	448.62
3	踢脚线	21.78	m	10.5	1.08	饰面板＋密度板＋压线条	2.5	胶水、封固底漆、钉子	3	65.34	371.13
4	踢脚线清漆	21.78	m	2.5	1.00	欧龙	1	稀释剂、回丝、砂皮、钉眼腻子	1.5	32.67	108.90
5	墙、顶面批嵌、乳胶漆	89.83	m^2	9.3	1.10	立邦五合一	7	腻子粉、熟胶粉、满批二遍腻子	7.5	673.73	2254.38
6	木门定制安装	1.00	扇	380	1.00	樱桃木工艺门	0		30	30.00	410.00

续表 2-2

序号	工程名称	数量	单位	主材单价	损耗系数	主材内容（品牌、型号、等级）	辅料单价	辅料内容	人工单价	人工合价	小计
7	门套	17.55	m	44.8	1.10	饰面板＋细木工板	9	木料、胶水、封固底漆、钉子	11.5	1201.83	1240.43
8	门套线条	35.10	m	16	1.00	60 mm×15 mm	2	胶水、封固底漆、钉子	4.2	147.42	779.22
9	铰链	1.00	付	26	1.00	华意达	1		8	8.00	35.00
10	门吸	1.00	件	28	1.00	华意达	1		4	4.00	33.00
11	木门、门套油漆	10.53	m^2	16	1.00	欧龙	8	稀释剂、回丝、砂皮、钉眼腻手	20	210.60	463.32
12	窗台大理石板	1.60	m	80	1.00	进口新西米黄	8	硅胶	7	11.20	152.00
13	磨边	1.60	m	35	1.00		0	异型另议	0		56.00
									小计	1622.60	9757.96
（七）	主卫生间										
1	地面地砖	5.38	m^2	90.67	1.08	冠军	10	黄砂、水泥、胶水	15	80.70	665.63
2	地面抬高（找平）	5.38	m^2	0	1.00		15	黄砂、水泥	6	32.28	112.98
3	墙面瓷砖	21.91	m^2	101.33	1.08	冠军 35721	18	水泥、801 胶水、填缝剂	16	350.56	3174.24
4	花砖	1.00	片	72.9	1.00	现代	0		0		72.90
5	扣板吊顶	5.38	m^2	65	1.20	莱斯顿铝扣板（白色）	12	增加龙骨、木料、钉子、硅胶	12	64.56	561.67
6	扣板专用角线	4.00	根	18	1.00	3 米/根	2		0		80.00
7	浴缸（浴脚砌粉另计）	1.00	项	2748	1.00	乐家 MALIBU231570	50		70	70.00	2868.00
8	浴缸成品下水	1.00	套	220	1.00		0		0		220.00
9	分体座厕	1.00	套	960	1.00	TOTO792/782	30	法兰、膨胀螺钉、硅胶	35	35.00	1025.00
10	整体台盆	1.00	套	2855	1.00	澳金 ES－90A/EM－904/T－1615	30	落水硅胶	20	20.00	2905.00
11	座厕移位	1.00	项	120	1.00		60		120	120.00	300.00

续表 2-2

序号	工程名称	数量	单位	主材单价	损耗系数	主材内容（品牌、型号、等级）	辅料单价	辅料内容	人工单价	人工合价	小计
12	龙头	1.00	套	0	1.00	摩恩	5		10	10.00	15.00
13	卫浴五金安装(甲供)	1.00	套	0	1.00		5	膨胀螺栓	20	20.00	25.00
14	浴霸安装(甲供)	1.00	只	0	1.00		10	加固龙骨	10	10.00	20.00
15	换气扇安装(甲供)	1.00	只	0	1.00		10	加固龙骨	10	10.00	20.00
16	三角阀	5.00	个	34	1.00	朝阳	1		5	25.00	200.00
17	地漏	1.00	项	32	1.00	求精	0		5	5.00	37.00
18	门套	5.00	m	44.8	1.10	饰面板＋细木工板	9	木料、胶水、封固底漆、钉子	11.5	57.50	353.40
19	门套线条	10.00	m	16	1.00	60 mm×15 mm	2	胶水、封固底漆、钉子	4.2	42.00	222.00
20	木门定制安装	1.00	扇	380	1.00	樱桃木工艺门	0		30	30.00	410.00
21	木门、门套油漆	5. 20	m^2	16	1.00	欧龙	6	稀释剂、回丝、砂皮、钉眼腻子	20	104.00	218.40
22	铰链	1.00	付	26	1.00	华意达	1		8	8.00	35.00
23	门吸	1.00	件	28	1.00	华意达	1		4	4.00	33.00
24	门槛大理石	1.00	块	100	1.00	新西米黄(含磨边)	10	黄砂水泥、硅胶	10	10.00	120.00
									小计	1108.60	13694. 23
(八)	儿童房										
1	木地板	10.89	m^2	140	1.05	东阳实木复合	3	地板钉	6	65.34	1700.47
2	木地龙骨	10.89	m^2	12	1.05	绿峰	3	美固钉、垫衬料	5	54.45	225.97
3	踢脚线	14.00	m	10.5	1.08	饰面板＋密度板＋压线条	2.5	胶水、封固底漆、钉子	3	42.00	238.56
4	踢脚线清漆	14.00	m	2.5	1.00	欧龙	1	稀释剂、回丝、砂皮、钉眼腻子	1.5	21.00	70.00
5	墙、顶面批嵌、乳胶漆	57.75	m^2	9.3	1.10	立邦五合一	7	腻子粉、熟胶粉、满批二遍腻子	7.5	433.13	1468.58

续表 2-2

序号	工程名称	数量	单位	主材单价	损耗系数	主材内容（品牌、型号、等级）	辅料单价	辅料内容	人工单价	人工合价	小计
6	门套	5.00	m^2	26.5	1.10	饰面板＋细木工板	9	木料、胶水、封固底漆、钉子	11.5	57.50	252.75
7	门套线条	10.00	m	16	1.00	60×15	2	胶水、封固底漆、钉子	4.2	42.00	222.00
8	木门定制安装	1.00	扇	380	1.00	樱桃木工艺门	0		30	30.00	410.00
9	铰链	1.00	付	26	1.00	华意达	1		8	8.00	35.00
10	门吸	1.00	件	28	1.00	华意达	1		4	4.00	33.00
11	木门、门套油漆	3.40	m^2	16	1.00	欧龙	8	稀释剂、回丝、砂皮、钉眼腻子	20	68.00	149.60
12	窗套	8.20	m	44.8	1. 10	饰面板＋细木工板	9	木料、胶水、封固底漆、钉子	11.5	94.30	579.58
13	窗套线条	8.20	m	16	1.00	60×15	2	胶水、封固底漆、钉子	4.2	34.44	182.04
14	窗套油漆	2.65	m^2	16	1.00	欧龙	8	稀释剂、回丝、砂皮、钉眼腻子	20	53.00	116.60
15	窗台大理石	2.80	m	80	1.00	新西米黄	8	硅胶	7	19.60	266.00
16	窗台大理石加工费	2.80	m	35	1.00		0:		0		98.00
									小计	1026.76	6048.15
（九）	书房										
1	木地板	9.73	m^2	140	1.05	东阳实木复合	3	地板钉	6	58.38	1519.34
2	木地龙骨	9.73	m^2	12	1.05	绿峰	3	美固钉、垫衬料	5	48.65	201.90
3	踢脚线	14.70	m	10.5	1.08	饰面板＋密度板＋压线条	2.5	胶水、封固底漆、钉子	3	44.10	250.49
4	踢脚线清漆	14.70	m	2.5	1.00	欧龙	1	稀释剂、回丝、砂皮、钉眼腻子	1.5	22.05	73.50
5	墙、顶面批嵌、乳胶漆	76.43	m^2	9.3	1. 10	立邦五合一	7	腻子粉、熟胶粉、满批二遍腻子	7.5	573.23	1,943.61
									小计	746.41	3988.84

续表 2-2

序号	工程名称	数量	单位	主材单价	损耗系数	主材内容（品牌、型号、等级）	辅料单价	辅料内容	人工单价	人工合价	小计
（十）	阳台										
1	地面地砖	12.98	m^2	35	1.08	仿古砖（300 mm×300 mm）	10	黄砂水泥	15	194.70	825.53
2	地面抬高（找平）	12.98	m^2	0	1.00		15	黄砂水泥	6	77.88	272.58
3	墙、顶面批嵌、乳胶漆	57.00	m^2	12	1.10	立邦五合一	7	腻子粉、熟胶粉、满批二进腻子	7.5	427.50	1618.80
									小计	700.08	2716.91
（十一）	楼梯										
1	楼梯踏步板	7.40	m^2	580	1.10	柳桉实木 25 mm	18	钉子、胶水	20	148.00	5015.72
2	楼梯扶手	9.20	m	320	1.00	柳桉实木＋不锈钢	8	钉子、胶水	30	276.00	3293.60
3	油漆	1.00	项	1500	1.05	欧龙	130	稀释剂、回丝、砂皮、钉眼腻子	300	300.00	2011.50
									小计	724.00	10320.82
（十二）	电气及其他										
1	开关面板	18.00	个	20	1.00	西蒙	3	暗盒、黄砂、水泥	2	36.00	450.00
2	插座面板	40.00	个	18	1.00	西蒙	3	暗盒、黄砂、水泥	2	80.00	920.00
3	网络面板	6.00	个	35	1.00	西蒙	3	暗盒、黄砂、水泥	2	12.00	240.00
4	电话面板	7.00	个	30	1.00	西蒙	3	暗盒、黄砂、水泥	2	14.00	245.00
5	电视面板	5.00	个	30	1.00	西蒙	3	暗盒、黄砂、水泥	2	10.00	175.00
6	PVC 电线管 4 分管	60.00	m	1.5	1.20	中财	3	电线管杯梳、直接、PVC 胶水等	2	120.00	444.00
7	PVC 电线管 6 分管	100.00	m	1.8	1.20	中财	3	电线管杯梳、直接、PVC 胶水等	2	200.00	776.00
8	电线 1.5 m^2	520.00	m	0.68	1.20	熊猫	0.1	压线帽、胶布、钢丝		—	486.72

续表 2-2

序号	工程名称	数量	单位	主材单价	损耗系数	主材内容（品牌、型号、等级）	辅料单价	辅料内容	人工单价	人工合价	小计
9	电线 2.5 m^2	1200.00	m	1. 11	1.20	熊猫	0.1	压线帽、胶布、钢丝			1742.40
10	电线 4 m^2	450.00	m	1.83	1.20	熊猫	0.1	压线帽、胶布、钢丝			1042.20
11	有线电视	180.00	m	2.45	1.20	熊猫	1	电线管杯梳、直接、PVC 胶水等			745.20
12	四芯电话线	260.00	m	0. 68	1.20	熊猫	1	电线管杯梳、直接、PVC 胶水等			524.16
13	网络线	220.00	m	2.6	120	TCL	1	电线管杯梳、直接、PVC 胶水等			950.40
14	PP-R 水管	75.00	m	12. 96	1.00	卫水宝	14.5	内螺弯头、三通绕曲管等	3	225.00	2284.50
15	砖墙开槽	260.00	m	0	1.00		1		5	1300.00	1560.00
16	混凝土墙开槽	25.00	m	0	1.00		3	切割片	10	250.00	325.00
17	厨卫阳台地面防水处理	64.04	m^2	25	1.00	东方雨虹	3		6	384.24	2177.36
18	天棚灯槽防火涂料	3.60	m^2	15	1.00	中南	1		10	36.00	93.60
19	灯具安装（甲供）	1.00	套	0	1.00		1		360	360.00	361.00
20	砌墙	9.63	m^2	55	1.00		10	黄砂水泥	12	115.56	741.51
21	粉墙	19.26	m^2	9	1.00		0	黄砂水泥	8	154.08	327.42
22	拆墙	38.25	m^2	0	1.00		10		14	535.50	918.00
23	拆墙搬运	38.25	m^2	0	1.00		3		14	535.50	650.25
									小计	4367. 88	18179. 72
小计	以上小计费用为基本装饰项目的直接费总价，甲供材料清单详见合同										
二	家具制作类										
1	主卧衣帽间柜体	6.90	m^2	120	1.00	双面板	12	胶水、木皮、校　、螺钉、钉子等	20	138.00	1048. 80

续表 2-2

序号	工程名称	数量	单位	主材单价	损耗系数	主材内容（品牌、型号、等级）	辅料单价	辅料内容	人工单价	人工合价	小计
2	主卧衣帽间移门	5.30	m^2	460	1.00	卡罗莎	0		30	159.00	2597.00
3	衣帽间移门门套	7.20	m	44.8	1.10	饰而板＋细木工板	9	木料、胶水、封固底漆、钉子	115	82.80	508.90
4	衣帽间移门门套线条	7.20	m	16	1.00	60 mm×15 mm	2	胶水、封固底漆、钉子	42	30.24	159.84
5	门套油漆	4.30	m^2	16	1.00	欧龙	6	稀释剂、回丝、砂皮、钉眼腻子	20	86.00	180.60
6	主卧衣柜柜体	2.88	m^2	120	1.00	双面板	12	胶水、木皮、铰链、螺钉、钉子等	20	57.60	437.76
7	主卧衣柜柜门	2.88	m^2	160	1.00	厂方定制门板	0		15	43.20	304.00
8	书房端景柜	1.00	顶	320	1.00	大理石、细木工板、饰面板	35	胶水、木皮、铰链、螺钉、钉子等	80	80.00	435.00
9	书房端景柜上工艺镜	1.00	块	150	1.00		15	中型硅胶、不锈钢钉	20	20.00	185.00
10	儿童房储藏柜柜体	1.54	m^2	160	1.00	木龙骨＋双面板	16	胶水、木皮，铰链、螺钉、钉子等	24	36.96	308.00
11	儿童房储藏柜柜门	1.54	m^2	160	1.00	厂方定制门板	0		15	23.10	269.50
12	客卧阳台储藏柜体	368	m^2	120	1.00	双面板	12	胶水、木皮、铰链.螺钉、钉子等	20	73.60	559.36
13	次卧阳台储藏柜门	3.68	m^2	160	1.00	厂方定制门板	0		15	55.20	644.00
14	主卫装饰柜体	120	m^2	140	1.00	双面板＋玻璃	12	胶水、木皮、铰链、螺钉、钉子等	20	24.00	206.40
15	主卫装饰柜门	0.53	m^2	160	1.00	厂方定制门板	0		15	7.95	92.75
16	客卫储藏柜体	118	m^2	120	1.00	双面板	12	胶水、木皮、铰链、螺钉、钉子等	20	23.60	179.36
17	客卫储藏柜门	118	m^2	160	1.00	厂方定制门板	0		15	17.70	206.50
									小计	958.95	8322.77
三	景观装饰类										
I	造型吊顶(拉法基)	38.60	m^2	35	1.20	纸面石膏板、木枋（按规开面计算）	20	干壁灯、防锈漆	30	1158.00	3705.60

续表 2-2

序号	工程名称	数量	单位	主材单价	损耗系数	主材内容（品牌、型号、等级）	辅料单价	辅料内容	人工单价	人工合价	小 计
2	客、餐厅背景	1.00	项	960	1.00	视复杂程度详定	100		150	150.00	1210.00
3	装饰壁龛	1.00	项	280	1.00	视复杂程度详定	50		150	150.00	480.00
4	书房装饰窗窗套	9.90	m	44.8	1.10	饰面板＋细木工板	9	木料、胶水、封固底漆、钉子	11.5	113.85	699.73
5	书房装饰窗窗套线条	9.90	m	16	1.00	60 mm×15 mm	2	胶水、封固底漆、钉子	4.2	41.58	219.78
6	书房装饰窗窗套油漆	4.95	m^2	16	1.00	欧龙	6	稀释剂、回丝、砂皮、钉眼腻子	20	99.00	207.90
7	书房装饰窗玻璃	1.62	m^2	380	1.00	艺术玻璃	5	硅胶等	15	24.30	648.00
8	楼梯下景观(甲供)	1.00	项	0	1.00		0		50	50.00	50.00
									小计	1786.73	7221.01
四	配套服务类										
1	材料搬运费	170.00	m^2	2.5	1.00			425.00			
2	垃圾清理费	170.00	m^2	2.5							
									小计		425.00
五	费率										
（一）	直接费合计	（一）＋（二）＋（三）＋（四）									129273.67
（二）	管理费(5%)	直接费×5%									6463.68
（三）	税金(3.41%)	（直接费＋管理费）×3.41%									4628.64
（四）	设计费										
（五）	工程总造价										140365.99

本章小结

1. 定额的概念

建筑工程定额是指在正常的施工条件下，完成单位合格产品所必须消耗的劳动、材料、机械台班的数量标准。这种量反映了完成某项合格产品与各种生产消耗之间特定的数量关系。

2. 定额的分类

(1)按生产要素分类。

定额按生产要素可分为劳动定额、材料消耗定额和机械台班使用定额。这三种定额是编制其他各种定额的基础，也称为基础定额。

(2)按编制程序和用途分类。

定额按编制程序和用途可分为工序定额、施工定额、预算定额、概算定额、概算指标、投资估算指标等。

(3)按编制单位和执行范围分类。

定额按编制单位和执行范围分为全国统一定额、行业统一定额、地区定额、企业定额和补充定额等。通常在工程量计算和人工、材料、机械台班的消耗量计算中，以全国统一定额为依据，而单价的确定逐渐由企业定额所替代或完全实行市场化。

(4)按费用性质分类。

定额按费用性质可分为直接费定额、间接费定额和其他费定额等。

(5)按专业不同划分。

定额按适用专业分为建筑工程消耗量定额、装饰工程消耗量定额、安装工程消耗量定额、市政工程消耗量定额、园林绿化工程消耗量定额等。

3. 施工定额的概念

施工定额是施工企业(建筑安装企业)为组织生产和加强管理在企业内部使用的一种定额，属于企业生产定额的性质。

施工定额包括劳动定额、材料消耗定额和机械台班使用定额三部分。

4. 预算定额的概念

预算定额是指在正常合理的施工条件下完成一定计量单位的分部分项工程或结构构件和建筑配件所必须消耗的人工、材料和施工机械台班的数量标准。

5. 预算定额的种类

(1)按专业性质划分，预算定额有建筑工程定额和安装工程定额两大类。

(2)从管理权限和执行范围分，预算定额可分为全国统一定额、行业统一定额和地区统一定额等。

(3)按物资要素区划分，预算定额分可为劳动定额、材料消耗定额和机械定额，但它们互相依存形成一个整体作为预算定额的组成部分，各自不具有独立性。

6. 单位估价表的概念

单位估价表是在预算定额所规定的各项消耗量的基础上，根据所在地区的人工工资、物价水平，确定人工工日单价、材料预算价格、机械台班预算价格，从而用货币形式表达拟定预算定额中每一分项工程的预算定额单价的计算表格。

7. 概算定额的概念

概算定额是指为了完成单位扩大分项工程或单位扩大结构构件所必须消耗的人工、材料和机械台班的数量标准。

8. 概算指标的概念

概算指标是比概算定额综合性、扩大性更强的一种定额指标，它规定了人工、材料、机械消耗数量标准和费用标准。

能力训练

1. 简述建筑工程定额的概念。
2. 简述建筑工程定额的特点。
3. 建筑工程定额有什么作用?
4. 简述建筑工程定额的分类。
5. 简述施工定额的概念及作用。
6. 施工定额的特性有哪些?
7. 施工定额手册由哪些部分组成?
8. 简述预算定额的构成。
9. 简述预算定额的分类。
10. 预算定额的作用有哪些?
11. 预算定额消耗量指标的确定方法是什么?
12. 简述单位估价表的编制步骤。
13. 施工预算与施工图预算的区别有哪些?
14. 简述概算定额的概念、作用。
15. 概算定额包含的内容有哪些?
16. 简述概算指标的概念。
17. 简述概算指标的作用。
18. 概算指标的内容有哪些?

第三章 工程量计算

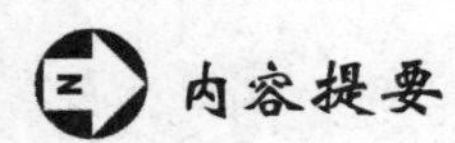

内容提要

工程量计算的作用与依据，工程量计算的方法与顺序；建筑面积的概念，《建筑工程建筑面积计算规范》中建筑面积的适用范围、术语、计算建筑面积的范围和不计算建筑面积的范围等内容。

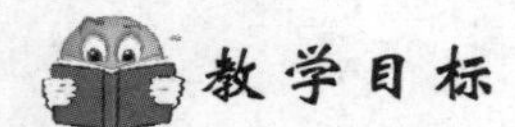

教学目标

1. 知识目标

(1)掌握工程量和工程量计算规则的概念；

(2)熟悉工程量计算的原则、依据；

(3)掌握工程量计算的方法和顺序；

(4)通过学习《建筑工程建筑面积计算规范》，掌握各类建筑物的建筑面积计算规则（计算面积的范围、计算 1/2 面积的范围和不计算面积的范围）；

(5)熟悉《建筑工程建筑面积计算规范》中的有关术语；

(6)掌握建筑面积的计算方法。

2. 能力目标：具备利用本章知识正确、合理计算工程量的能力；熟练计算建筑面积的能力。

第一节 工程量计算的作用和依据

一、工程量和工程量计算规则的概念

工程量是指以物理计量单位或自然计量单位表示各分项工程或结构构件的实物数量。物理计量单位是指以物体（分项工程或构件）的物理法定计量单位来表示工程的数量，如实心砖墙的计量单位是立方米，楼梯栏杆、扶手的计量单位是米。自然计量单位是以物体自身的计量单位来表示的工程数量，如装饰灯具安装以“套”为计量单位，卫生器具安装以“组”为计量单位。

工程量计算规则是指在计算分项工程实物数量时，从施工图纸中摘取数值的取定原则。定额不同，工程量计算规则可能就不同。在计算工程量时，必须按照所采用的定额及规定的计算规则进行计算。为了统一工业与民用建筑工程预算工程量的计算，住房和城乡建设部在 1995 年制定《全国统一建筑工程基础定额（土建工程）》的同时，发布了《全国统一建筑工程预算工程量计算规则（土建工程）》(GJDGZ－101－95)，作为指导预算工程量计算的依据。而各个地区采用的定额不同，计算规则也不同，本书中所用土建工程量计算规则均以甘肃省 2013 年编制的预算定额中的规则为准。

二、工程量计算的作用

计算工程量是编制建筑工程施工图预算的基础工作，是预算文件的重要组成部分。工程量计算得准确与否，将直接影响工程直接费，进而影响整个工程的预算造价。

工程量是施工企业编制施工计划，组织劳动力和供应材料、机具的重要依据；同时，也是基本建设管理职能部门(如计划和统计部门)工作的内容之一。

因此，正确计算工程量对建设单位、施工企业和管理部门加强管理、正确确定工程造价都具有重要的现实意义。

三、工程量计算的依据

(1)经审定的施工设计图纸及其设计说明。

设计施工图纸是计算工程量的基础资料，因为施工图纸反映工程的构造和各部位尺寸，是计算工程量的基本依据。在取得施工图纸和设计说明等资料后，必须全面、细致地熟悉和核对有关图纸和资料，检查图纸是否齐全、正确，经过审核、修正后的施工图纸才能作为计算工程量的依据。

(2)建筑工程预算定额。

在《全国统一建筑工程基础定额(土建工程)》《全国统一建筑工程预算工程量计算规则》及省、市、自治区颁发的地区性工程定额中，比较详细地规定了各个分部分项工程量的计算规则和计算方法。计算工程量时，必须严格按照定额中规定的计量单位、计算规则和方法进行；否则，将可能出现计算结果的数据和单位不一致。

(3)审定施工组织设计、施工技术措施方案和施工现场情况计算工程量时，还必须参照施工组织设计或施工技术措施方案进行。例如计算土方工程时，只依据施工图纸是不够的，因为施工图纸上并未标明实际施工场地土壤的类别，以及施工中是否采取放坡或用挡土板的方式进行。对这类问题，就需要借助施工组织设计或者施工技术措施加以解决。计算工程量有时还要结合施工现场的实际情况进行，如平整场地和余土外运工程量，一般在施工图纸上反映不出来，应根据建设基地的具体情况予以计算确定。

(4)经确定的其他有关技术经济文件(略)。

四、工程量计算应遵循的原则

1.原始数据必须和设计图纸相一致

工程量是按每一分项工程根据设计图纸进行计算的，计算时所采用的原始数据都必须以施工图纸所表示的尺寸或能读出的尺寸为准，不得任意加大或缩小各部位尺寸。特别对工程量有重大影响的尺寸(如建筑物的外包尺寸、轴线尺寸等)，以及价值较大的分项工程(如钢筋混凝土工程等)的尺寸，其数据的取定均应根据图纸所注尺寸线及其尺寸数字，通过计算确定。

2.计算口径必须与预算定额相一致

计算工程量时，根据施工图纸列出的工程子目的口径(是指工程子目所包括的工作内容)，必须与预算定额中相应的工程子目的口径相一致，不能将定额子目中已包含的工作内容拿出来另列子目计算。

3.计算单位必须与预算定额相一致

计算工程量时，所计算工程子目的工程量单位必须与预算定额中相应子目的单位相一致。

例如，预算定额是以 m^3 作单位的，所计算的工程量也必须以 m^3 作单位；定额中用扩大计量单位（如 10 m、100 m^2、10 m^3 等）来计量时，也应将计算工程量调整成扩大单位。

4. **工程量计算规则必须与定额相一致**

工程量计算必须与定额中规定的工程量计算规则相一致，才符合定额的要求。预算定额中对分项工程的工程量计算规则和计算方法都做了具体规定，计算时必须严格按规定执行。

5. **工程量计算的准确度**

工程量的数字计算要准确，一般应精确到小数点后三位。汇总时，其准确度取值要达到以下要求：

(1)立方米(m^3)、平方米(m^2)及米(m)以下取两位小数；

(2)吨(t)以下取三位小数；

(3)千克(kg)、(件)等取整数。

6. **按施工图纸，结合建筑物的具体情况进行计算**

一般应做到主体结构分层计算；内装修按分层分房间计算，外装修分立面计算，或按施工方案的要求分段计算；由几种结构类型组成的建筑，要按不同结构类型分别计算；比较大的由几段组成的组合体建筑，应分段进行计算。

第二节　工程量计算的方法和顺序

在掌握了基础资料、熟悉了图纸之后，不要急于计算，应该先把在计算工程量中需要的数据统计和计算出来。

一、计算出基数

所谓基数，是指在工程量计算中需要反复使用的基本数据，如在土建工程预算中主要项目的工程量计算，一般都与建筑物轴线内包面积有关。因此，基数是计算和描述许多分项工程量的基础，在计算中要反复多次地使用。为了避免重复计算，一般都事先将其计算出来，随用随取。常用的基数有“三线”（施工图上所示的外墙中心线长度、内墙角长线长度和外墙外边线长度）、“一面”（建筑图上所示的底层建筑面积）。

二、编制统计表

所谓统计表，在土建工程中主要是指门窗洞口面积统计表和墙体埋件体积统计表。另外，还应统计好各种预制混凝土构件的数量、体积及所在的位置。

三、编制预制构件加工委托计划

为了不影响正常的施工进度，一般都需要把预制构件加工或订购计划提前编制出来。这项工作多数由预算员来做，也可由施工技术员来做。需要注意的是，此项委托计划应把施工现场自己加工的、委托预制构件厂加工的或是去厂家订购的分开来编制，以满足施工实际的需要。

四、工程量计算的方法

1. 统筹程序，合理安排

工程量计算程序的安排是否合理，关系着预算工作效率的高低、进度的快慢。按施工顺序或定额顺序计算工程量，往往不能充分利用数据间的内在联系而形成重复计算，浪费时间和精力，有时还易出现计算差错。

例如，某室内地面有地面垫层、找平层及地面面层三道工序，如按施工顺序或定额顺序计算，则为

地面垫层体积＝长×宽×垫层厚(m^3)

找平层面积＝长×宽(m^2)

地面面层面积＝长×宽(m^2)

按照统筹法原理，根据工程量自身计算规律，按先主后次统筹安排，把地面面层放在其他两项的前面，利用它得出的数据供其他工程项目使用。即

地面面层面积＝长×宽(m^2)

找平层面积＝地面面层面积(m^2)

地面垫层体积＝地面面层面积×垫层厚(m^3)

按上面程序计算，抓住地面面层这道工序，“长×宽”只计算一次，还把后两道工序的工程量一并算出来，且计算的数字结果相同，减少了重复计算。从这个简单的实例中，说明了统筹程序的意义。

2. 利用基数，连续计算

利用基数，连续计算就是以“线”或“面”为基数，利用连乘或加减，算出与它有关的分项工程量。基数就是“线”和“面”的长度和面积。基数“三线”“一面”的概念与计算如下：

外墙外边线：用 $L_{外}$ 表示，$L_{外}$＝建筑物平面图的外围周长之和。

外墙中心线：用 $L_{中}$ 表示，$L_{中}$＝$L_{外}$－外墙厚×4。

内墙净长线：用 $L_{内}$ 表示，$L_{内}$＝建筑平面图中所有的内墙长度之和。

$S_{底}$＝建筑物底层平面图勒脚以上外围水平投影面积。

(1)与“线”有关的项目有：

$L_{中}$：外墙基挖地槽、外墙基础垫层、外墙基础砌筑、外墙墙基防潮层、外墙圈梁、外墙墙身砌筑等分项工程。

$L_{外}$：平整场地、勒脚、腰线、外墙勾缝、外墙抹灰、散水等分项工程。

$L_{内}$：内墙基挖地槽、内墙基础垫层、内墙基础砌筑、内墙基础防潮层、内墙圈梁、内墙墙身砌筑、内墙抹灰等分项工程。

(2)与“面”有关的计算项目有平整场地、天棚抹灰、楼地面及屋面等分项工程。

3. 一次算出，多次使用

在工程量计算过程中，往往有一些不能用“线”“面”基数进行连续计算的项目，如木门窗、屋架、钢筋混凝土预制标准构件等。首先，将常用数据一次算出，汇编成土建工程量计算手册(即“册”)；其次，把那些规律较明显的，如槽、沟断面、砖基础大放脚断面等，都预先一次算出，也编入册。当需计算有关的工程量时，只要查手册就可很快算出所需要的工程量。这样可以

减少那种按图逐项地进行烦琐而重复的计算，亦能保证计算的及时与准确性。

4. 结合实际，灵活机动

用“线”“面”“册”计算工程量，是一般常用的工程量基本计算方法。实践证明，在一般工程上完全可以利用。但在特殊工程上，由于基础断面、墙厚、砂浆标号和各楼层的面积不同，就不能完全用“线”或“面”的一个数作为基数，而必须结合实际灵活地计算。

一般常遇到的几种情况及采用的方法如下：

(1)分段计算法。当基础断面不同，在计算基础工程量时，就应分段计算。

(2)分层计算法。如遇多层建筑物，各楼层的建筑面积或砌体砂浆标号不同时，均可分层计算。

(3)补加计算法。即在同一分项工程中，遇到局部外形尺寸或结构不同时，为了便于利用基数进行计算，可先将其看作相同条件计算，然后再加上多出部分的工程量。如基础深度不同的内外墙基础、宽度不同的散水等工程。

(4)补减计算法。补减计算法与补加计算法相似，只是在原计算结果上减去局部不同部分工程量。如在楼地面工程中，各层楼面除每层盥厕间为水磨石面层外，其余均为水泥砂浆面层，则可先按各楼层均为水泥砂浆面层计算，然后补减盥厕间的水磨石地面工程量。

五、工程量计算的顺序

1. 按施工顺序计算

按施工先后顺序依次计算工程量，即按平整场地、挖地槽、基础垫层、砖石基础、回填土、砌墙、门窗、钢筋混凝土楼板安装、屋面防水、外墙抹灰、楼地面、内墙抹灰、粉刷、油漆等分项工程进行计算。

2. 按定额顺序计算

按当地定额中的分部分项编排顺序计算工程量，即从定额的第一分部第一项开始，对照施工图纸，凡遇定额所列项目，在施工图中有的，就按该分部工程量计算规则算出工程量。凡遇定额所列项目，在施工图中没有，就忽略，继续看下一个项目，若遇到有的项目，其计算数据与其他分部的项目数据有关，则先将项目列出，其工程量待有关项目工程量计算完成后，再进行计算。例如计算墙体砌筑，该项目在定额的第三分部，而墙体砌筑工程量为：

墙体砌筑工程量=(墙身长度×高度－门窗洞口面积)×墙厚－嵌入墙内混凝土及钢筋混凝土构件所占体积+垛、附墙烟道等体积

这时可先将墙体砌筑项目列出，工程量计算可暂放缓一步，待第四分部混凝土及钢筋混凝土工程及第六分部门窗工程等工程量计算完毕后，再利用该计算数据补算出墙体砌筑工程量。

3. 按图纸拟定一个有规律的顺序依次计算

(1)按顺时针方向计算(见图 3-1)。

(2)按先横后竖、先上后下、先左后右的顺序计算(见图 3-2)。

以平面图上的横竖方向分别从左到右或从上到下依次计算。此方法适用于内墙、内墙挖地槽、内墙基础和内墙装饰等工程量的计算。

(3)按照图纸上的构、配件编号顺序计算(见图 3-3)。

(4)根据平面图上的定位轴线编号顺序计算。

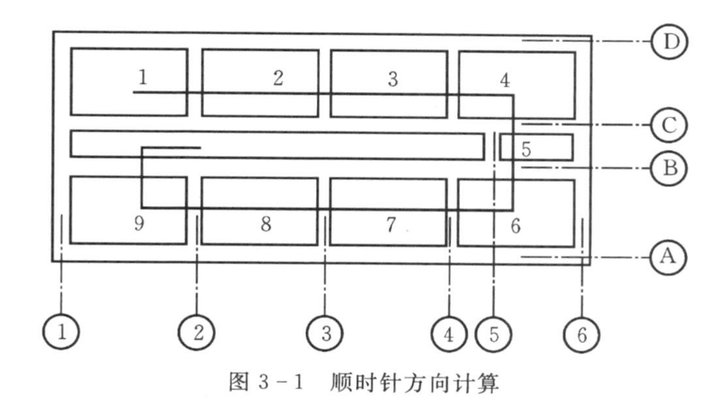

图 3－1　顺时针方向计算

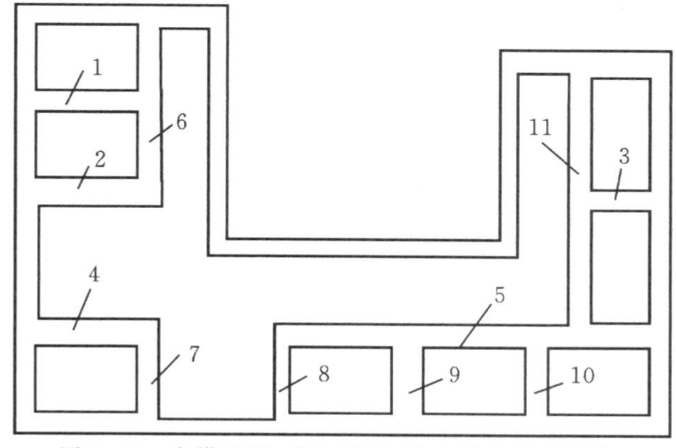

图 3－2　先横后竖、先上后下、先左后右顺序计算

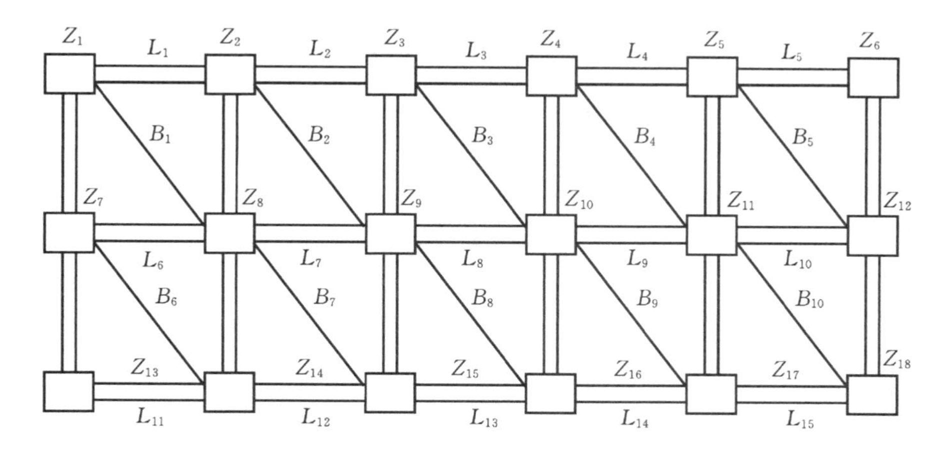

图 3－3　按照图纸上的构、配件编号顺序计算

第三节　工程量计算的规则

建筑面积是依据施工平面图和国家建设主管部门统一制定的《建筑工程建筑面积计算规范》计算而来的。国家住房和城乡建设部 2013 年发布了《建筑工程建筑面积计算规范》(GB/

T 50353—2013)和《建筑工程建筑面积计算规范》(GB/T 50353—2013),自 2014 年 7 月 1 日起实施。建筑面积规范适用于新建、改建、扩建的工业与民用建筑工程的建筑面积计算,建筑面积计算规范除了应遵循建筑面积计算规范,尚应符合国家现行的有关标准规范的规定。

一、建筑面积的概念

建筑面积也称建筑展开面积,是指建筑物外墙勒脚以上各层结构外围水平面积之和。它包括建筑使用面积、辅助面积和结构面积。

(1)使用面积是指建筑物各层平面布置中可直接为生产或生活使用的净面积总和,如居住生活间、工作间和生产间等的净面积。

(2)辅助面积是指建筑物各层平面布置中为辅助生产或生活所占净面积的总和,如楼梯间、走道间、电梯井等。使用面积与辅助面积的总和为“有效面积”。

(3)结构面积是指建筑物各层平面布置中的墙体、柱、通风道等结构所占面积的总和。

二、建筑面积的作用

(1)建筑面积是基本建设投资、建设项目可行性研究、建设项目评估、建设项目勘察设计、建筑工程施工和竣工验收、建筑工程造价管理过程中一系列工作的重要指标。

(2)建筑面积是检查控制施工进度、竣工任务的重要指标。如已完工面积、竣工面积、在建面积是以建筑面积为指标表示的。

(3)建筑面积是计算单位面积造价、人工工日消耗指标、材料消耗指标、机械台班消耗指标、工程量消耗指标的重要依据。

$$\text{每平方米工程量}=\frac{\text{单位工程某项工程量}}{\text{建筑面积}}(m^2/m^2、m^3/m^2\cdots)$$

$$\text{每平方米工程量}=\frac{\text{单位工程某项工程量}}{\text{建筑面积}}(m^2/m^2、m^3/m^2\cdots)$$

$$\text{每平方米工程量}=\frac{\text{单位工程某项工程量}}{\text{建筑面积}}(m^2/m^2、m^3/m^2\cdots)$$

$$\text{每平方米工程量}=\frac{\text{单位工程某项工程量}}{\text{建筑面积}}(m^2/m^2、m^3/m^2\cdots)$$

$$\text{每平方米工程量}=\frac{\text{单位工程某项工程量}}{\text{建筑面积}}(m^2/m^2、m^3/m^2\cdots)$$

(4)建筑面积是计算有关分项工程量的依据。例如平整场地、综合脚手架、垂直运输、超高增加费等。

三、《建筑工程建筑面积计算规范》(GB/T 50353—2013)

《建筑工程建筑面积计算规范》(GB/T 50353—2013)适用于新建、改建、扩建的工业与民用建筑工程的建筑面积计算,包括工业厂房、仓库、公共建筑、居住建筑,农业生产使用的房屋、粮种仓库、地铁车站等建筑面积的计算。

(一)计算建筑面积的规定

(1)建筑物的建筑面积应按自然层外墙结构外围水平面积之和计算。结构层高在 2.20 m 及以上的,应计算全面积;结构层高在 2.20 m 以下的,应计算 1/2 面积。见图 3-4。

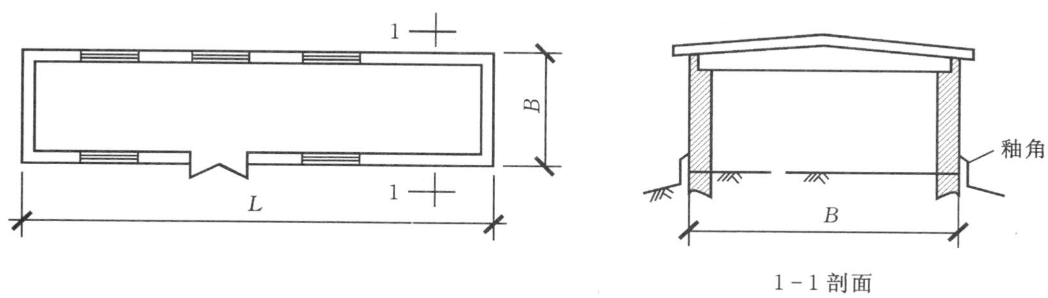

图 3-4 建筑物的平面、剖面图(1)

建筑面积可按以下公式计算：

$$S=L\times B$$

式中：S——建筑物的建筑面积(m^2)；

L——建筑物外边线水平长度(m)；

B——建筑物外边线水平宽度(m)。

(2)建筑物内设有局部楼层时，对于局部楼层的二层及以上楼层，有围护结构的应按其围护结构外围水平面积计算，无围护结构的应按其结构底板水平面积计算，且结构层高在2.20 m及以上的，应计算全面积；结构层高在2.20 m以下的，应计算1/2面积。见图3-5。

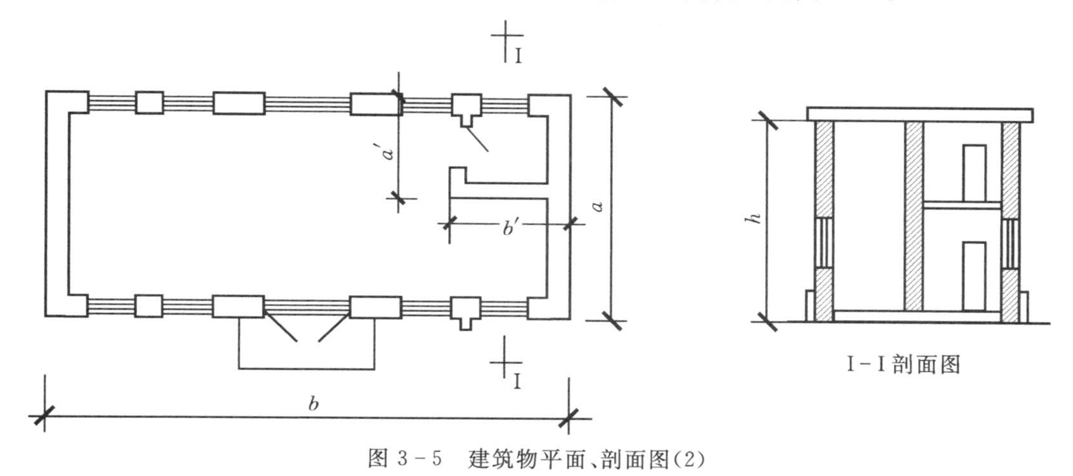

图 3-5 建筑物平面、剖面图(2)

建筑物内设有局部楼层(二层高度超过2.2 m)的单层建筑物的建筑面积计算公式为：

$$S=a\times b+\Sigma(a'\times b')$$

式中，a'、b'分别为二层及以上楼层的两个方向的外边线长度(m)。

(3)对于形成建筑空间的坡屋顶(见图3-6)，结构净高在2.10 m及以上的部位应计算全面积；结构净高在1.20 m及以上至2.10 m以下的部位应计算1/2面积；结构净高在1.20 m以下的部位不应计算建筑面积。

(4)对于场馆看台下的建筑空间(见图3-6)，结构净高在2.10 m及以上的部位应计算全面积；结构净高在1.20 m及以上至2.10 m以下的部位应计算1/2面积；结构净高在1.20 m以下的部位不应计算建筑面积。室内单独设置的有围护设施的悬挑看台，应按看台结构底板水平投影面积计算建筑面积。有顶盖无围护结构的场馆看台(见图3-7)，应按其顶盖水平投影面积的 1/2 计算面积。

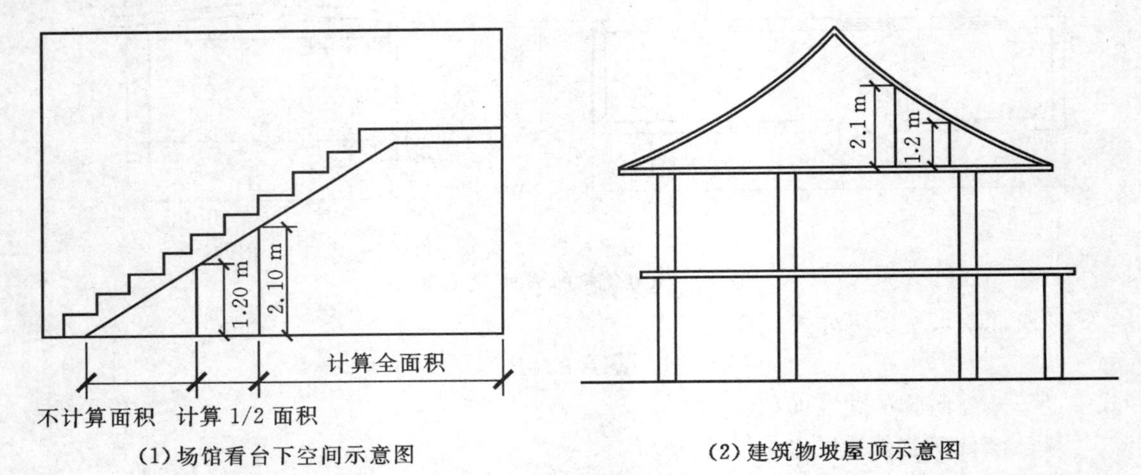

(1)场馆看台下空间示意图　　(2)建筑物坡屋顶示意图

图 3-6　建筑坡屋顶内和场馆看台下空间示意图

(5)地下室、半地下室应按其结构外围水平面积计算。结构层高在 2.20 m 及以上的，应计算全面积；结构层高在 2.20 m 以下的，应计算 1/2 面积。

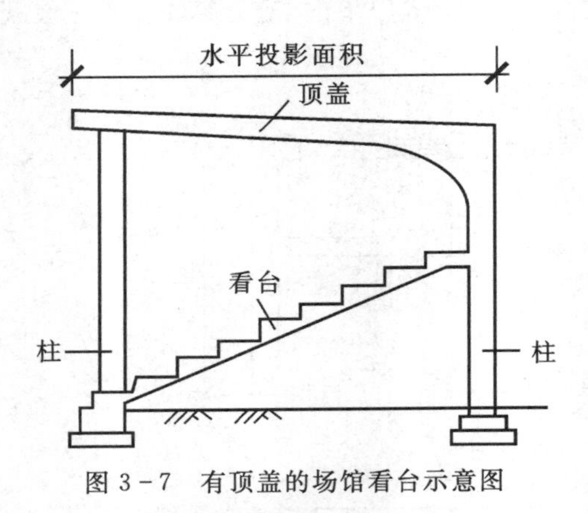

图 3-7　有顶盖的场馆看台示意图

(6)出入口外墙外侧坡道有顶盖的部位(见图 3-8、图 3-9)，应按其外墙结构外围水平面积的 1/2 计算面积。

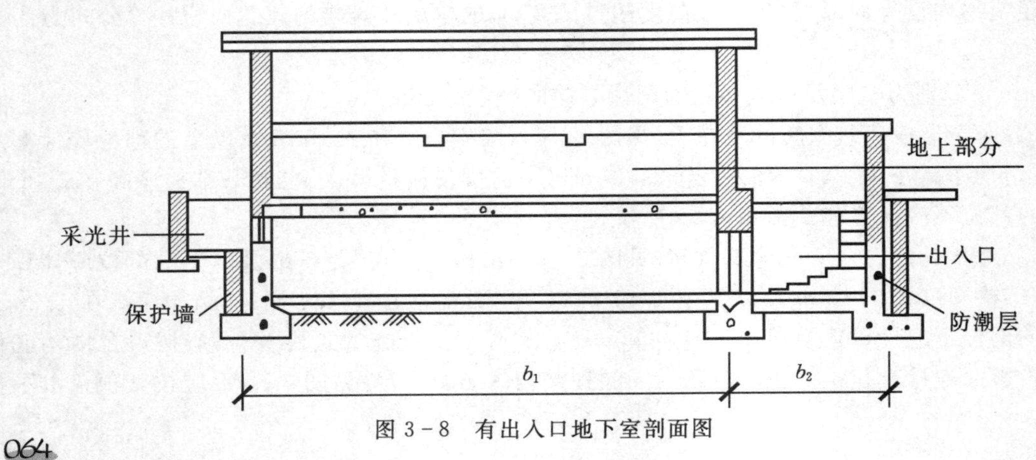

图 3-8　有出入口地下室剖面图

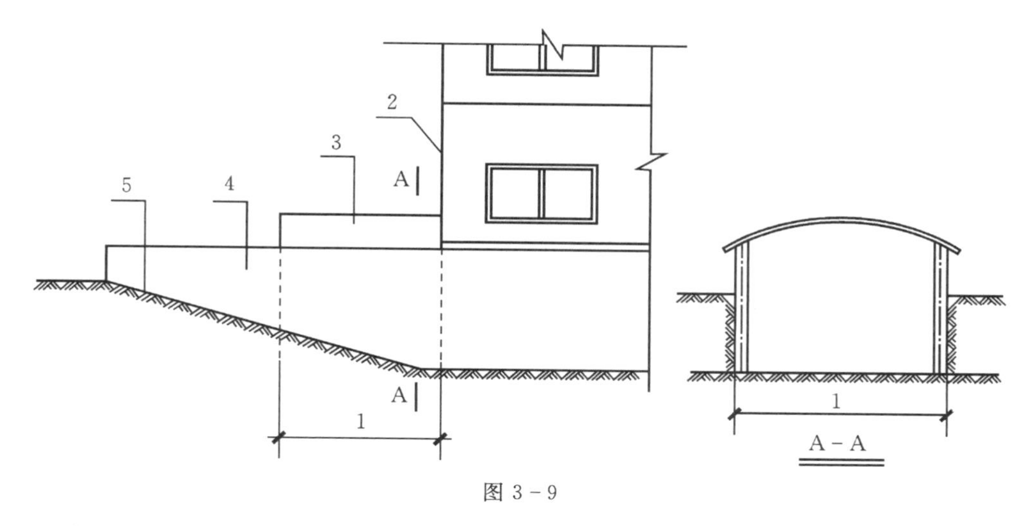

图 3－9

(7)建筑物架空层及坡地建筑物吊脚架空层(见图 3－10),应按其顶板水平投影计算建筑面积。结构层高在 2.20 m 及以上的,应计算全面积;结构层高在 2.20 m 以下的,应计算 1/2 面积。

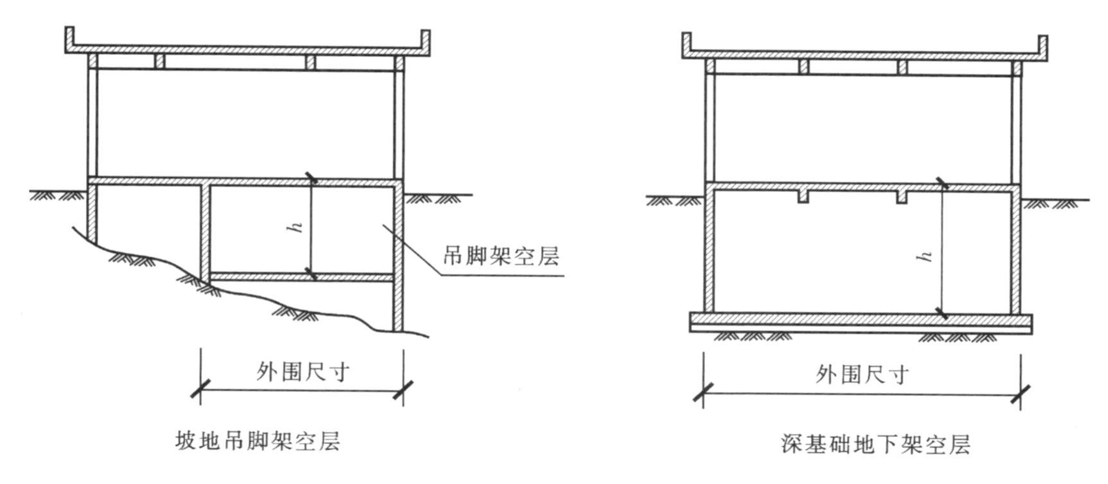

图 3－10 架空层示意图

说明:满堂基础、箱式基础如做架空层,就可以安装一些设备当仓库使用,可以按照建筑面积计算规范计算建筑面积。

(8)建筑物的门厅、大厅应按一层计算建筑面积,门厅、大厅内设置的走廊应按走廊结构底板水平投影面积计算建筑面积(见图 3－11 至图 3－13)。结构层高在2.20 m及以上的,应计算全面积;结构层高在 2.20 m 以下的,应计算 1/2 面积。

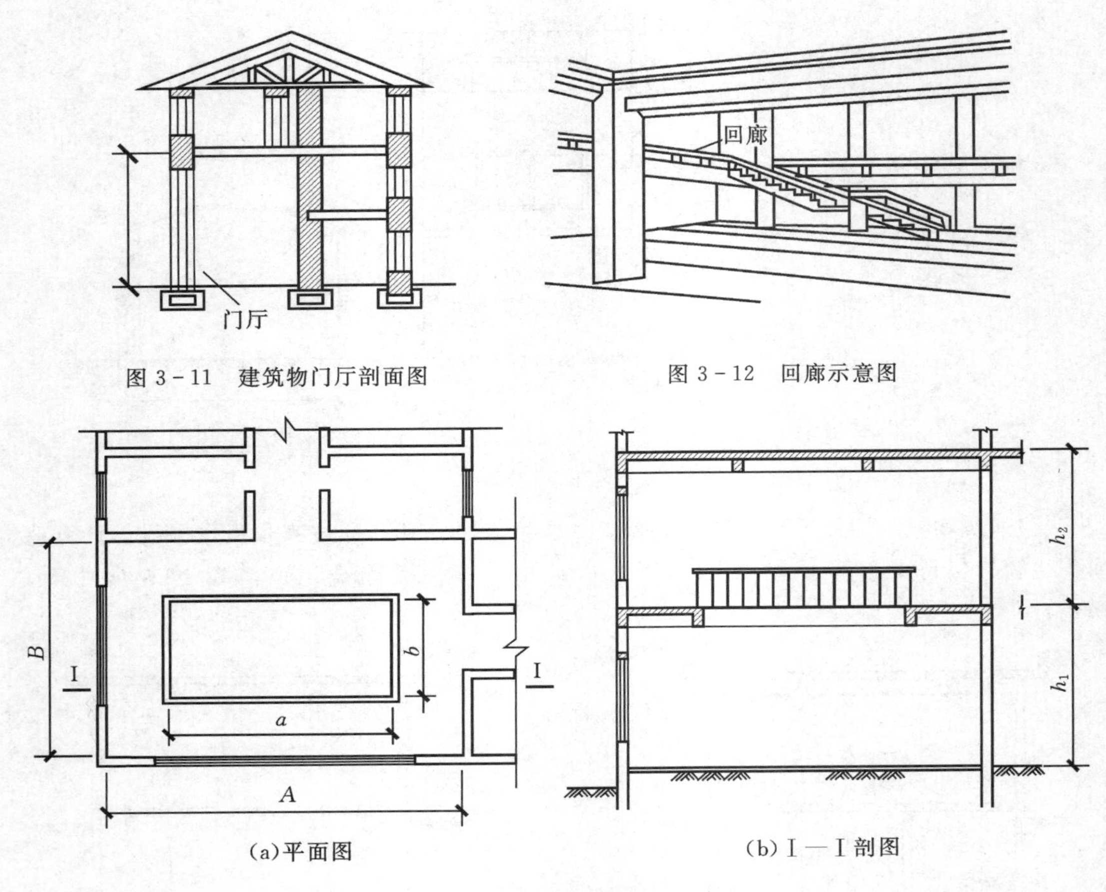

图 3-11 建筑物门厅剖面图

图 3-12 回廊示意图

(a)平面图

(b)Ⅰ—Ⅰ剖图

图 3-13 大厅(门厅)设回廊示意图

(9)对于建筑物间的架空走廊,有顶盖和围护设施的(见图 3-14 左图),应按其围护结构外围水平面积计算全面积;无围护结构、有围护设施的(见图 3-14 右图),应按其结构底板水平投影面积计算 1/2 面积。

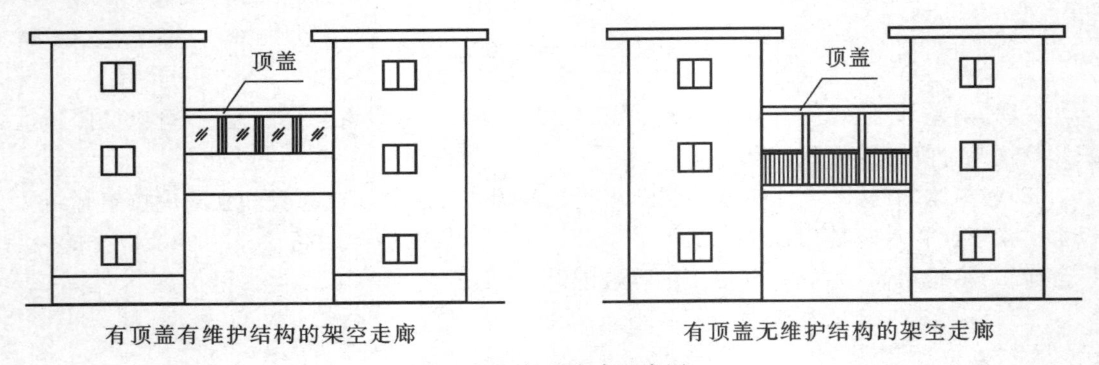

有顶盖有维护结构的架空走廊

有顶盖无维护结构的架空走廊

图 3-14 架空走廊示意图

(10)对于立体书库、立体仓库、立体车库,有围护结构的,应按其围护结构外围水平面积计算建筑面积;无围护结构、有围护设施的,应按其结构底板水平投影面积计算建筑面积。无结构层的应按一层计算，有结构层的应按其结构层面积分别计算。结构层高在 2.20 m 及以上的，应计算全面积；结构层高在 2.20 m 以下的，应计算 1/2 面积。见图 3－15、图 3－16。

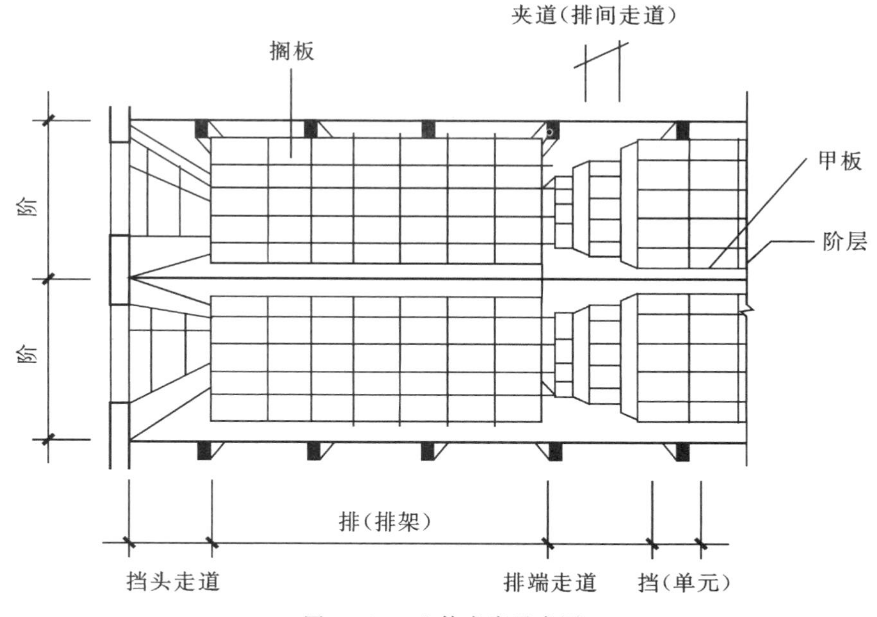

图 3－15　立体书库示意图

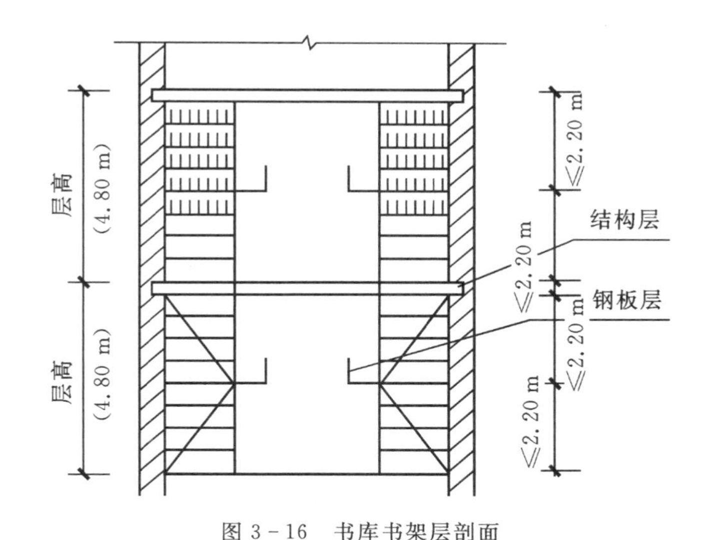

图 3－16　书库书架层剖面

说明：

①立体书库、立体仓库、立体车库不规定是否有围护结构，均按是否有结构层，应区分不同的层高确定建筑面积计算的范围。

②书架层是指一个完整大书架的承重层，不是指书架上放书的层数。

(11)有围护结构的舞台灯光控制室(见图 3－17、图 3－18)，应按其围护结构外围水平面积计算。结构层高在2.20 m及以上的，应计算全面积；结构层高在 2.20 m 以下的，应计算 1/2 面积。

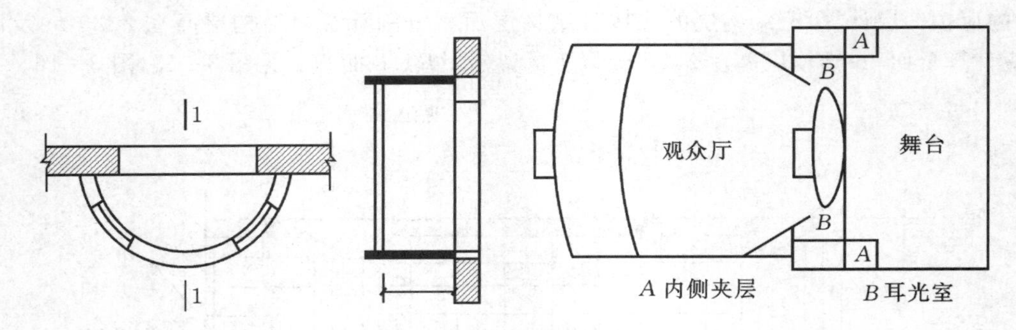

图 3-17 舞台灯光控制室示意图

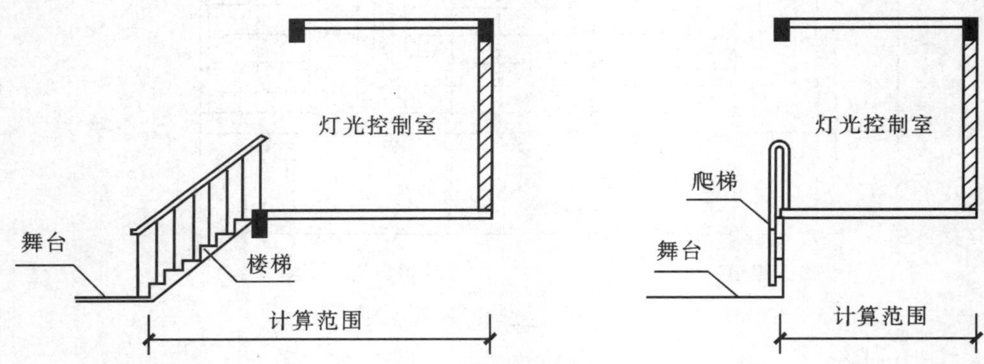

图 3-18 灯光控制室剖面图

说明：如果舞台灯光控制室没有围护结构且只有一层，那么就不能另外计算面积，因为整个舞台的面积计算已经包含了该灯光控制室的面积。

(12)附属在建筑物外墙的落地橱窗，应按其围护结构外围水平面积计算。结构层高在2.20 m及以上的，应计算全面积；结构层高在 2.20 m 以下的，应计算 1/2 面积。

(13)窗台与室内楼地面高差在 0.45 m 以下且结构净高在 2.10 m 及以上的凸(飘)窗，应按其围护结构外围水平面积计算 1/2 面积。

(14)有围护设施的室外走廊(挑廊)，应按其结构底板水平投影面积计算 1/2 面积；有围护设施(或柱)的檐廊，应按其围护设施(或柱)外围水平面积计算 1/2 面积。见图 3-19。

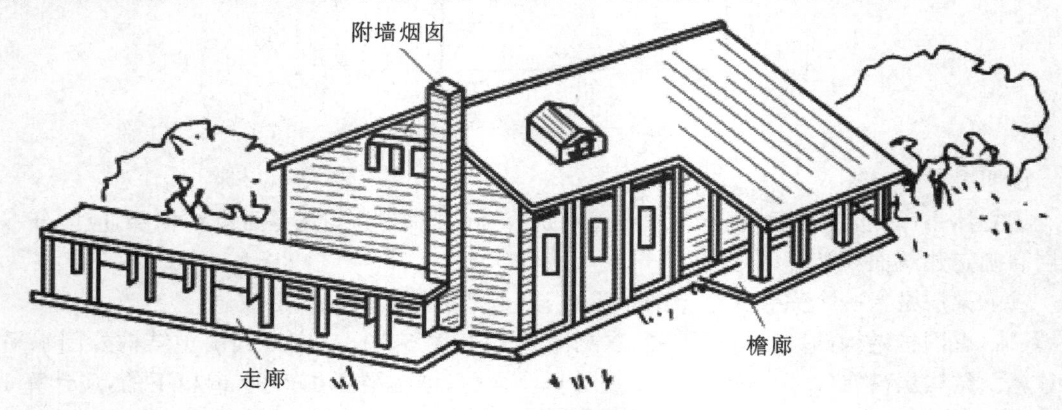

图 3-19 走廊、檐廊透视图

(15)门斗应按其围护结构外围水平面积计算建筑面积，且结构层高在 2.20 m 及以上的，应计算全面积；结构层高在 2.20 m 以下的，应计算 1/2 面积。见图 3－20。

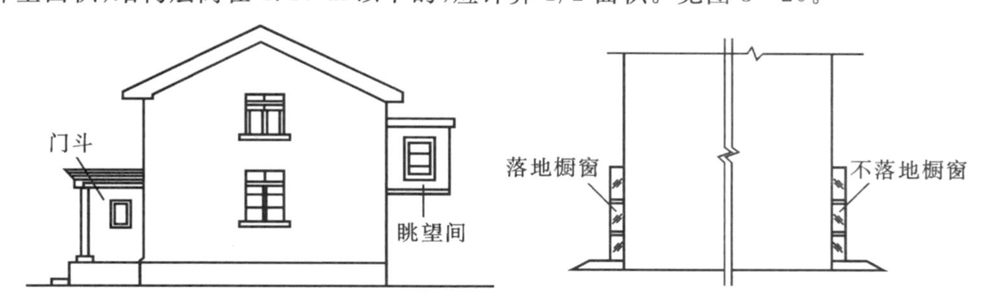

图 3－20　门斗、落地橱窗示意图

(16)门廊应按其顶板的水平投影面积的 1/2 计算建筑面积；有柱雨篷应按其结构板水平投影面积的 1/2 计算建筑面积；无柱雨篷的结构外边线至外墙结构外边线的宽度在 2.10 m 及以上的，应按雨篷结构板的水平投影面积的 1/2 计算建筑面积。见图 3－21。

图 3－21　雨篷结构示意图

(17)设在建筑物顶部的、有围护结构的楼梯间、水箱间、电梯机房等(见图 3－22)，结构层高在 2.20 m 及以上的应计算全面积；结构层高在 2.20 m 以下的，应计算 1/2 面积。

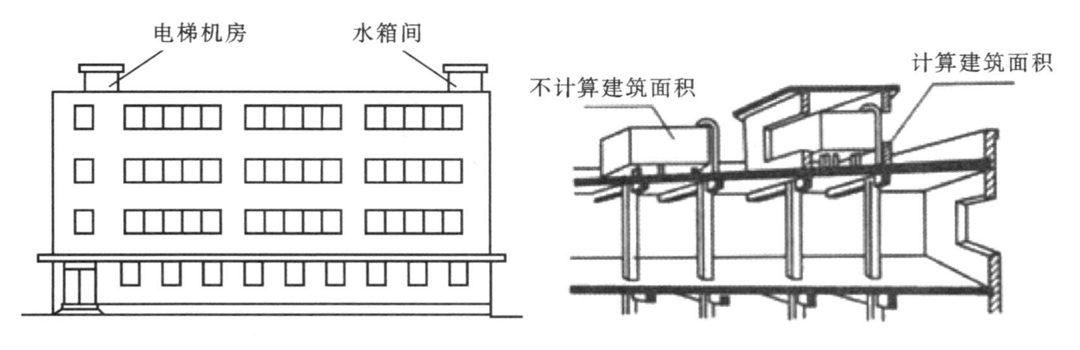

图 3－22　屋面电梯机房、水箱间、水箱示意图

说明：

①通常，突出屋面的楼梯间、水箱间等有围护结构就会有顶盖，但有顶盖不一定有围护结构。当又有顶盖又有围护结构时就构成了一间房屋，所以要计算建筑面积。

②单独放置在屋面上的钢筋混凝土水箱或钢板水箱，不计算建筑面积(见图 3-23)。

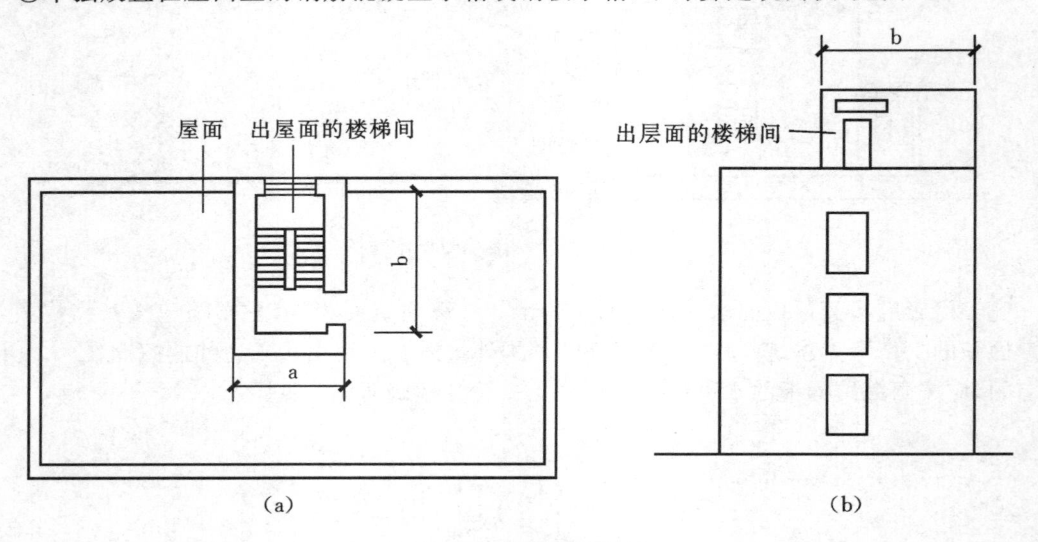

图 3-23　楼梯间示意图

(18)围护结构不垂直于水平面的楼层(见图 3-24)，应按其底板面的外墙外围水平面积计算。结构净高在 2.10 m 及以上的部位，应计算全面积；结构净高在 1.20 m 及以上至 2.10 m 以下的部位，应计算 1/2 面积；结构净高在 1.20 m 以下的部位，不应计算建筑面积。

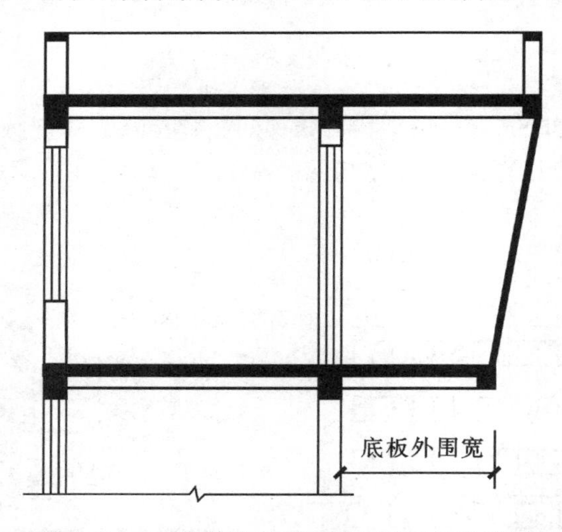

图 3-24　围护结构不垂直于水平面的建筑物

(19)建筑物的室内楼梯、电梯井、提物井、管道井、通风排气竖井、烟道，应并入建筑物的自然层计算建筑面积。有顶盖的采光井应按一层计算面积，且结构净高在 2.10 m 及以上的，应计算全面积；结构净高在 2.10 m 以下的，应计算 1/2 面积。

说明：

①提物井是指图书馆提升书籍、酒店用于提升食物的垂直通道。

②垃圾道是指住宅或办公楼等每层倾倒垃圾口的垂直通道。

③管道井是指宾馆或写字楼内集中安置给排水、暖通、消防、电线管道用的垂直通道。

④"均按建筑物的自然层计算建筑面积"是指上述通道经过了几层楼，就用通道水平投影面积乘以几层(见图 3－25)。

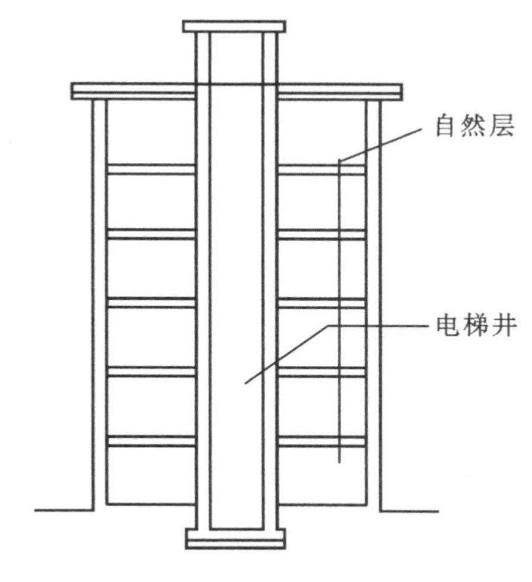

图 3－25　自然层示意图

(20)室外楼梯应并入所依附建筑物自然层，并应按其水平投影面积的 1/2 计算建筑面积。见图 3－26。

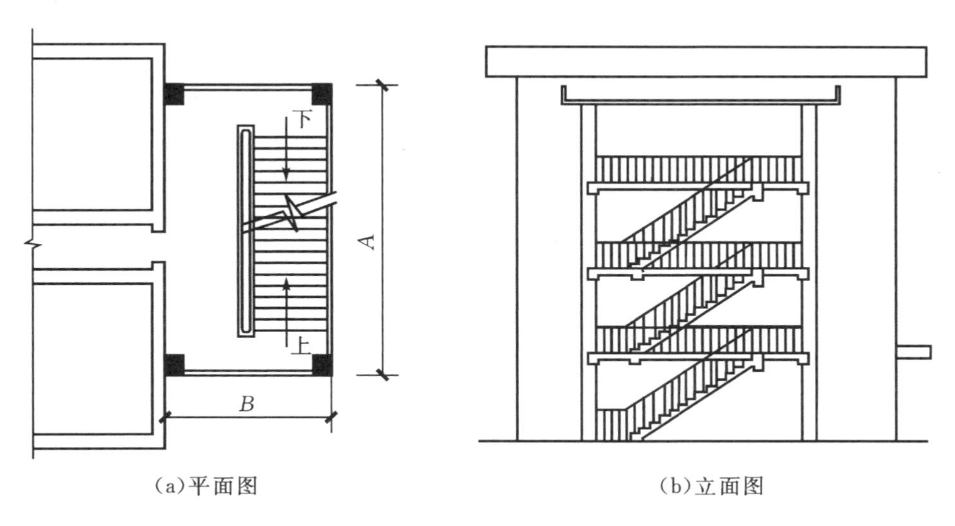

(a)平面图　　(b)立面图

图 3－26　室外楼梯

(21)在主体结构内的阳台，应按其结构外围水平面积计算全面积；在主体结构外的阳台，应按其结构底板水平投影面积计算 1/2 面积。阳台示意图见图 3－27。

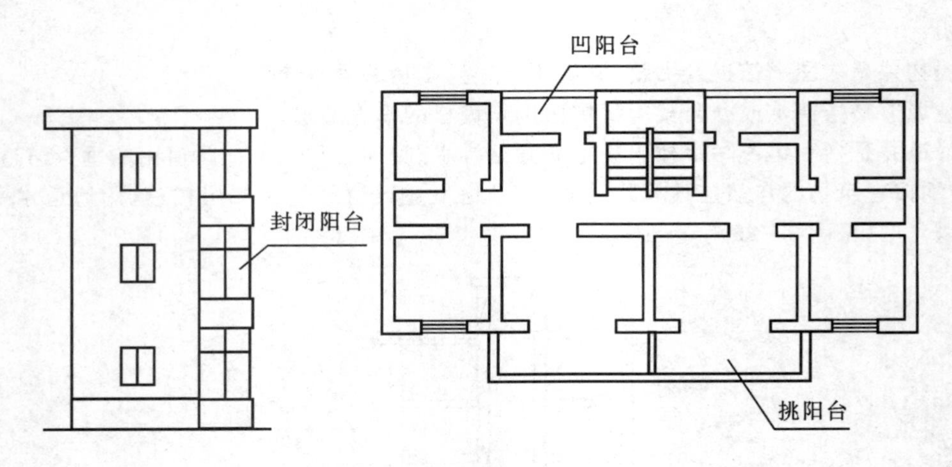

图 3-27　阳台示意图

(22)有顶盖无围护结构的车棚、货棚、站台、加油站、收费站等,应按其顶盖水平投影面积的 1/2 计算建筑面积。

(23)以幕墙作为围护结构的建筑物,应按幕墙外边线计算建筑面积。

(24)建筑物的外墙外保温层,应按其保温材料的水平截面积计算,并计入自然层建筑面积。

(25)与室内相通的变形缝,应按其自然层合并在建筑物建筑面积内计算。对于高低联跨的建筑物,当高低跨内部连通时,其变形缝应计算在低跨面积内。见图 3-28、图 3-29。

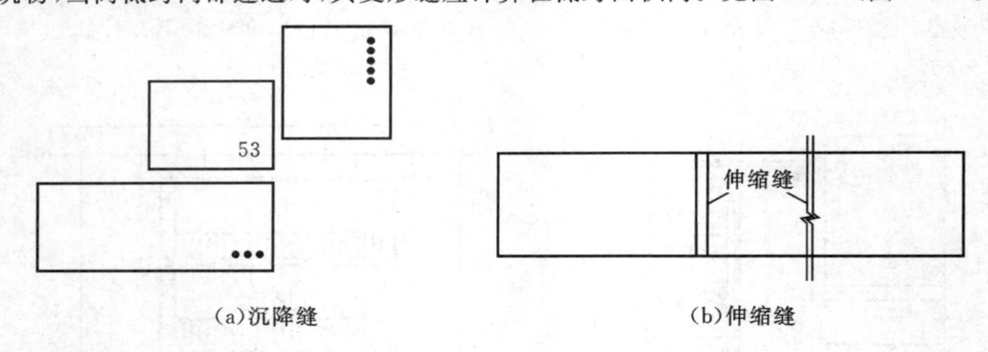

图 3-28　变形缝示意图

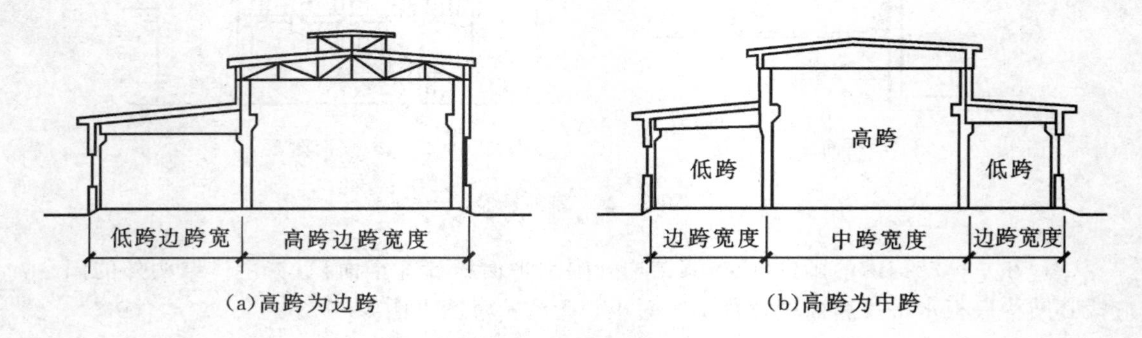

图 3-29　高低联跨的建筑物示意图

(26)对于建筑物内的设备层、管道层、避难层等有结构层的楼层，结构层高在 2.20 m 及以上的，应计算全面积；结构层高在 2.20 m 以下的，应计算 1/2 面积。见图 3－30。

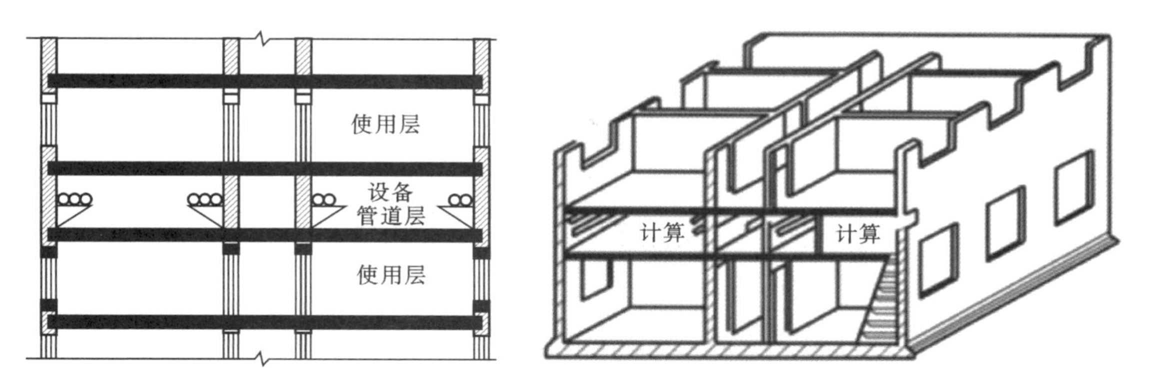

图 3－30　设备管道夹层示意图

说明：高层建筑的宾馆、写字楼等在建筑物中常设置设备管道层，主要用于集中放置水、暖、电、通风管道及设备。

(二)不计算建筑面积的规定

(1)与建筑物内不相连通的建筑部件。

(2)骑楼、过街楼底层的开放公共空间和建筑物通道(见图 3－31)。

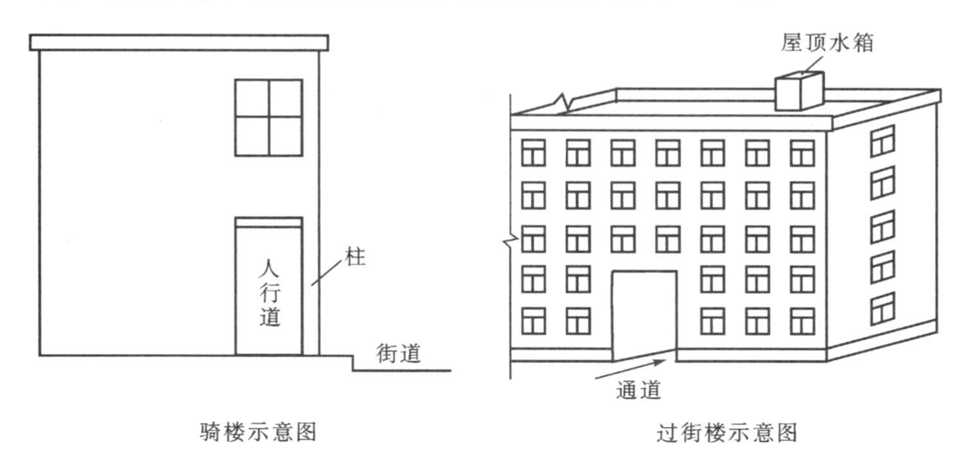

图 3－31　骑楼、过街楼示意图

(3)舞台及后台悬挂幕布和布景的天桥、挑台等(见图 3－32)。

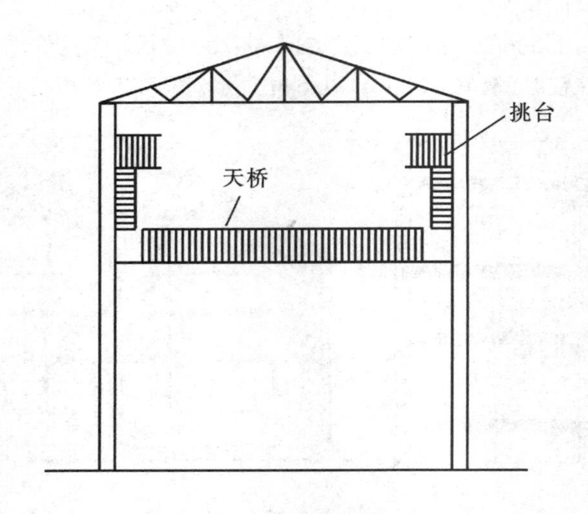

图 3-32　天桥、挑台示意图

(4)露台、露天游泳池、花架、屋顶的水箱及装饰性结构构件(见图 3-33)。

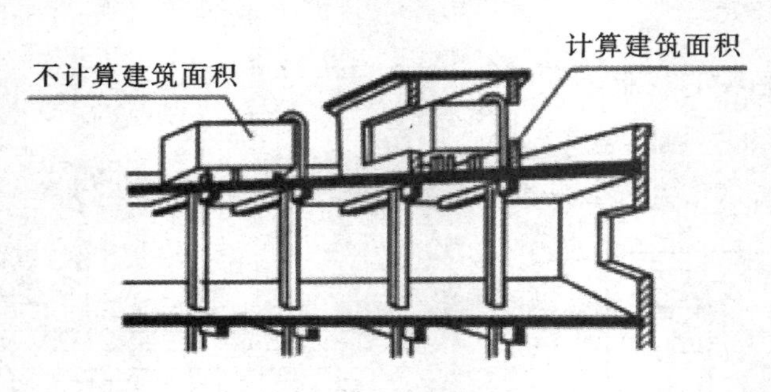

图 3-33　屋顶水箱示意图

(5)建筑物内的操作平台、上料平台、安装箱和罐体的平台(见图 3-34)。

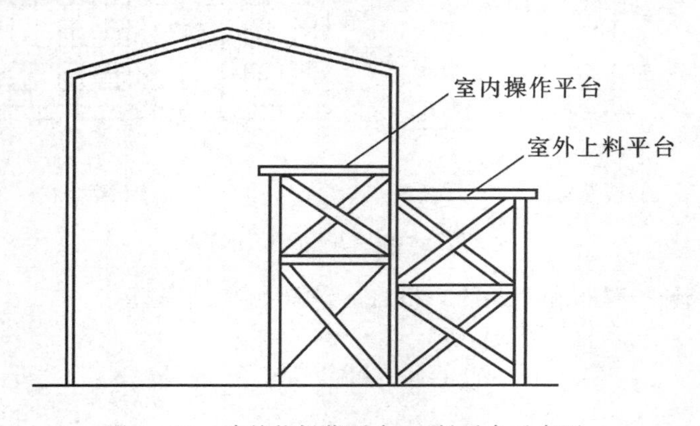

图 3-34　建筑物操作平台、上料平台示意图

(6)勒脚、附墙柱、垛、台阶、墙面抹灰、装饰面、镶贴块料面层、装饰性幕墙,主体结构外的空调室外机搁板(箱)、构件、配件,挑出宽度在 2.10 m 以下的无柱雨篷和顶盖高度达到或超

过两个楼层的无柱雨篷(见图 3－35)。

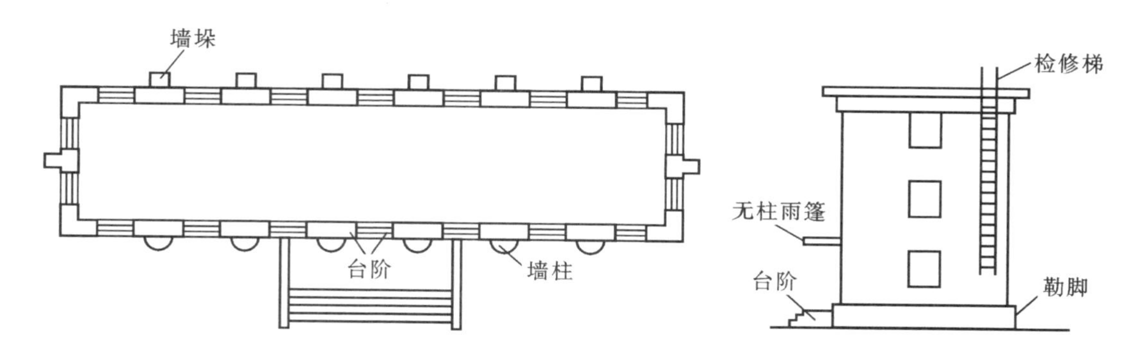

图 3－35　不计算建筑面积的构件

(7)窗台与室内地面高差在 0.45 m 以下且结构净高在 2.10 m 以下的凸(飘)窗,窗台与室内地面高差在 0.45 m 及以上的凸(飘)窗。

(8)室外爬梯、室外专用消防钢楼梯。

(9)无围护结构的观光电梯。

(10)建筑物以外的地下人防通道,独立的烟囱、烟道、地沟、油(水)罐、气柜、水塔、贮油(水)池、贮仓、栈桥等构筑物。

第四节　工程量计算实例

实例 1:已知某房屋平面和剖面图(见图 3－36),计算该房屋建筑面积。

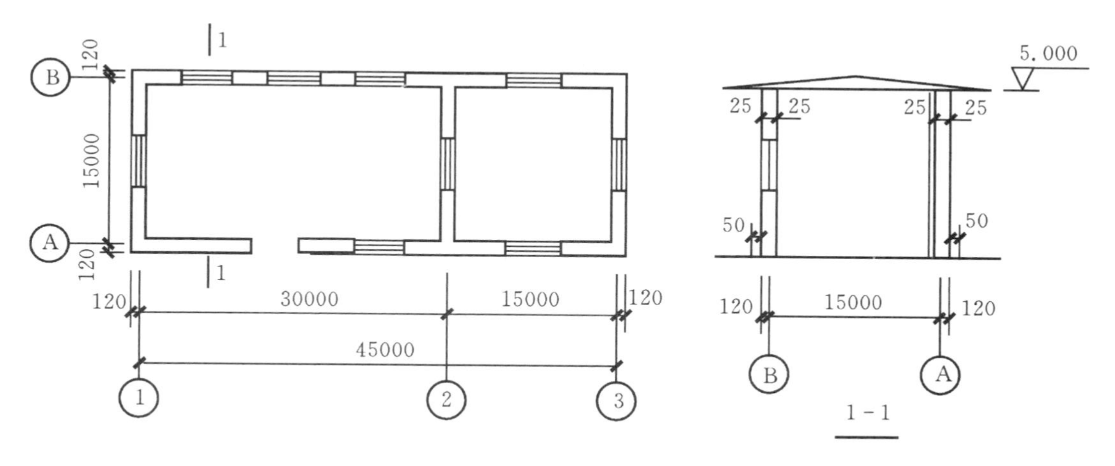

图 3－36　房屋平面和剖面示意图

解:建筑面积 $S=(45+0.24)\times(15+0.24)=689.46(\mathrm{m}^2)$

实例 2:已知某房屋平面和剖面图(见图 3－37),计算该房屋建筑面积。

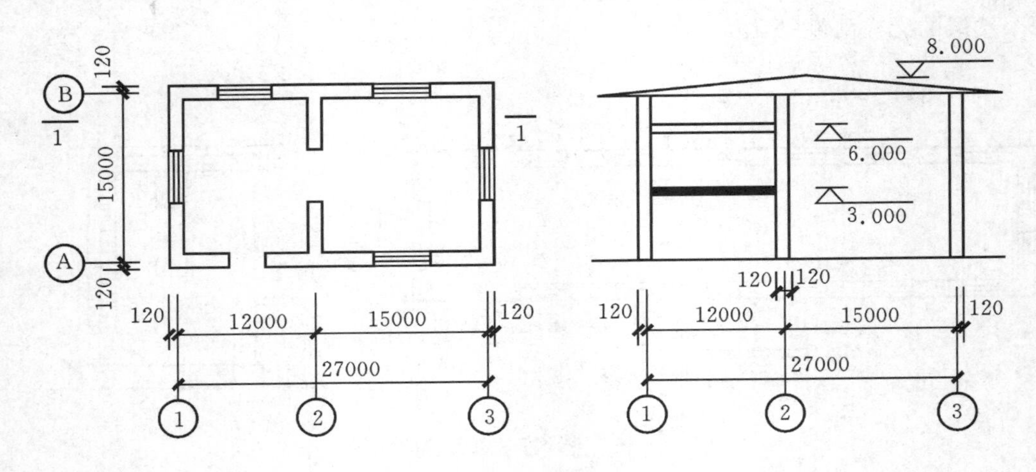

图 3-37　房屋平面和剖面示意图

解：建筑面积 $S=(27+0.2)\times(15+0.24)+(12+0.24)\times(15+0.24)\times3/2$

$=694.95(m^2)$

实例 3：计算多层建筑物的建筑面积(见图 3-38)。

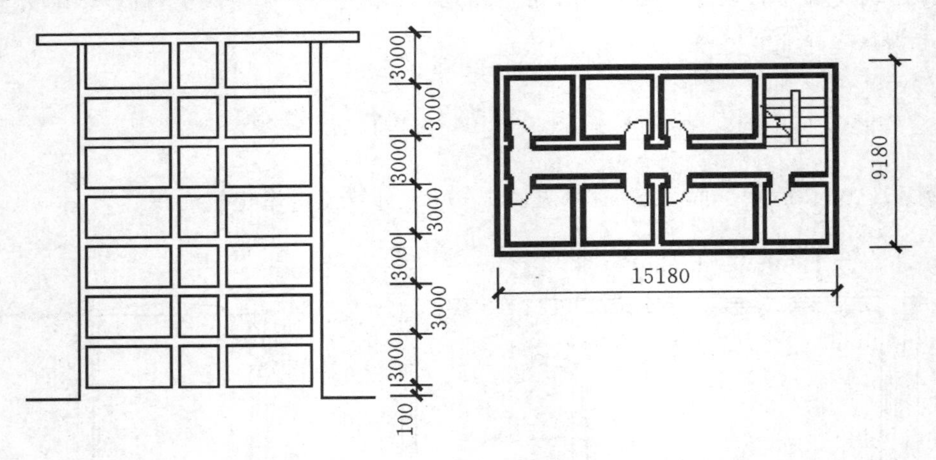

图 3-38　建筑物立面和平面示意图

解：建筑面积 $S=15.18\times9.18\times7=975.47(m^2)$

本章小结

1. 工程量的概念

工程量是指以物理计量单位或自然计量单位表示各分项工程或结构构件的实物数量。物理计量单位是指以物体(分项工程或构件)的物理法定计量单位来表示工程的数量。

2. 计算工程量应遵循的原则

(1)原始数据必须和设计图纸相一致；

(2)计算口径必须与预算定额相一致;

(3)计算单位必须与预算定额相一致;

(4)工程量计算规则必须与定额相一致;

(5)工程量计算的准确度;

(6)按施工图纸,结合建筑物的具体情况进行计算。

3.工程量计算的方法

(1)按施工顺序计算。

按施工先后顺序依次计算工程量,即按平整场地、挖地槽、基础垫层、砖石基础、回填土、砌墙、门窗、钢筋混凝土楼板安装、屋面防水、外墙抹灰、楼地面、内墙抹灰、粉刷、油漆等分项工程进行计算。

(2)按定额顺序计算。

按当地定额中的分部分项编排顺序计算工程量,即从定额的第一分部第一项开始,对照施工图纸,凡遇定额所列项目,在施工图中有的,就按该分部工程量计算规则算出工程量。

(3)按图纸拟定一个有规律的顺序依次计算。

①按顺时针方向计算;

②按先横后竖、先上后下、先左后右的顺序计算;

③按照图纸上的构、配件编号顺序计算;

④根据平面图上的定位轴线编号顺序计算。

4.建筑面积的概念

建筑面积也称建筑展开面积,是指建筑物外墙勒脚以上各层结构外围水平面积之和。它包括建筑使用面积、辅助面积和结构面积。

能力训练

1.工程量和工程量计算规则的概念是什么?

2.计算工程量应遵循的原则有哪些?

3.工程量计算的方法有哪些?

4.建筑面积的概念是什么?

5.计算建筑面积的规则有哪些?

6.哪些内容不应计算建筑面积?

7.某六层砖混结构住宅楼2至6层建筑平面图均相同,如图3-39所示,墙厚240 mm,阳台为不封闭阳台,首层无阳台,其他均与二层相同,计算其建筑面积。

8.某建筑物1至5层建筑平面图均相同,底层外墙尺寸如图3-40所示,墙厚均为240 mm,轴线居中,试计算建筑面积。

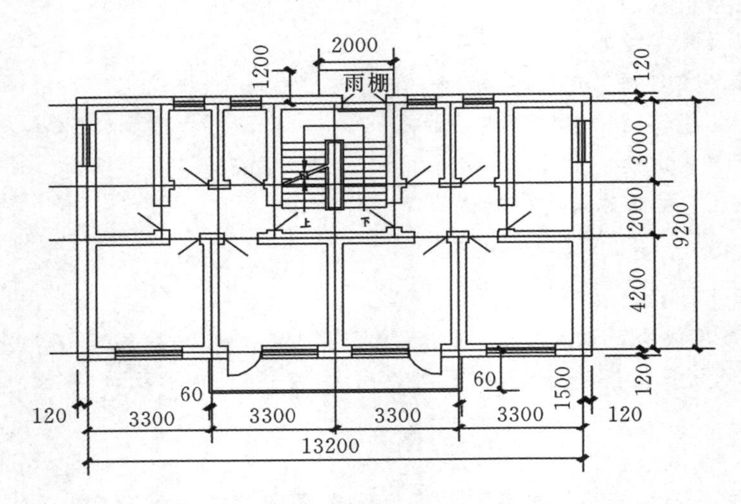

图 3-39　某砖混结构住宅楼 2—6 层平面图

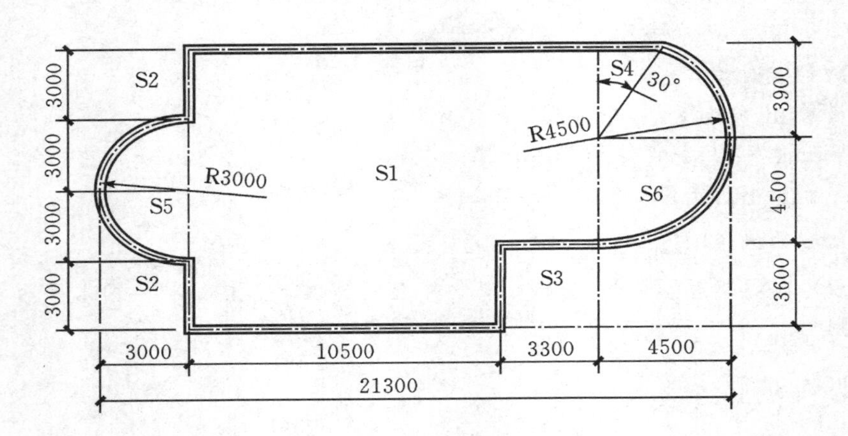

图 3-40　1 至 5 层建筑平面图

第四章 工程量清单计量与计价

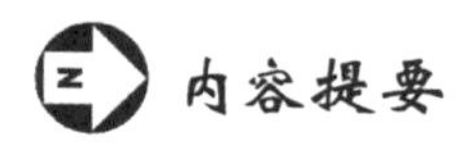

工程量清单概述、工程量清单的编制方法、工程量清单计价以及建筑装饰分部工程工程量清单计量与计价。

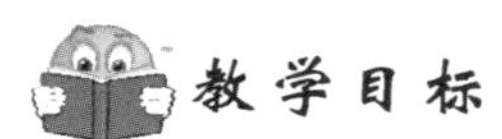

1. 知识目标：熟悉建筑装饰分部工程量清单的编制方法。
2. 能力目标：会建筑装饰分部分项工程工程量清单计量计价文件的编制能力。

第一节 工程量清单概述

工程量清单计价是改革和完善工程价格管理体制的一个重要组成部分。工程量清单计价方法相对于传统的定额计价方法是一种新的计价模式，或者说，是一种市场定价模式，是由建设产品的买方和卖方在建设市场上根据供求状况、信息状况进行自由竞价，从而最终能够确定工程合同价格的一种方法。在工程量清单的计价过程中，工程量清单为建设市场交易双方提供了一个平等的平台，其内容和编制规则的确定是整个计价方式改革中的重要工作。

一、实行建筑装饰工程量清单计价的意义

1. 深化建筑装饰工程造价管理，推进建筑装饰市场市场化

长期以来，建筑装饰工程预算定额是我国承发包计价、定价的主要依据。当前建筑装饰预算定额中规定的消耗量和有关施工措施性费用是按社会平均水平编制的，以此为依据形成的工程造价基本上也属于社会平均价格。这种平均价格可作为市场竞争的参考价格，但不能反映参与竞争建筑装饰企业实际消耗的人工、材料、机械台班和技术管理水平，在一定程度上限制了建筑装饰企业的公平竞争。20 世纪 90 年代国家提出了“控制量、指导价、竞争费”的建筑装饰工程计价的改革措施，将建筑装饰工程预算定额中的人工、材料、机械台班消耗量和相应的单价(基价)分离，这一措施迈出了向传统工程预算定额改革的第一步。但是，这种做法难以满足招标竞争定价和经评审的合理低价中标的要求。因为，国家定额的控制量是社会平均消耗量，不能反映企业的实际消耗量，不能全面体现企业的技术装备水平、管理水平和劳动生产率，不能体现公平竞争的原则，社会平均水平不能代表社会先进水平，改变以往的建筑装饰工程预算定额的计价模式，适应招标投标的需要，推行工程量清单计价办法是十分必要的。工程量清单计价是在建筑装饰工程招标投标中，按照国家统一的工程量清单计价规范，由招标人提供建筑装饰工程量数量，投标人自主报价，经评审低价中标的工程造价计价模式。采用工程量

清单计价能反映工程个别成本，有利于企业自主报价和公平竞争，提高投资效益。

2. 规范建筑装饰市场秩序

在建筑装饰工程招标投标中，实行工程量清单计价是规范建筑装饰市场秩序的治本措施之一，是适应社会主义市场经济的需要。

工程造价是工程建设的核心，也是市场运行的核心内容。建筑市场存在着许多不规范的行为，大多数与工程造价有直接联系。建筑产品是商品，具有商品的共性，它受价值规律、货币流通规律和供求规律的支配。但是，建筑产品与一般的工业产品价格构成不一样，建筑产品具有某些特殊性。

(1)建筑产品在空间上的固定性。

建筑产品竣工后一般不在空间上发生物理运动，可以直接移交用户，立即进入生产消费或生活消费，因而价格中不含商品使用价值运动发生的流通费用，即因生产过程在流通领域内继续进行而支付的商品包装运输费、保管费。

(2)建筑产品体积庞大。

建筑产品是竣工并可以交付的各种建筑物和构筑物，在建造过程中消耗的材料不仅数量大，而且品种复杂、规格繁多。因要在建筑工地产品内部布置各种生产和生活需要的设备与用具，并且要在其中进行生产与生活活动，因而和机电产品相比较，建筑产品要占据广阔的空间，投资额度大。

(3)建筑产品具有多样性。

由于建筑产品的功能要求是多种多样的，使得建筑产品都具有独特的形式与结构，因而需要单独设计、单独施工。建筑产品价格随建设时间和地点而变化，相同结构的建筑物在同一地段建造，因施工的时间不同，其造价就不一样；同一时间、不同地段，其造价也不一样；即使时间和地段相同，因施工方法、施工手段、管理水平不同，其工程造价也有所差别。所以说，建筑产品的价格，既有统一性，又有特殊性，具有多次计价的特性。

为了推动社会主义市场经济的发展，国家颁发了相应的有关法律，如《中华人民共和国价格法》，其第三条规定：我国实行并逐步完善宏观经济调控下主要由市场形成价格的机制。价格的制定应当符合价值规律，对多数商品和最务价格实行市场调节价，极少数商品和服务价格实行政府指导价或政府定价。市场调节价是指由经营者自主定价，通过市场竞争形成价格，中华人民共和国住房和城乡建设部颁布的《建设工施工发包与承包计价管理办法》第三条规定：施工图预算、招标标属和投标报价由成本(直按费，间接费)、利润和税金构成。第七条规定：投标报价应依据企业定额和市场信息，并按国务院和省、自治区、直辖市人民府建设行取主管部门发布的工程造价计价亦法编制。建筑产品市场形成价格是杜会主义市场经济的需要。过去工程预算定额在调节承发包双方利益和反映市场价格、需求方面存在着不相适应的地方，特别是公开、公正、公平竞争方面，还缺乏合适的机制，甚至出现了一些漏洞。发挥市场规律“竞争”和“价格”的作用是关键。尽快建立和完善市场形成建筑装饰工程造价的机能，是当前建筑市场的首要任务。通过推行建筑装工程清单计价，有利于发挥建筑装饰企业自主报价的能力，同时也有利于规范业主在建筑装饰工程招标中的计价行为，有效改变招标单位招标中的行为，从而体现公开，公平、公正的原则，反映市场经济规律。

3. 推行建筑装饰工程量清单计价是与国际接轨的需要

我国加入 WTO 意味着工程造价管理引入国际惯例，参与世界经济竞争，尤其是 2005 年以后，允许外商独资工程造价咨询企业进入中国建设市场。国外对建设工程计价与报价，基本上是从建设前期开始直至竣工交付使用的全过程实施管理，对建设工程造价运行各主要环节，如估算、概算、预算、评标价、合同价、结算价的计价方法已形成一套共同遵守的规则，且建设项目的各方普遍接受和认同这种规则，这对提高投资效益、维护建设各方的利益起决定性作用。建筑装饰工程量清单计价是目前国际上通行的做法，国外一些发达国家和地区在国内的世界银行等国外金融机构、政府机构贷款项目在招标中大多也采用工程量清单计价办法。我国加入 WTO 后，国内建筑业面临着两大变化：一是中国建设市场将更具有活力；二是国内建设市场逐步国际化，竞争更加激烈。这主要表现在三个方面：一是外国建筑企业要进入我国建筑市场，在建筑领域里参与竞争，他们必然要按照国际惯例、规范和做法来计算工程造价；二是国内建筑企业也同样要参与国外市场竞争，也需要按国际惯例、规范和做法来计算工程造价；三是我国的国内工程为了与外国建筑企业在国内市场竞争，也要改变过去的做法，参照国际惯例、规范和做法来计算工程承发包价格。因此，建筑产品的价格和市场形成是社会主义市场经济和适应国际惯例的需要。

4. 促进建设市场有序竞争和企业健康发展

建筑装饰工程量清单是招标文件的重要组成部分，由招标单位编制或委托有资质的工程造价咨询单位编制。工程量清单编制的准确、详尽、完整，有利于提高招标单位的管理水平，减少索赔事件的发生。由于工程量清单是公开的，有利于防止招标工程中弄虚作假、暗箱操作等不规范行为。投标单位通过对单位工程成本、利润进行分析，统筹考虑，精心选择施工方案，根据企业的定额合理确定人工、材料、机械等要素投入量的合理配置，优化组合，合理控制现场经费和施工技术措施费，在满足招标文件需要的前提下，合理确定自己的报价，让企业有自主报价权。改变了过去依赖建设行政主管部门发布的定额和规定的取费标准进行计价的模式，有利于提高劳动生产率，促进企业技术进步，节约投资，规范建设市场。采用建筑装饰工程量清单计价后，将使招标活动的透明度增加，在充分竞争的基础上降低了造价，提高了投资效益，且便于操作和推行。

5. 有利于我国工程造价政府职能的转变

按照政府部门真正履行起“经济调节、市场监管、社会管理和公共服务”的职能要求，政府对工程造价管理的模式要进行相应的改变，推行政府宏观调控、企业自主报价、市场竞争形成价格、社会全面监督的工程造价管理思路。实行工程量清单计价有利于我国工程造价政府职能的转变，由过去政府控制的指令性定额转变为制定适应市场经济规律需要的工程量清单计价方法，由过去行政干预转变为对工程造价进行依法监督，有效地强化政府对工程造价的宏观调控。

二、《建设工程工程量清单计价规范》简介

1.《建设工程工程量清单计价规范》指导思想

《建设工程工程量清单计价规范》是根据《中华人民共和国招标投标法》《中华人民共和国价格法》《中华人民共和国合同法》《建筑工程施工发包与承包计价管理办法》，并按照国家宏观调控、市场竞争形成价格的原则，结合我国当前的实际情况制定的规范性文件。《建设工程工程量清单计价规范》的颁布实施，是建设市场发展的要求，为建设工程招标投标计价活动健康

有序的发展提供了依据。《建设工程工程量清单计价规范》贯彻了由政府宏观调控、市场竞争形成价格的指导思想，主要体现在：

(1)政府宏观调控。

一是规定了全部使用国有资产或以国有资产为主的大中型建设工程要严格执行《建设工程工程量清单计价规范》的有关规定，这与招标投标法规定的政府投资要进行公开招标是相适应的；二是《建设工程工程量清单计价规范》统一了分部分项工程项目名称、统一了计量单位、统一了工程量计算规则、统一了项目编码，为建立全国统一建设市杨和规范计价行为提供了依据；三是《建设工程工程量清单计价规范》没有人工、材料、机械台班的消耗量，必然促使建筑企业提高管理水平，引导企业编制自己的消耗量定额，以适应市场需要。

(2)市场竞争形成价格。

由于《建设工程工程量清单计价规范》不规定人工、材料、机械台班消耗量，为企业报价提供了自主空间，投标企业可以结合自身的生产效率、消耗水平和管理能力与已储备的本企业报价资料，按照《建设工程工程量清单计价规范》规定的原则和方法投标报价。工程造价的最终确定由承包双方在市场竞争中按价值规律通过合同确定。

2.《建设工程工程量清单计价规范》的主要内容

(1)一般概念。

①工程量清单。工程量清单是表现拟建工程的分部分项工程项目、措施项目、其他项目名称相应数量的明细清单，由招标人按照《建设工程工程量清单计价规范》附录中统一的项目编码、项目名称、计量单位和工程量计算规则进行编制，包括分部分项工程量清单、指施项目清单、其他项目清单。

②工程量清单计价。工程量清单计价是指投标人完成由招标人提供的工程量清单所需的全部费用，包括分部分项工程费、措施项目费、其他项目费、规费、税金。

③工程量清单计价方法。工程量清单计价方法是建设工程招标投标中招标人按照国家统一的工程量计算规则提供工程量，由投标人依据工程量清单自主报价，并按照经评审低价中标的工程造价计价方式。

④工程量清单计价采用综合单价计价。综合单价是指完成规定计量单位项目所需的人工费、材料费、机械使用费、管理费、利润，并考虑风险因素。

(2)《建设工程工程量清单计价规范》的各章内容。

《建设工程工程量清单计价规范》包括正文和附录两大部分，二者具有同等效力。正文共5章，包括总则、术语、工程量清单编制、工程量清单计价、工程量清单及其计价格式等内容，分别就《建设工程工程量清单计价规范》的适用范围、遵循的原则、编制工程量清单应遵循的规则、工程量清单计价活动的规则、工程量清单及其计价格式做了明确规定。

附录包括：①附录A建筑工程工程量清单项目及计算规则；②附录B装饰装修工程工程量满单项目及计算规则；③附录C安装工程工程量清单项目及计算规则；④附录D市政工程工程量消单项目及计算规则；⑤附录E园林绿化工程工程量清单项目及计算规则。

附录中包括项目编码、项目名称、项目征计单位、工程量计算规则和工程内容，其中项目编码、项目名称、计量单位、工程量计算规则作为统一内容，要求招标人在编制工程量清单时必须执行。

三、采用工程量清单计价与传统定额预算计价的差别

1.编制工程量的单位不同

传统定额预算计价办法是:建设工程的工程量分别由招标单位和投标单位按图计算。工程量清单计价是:工程量由招标单位统一计算或委托有工程造价咨询资质单位统一计算,工程量清单是招标文件的重要组成部分,各投标单位根据投标人提供的工程量清单,根据自身的技术装备、施工经验、企业成本、企业定额、管理水平自主填写报单价。

2.编制工程量清单时间不同

传统的定额预算计价法是在发出招标文件后编制。工程量清单报价法必须在发出招标文件前编制。

3.表现形式不同

传统的定额预算计价法一般采用总价形式,工程量清单报价法采用综合单价形式。综合单价包括人工费、材料费、机使用费、管理费、利润,并考虑风险因素。工程量清单报价具有直观、单价相对固定的特点,工程量发生变化时,单价一般不做调整。

4.编制的依据不同

传统的定额预算计价法依据图纸、人工、材料、机台班消耗量和建设行政主管部门颁发的预算定额,人工、材料、机械台班单价依据工程造价管理部门发布的价格信息进行计算。工程量清单报价法根据住房和城乡建设部规定,标底的编制根据招标文件中的工程量清单和有关要求、施工现场情况、合理的施工方法以建设行政管理部门制定的有关工程造价计价法进行投标报价。

5.费用组成不同

传统的预算定额计价法的工程造价由直接费、间接费、利润、税金组成。工程量清单中的工价包括分部分项工程费、措施项目费、其他项目费、规费、税金。

6.评标采用的办法不同

传统的预算定额计价投标一般采用百分制评分法。采用工程量清单计价法投标一般采用合理的低报价中标法,既要对总价进行评分,还要对综合单价进行分析评分。

7.项目编码不同

采用传统的预算定额项目编码,全国各省市采用不同的定额项目。采用工程量清单计价全国实行统一编码,项目编码用12位阿拉伯数字表示。

8.合同价调整方式不同

传统的定额预算计价合同价调整方式有变更签证、定额解释、政策性调整。工程量清单计价法合同价调整方式主要是索赔。索赔的原则是“有理、有据、有度、适时”,工程量清单的综合单价一般通过招标投标报价的形式体现,一旦中标,报价作为签订施工合同的依据相对固定下来,工程结算按承包商实际完成的工程量乘以清单中相应的单价计算,减少了调整工作量。采用传统的预算定额经常用这个定额解释那个定额规定,结算中又有政策性文件调整。工程量清单计价单价不能随意调整。

9.计算工程量时间前置

工程量清单在招标前由招标人编制。也可能业主为了缩短建设周期,通常初步设计完成后就开始施工招标,在不影响施工进度的前提下陆续发放施工图纸,因此承包商据以报价的工程量清单中各项工作内容下的工程量一般为概算工程量。

10.达到了投标计算口径统一

因为各投标单位都根据统一的工程量清单报价,达到了投标计算口径统一。不再是传统预算定额招标,各投标单位各自计算工程量,各投标单位计算的工程量均不一致。

11.索赔事件增加

因承包商对工程量清单单价包含的工作内容一目了然,故凡建设方不按清单内容施工的、任意要求修改清单的,都会增加施工索赔因素。

第二节　工程量清单的编制方法

一、工程量清单的内容

工程量清单是载明建设工程分部分项工程项目、措施项目、其他项目的名称和相应数量以及规费、税金项目等内容的明细清单。招标人按照相关规定编制用于招标的工程量清单被称为招标工程量清单。招标工程量清单是指招标人依据国家标准、招标文件、设计文件以及施工现场实际情况编制的,随招标文件发布的供投标报价的工程量清单,包括其说明和表格。一般情况下,工程量清单的编制都是指招标工程量清单的编制。招标工程量清单应以单位(项)工程为单位编制,应由分部分项工程项目清单、措施项目清单、其他项目清单、规费和税金项目清单组成。

招标工程量清单中必须作为招标文件的组成部分,其准确性和完整性应由招标人负责。可以看出,以工程量清单招标的工程,"量"的风险由发包人承担。

工程量清单作为招标文件的组成部分,一个最基本的功能就是使投标人能对工程有全面、充分的了解。从这个意义上讲,工程量清单的内容应全面、准确。工程量清单内容主要包括工程量清单说明和工程量清单表两部分。

1.工程量清单说明

工程量清单说明主要是招标人解释拟招标工程的工程量清单的编制依据以及重要作用,明确清单中的工程量是招标人估算得出的,仅仅作为投标报价的基础,结算时的工程量应以招标人或由其授权委托的监理工程师核准的实际完成量为最后依据,提示投标申请人要重视清单以及如何使用清单等。

2.工程量清单表

工程量清单表作为清单项目和工程数量的载体,是工程量清单的重要组成部分,如表4-1所示。

表 4-1 工程量清单表

序号	项目编码	项目名称	计量单位	工程数量	金额/元	
					综合单价	合价
		本页小计				
		合计				

在工程量清单中,合理的清单项目设置和准确的工程数量,是清单计价的前提和基础。对于招标人来说,工程量清单是进行投资控制的前提和基础,工程量清单表编制的质量直接关系和影响到工程建设的最终成果。

在工程量清单表中,共设置了 5 栏。第 1 栏序号是整个清单表项目的序号;第 2 栏编号是每个清单项目的具体编号;第 3 栏项目名称是具体的清单项目的设置,清单项目应在设计图纸的基础上,按照国家发布的统一的建筑工程、装饰装修工程、安装工程、市政工程、园林工程的分部分项工程量计算规则进行设置;第 4 栏计量单位是清单项目的具体单位,该单位应按全国统一的法定计量单位填列;第 5 栏工程量是在完成清单项目设置后,根据图纸按照国家统一的建筑、装饰装修、安装、市政、园林工程量计算规则计算各清单项目的工程量。

3. **工程量清单的项目设置**

在《建设工程工程量清单计价规范》中,对工程量清单项目的设置做了明确的规定,其目的是为了统一工程量清单项目名称、项目编码、计量单位和工程量计算。

(1)项目编码。

项目编码主要是指分部分项工程工程量清单的编码,项目编码以五级编码设置,用十二位阿拉伯数字表示。一、二、三、四级编码统一,第五级编码由工程量清单编制人根据工程清单项目特征的不同来分别编制。如图 4-1 所示,各级编码代表的含义如下。

020101002X
02:第一级为分类码,02 表示装饰装修工程
01:第二级为专业工程顺序码,01 表示楼地面工程
01:第三级为分部工程顺序码,01 表示整体面层
002:第四级为分项工程项目名称顺序码,002 表示现浇水磨石楼地面
X:第五级为清单项目名称顺序码,由工程量清单编制人编制,从 001 开始

图 4-1 清单项目编码示意图

①第一级表示分类码(分二位),适用于计价规范规定了的五类工程,建筑工程为 01,装饰装修程为 02,安装工程为 03,市政工程为 04,园林绿化工程为 05。

②第二级表示不同专业工程的顺序码(分二位),如在装饰装修工程中,01 表示楼地面工程,02 表示墙、柱面工程,03 表示天棚工程,04 表示门窗工程,05 表示油漆、涂料、裱糊工程,06 表示其他。

③第三级表示分部工程或工种工程顺序码(分二位),如楼地面工程又分整体面层(01),块

料面层(02),橡塑面层(3),其他材料面层(04),踢脚线(05),楼梯装饰(06),扶手、栏杆、栏板装饰(07),台阶装饰(08),零星装饰项目(09)共九个工种工程。

④第四级表示分项工程项目名称的顺序码(分三位),如整体面层又包括水泥砂浆楼地面现浇水磨石楼地面(001)、细石混凝土楼地面(00)、菱苦土楼地面(004)四个分项工程。

上述四级编码即前九位编码,是在《建设工程工程量清单计价规范》附录A、B、C、D、E中已明确规定的编码,供编制清单时查询,不能做任何调整与变动。要注意《建设工程工程量清单计价规范》表头编号与项目编码的关系,楼地面整体面层表头编号为B.1.1,"B"表示表格属于《建设工程工程量清单计价规范》附录B装饰装修工程量清单项目及计算规则,即第一级编码为02;表B.1.1中的第一个"1"表示为装饰装修工程中楼地面工程的编码,即第二级编码为01;表B.1.1中的第二个"1",表示为楼地面工程的整体面层的编码,即第三级编码为01。因此,表头编号B.1.1代表的项目编码为020101(依此类推)。

⑤第五级表示清单项名称顺序码(分三位),由工程量清单编制人根据工程清单项目特征的不同来分别编制。

在确定第五级编码时,应注意两点:一是所列各工程量清单分项编码的排列顺序,应按分部分项清单项目、措施项目清单项目、其他措施项目清单项目归类;二是对同一类别的分部分项工程量清单项目,应严格按照规范所规定的专业工程、分部分项工程或工种工程的同类分项归纳清单分项。

(2)项目名称。

项目名称原则上以形成工程实体而命名。项目名称如果有缺项,招标人可以按相应的原则进行补充,并报当地工程造价管理部门备案。

(3)项目特征。

项目特征是对项目的准确描述,是影响价格的因素,是设置具体清单项目的依据。项目特征按不同的工程部位、施工工艺或材料品种、规格等分别列项。凡项目特征中未描述的其他独有特征,由清单编制人视项目具体情况确定,以准确描述清单项目为准。

(4)计量单位。

《房屋建筑与装饰工程工程量计算规范》(GB 50854—2013)规定:工程计量时每一项目汇总的有效位数应遵守下列规定:计量单位应采用基本单位,除各专业另有特殊规定外,均按以下单位计量。

①以重量计算的项目:单位为吨或千克(t或kg),保留小数点后三位数字,第四位四舍五入。

②以体积计算的项目:单位为立方米(m^3),保留小数点后二位数字,第三位四舍五入。

③以面积计算的项目:单位为平方米(m^2),保留小数点后二位数字,第三位四舍五入。

④以长度计算的项目:单位为米(m),保留小数点后二位数字,第三位四舍五入。

⑤以自然计量单位计算的项目:单位有个、套、块、组、台,取整数计量。

⑥没有具体数量的项目,如以整个系统为计量单位。

⑦各专业有特殊计量单位的,再另外加以说明。《房屋建筑与装饰工程工程量计算规范》(GB 50854—2013)规定:有两个或两个以上计量单位的,应结合拟建工程项目的实际情况,确定其中一个为计量单位。同一工程项目的计量单位应一致。

工程内容是指完成该清单项目可能发生的具体工程,可供招标人确定清单项目和投标人进行投标报价的参考。以楼地面工程的竹木地板为例，工程内容包括基层清理、抹找平层、铺设填充层、铺设龙骨、铺设基层、铺贴面层、刷防护材料、材料运输。

凡工程内容中未列全的其他具体工程，由投标人按招标文件或图纸要求编制，以完成清单项目为准，综合考虑到报价中。

4. 工程量清单的列项

工程量的计算主要通过工程量计算规则计算得到。工程量计算规则是指对清单项目工程量的计算规定。除另有说明外，所有清单项目的工程量应以实体工程量为准，并以完成后的净值计算；投标人投标报价时，应在单价中考虑施工中的各种损耗和需要增加的工程量。工程量的计算规则按主要专业划分，包括建筑工程、装饰装修工程、安装工程、市政工程和园林绿化工程五个专业部分。

在《建设工程工程量清单计价规范》中，附录B装饰装修工程清单项目包括楼地面工程，墙、柱面工程，顶棚工程，门窗工程，油漆、涂料、裱糊工程，其他工程共6章47节214个项目。该清单项目适用于采用工程量清单计价的装饰装修工程。

附录清单项目与《全国统一建筑装饰装修工程消耗量定额》《房屋建筑与装饰工程工程量计算规范 GB 50854—2013》章、节、子目设置进行适当对应衔接。《全国统一建筑装饰装修工程消耗量定额》中的装饰装修、脚手架及项目成品保护费、垂直运输费列入工程清单措施项目费，附录B减至6章；节的设置基本保持消耗量定额顺序，但由于清单项目不是定额，不能将同类工程一一列项；子目的设置在定额的基础上增加了楼地面水泥砂浆、菱苦土整体面层、墙柱面一般抹灰项目、特殊五金安装、存包柜、鞋柜、镜箱等项目清单项目中的材料、成品、半成品的各种制作、运输、安装等的一切损耗应包括在报价内。设计规定或施工组织设计规定的已完工产品保护发生的费用列入工程量清单措施项目费内。高层建筑所发生的人工降效、机械降效、施工用水加压等应包括在各分项报价内。

装饰装修工程项目分为楼地面工程，墙、柱工程，其他工程面工程，天棚工程，门窗工程，油漆、涂料、裱糊工程。

(1)楼地面工程。

①整体面层。工程量清单项目设置及工程量计算规则应按表4-2的规定执行。

表 4－2 整体面层(编码：020101)(表 B.1.1)

<table>
<tr><th>项目编码</th><th>项目名称</th><th>项目特征</th><th>计量单位</th><th>工程量计算规则</th><th>工程内容</th></tr>
<tr><td>020101001</td><td>水泥砂浆楼地面</td><td>1. 垫层材料种类、厚度
2. 找平层厚度、砂浆配合比
3. 防水层厚度、材料种类
4. 面层厚度、砂浆配合比</td><td rowspan="4">m^2</td><td rowspan="4">按设计图标尺寸以面积计算。扣除凸出地面构筑物、设备基础、室内铁道、地沟等所占面积，不扣除间壁墙和 $0.3\ m^2$ 以内的柱、垛、附墙烟囱及孔洞所占面积。门洞、空圈、暖气包槽、壁龛的开口部分不增加面积</td><td>1. 基层清理
2. 垫层铺设
3. 抹找平层
4. 防水层铺设
5. 抹面层
6. 材料运输</td></tr>
<tr><td>020101002</td><td>现烧水磨石楼地面</td><td>1. 垫层材料种类、厚度
2. 找平层厚度、砂浆配合比
3. 防水层厚度、材料种类
4. 面层厚度、水泥石子浆配合比
5. 嵌条材料种类、规格
6. 石子种类、规格、颜色
7. 颜料种类、颜色
8. 图案要求
9. 磨光、酸洗、打蜡要求</td><td>基层清理
垫层铺设
抹找平层
防水层铺设
面层铺设
嵌缝条安装
磨光、酸洗、打蜡
材料运输</td></tr>
<tr><td>020101003</td><td>细石混凝土楼地面</td><td>1. 垫层材料种类、厚度
2. 找平层厚度、砂浆配合比
3. 防水层厚度、材料种类
4. 面层厚度、混凝土强度等级</td><td>基层清理
垫层铺设
抹找平层
防水层铺设
5. 面层铺设
6. 材料运输</td></tr>
<tr><td>020101004</td><td>菱苦土楼地面</td><td>1. 垫层材料种类、厚度
2. 找平层厚度、砂浆配合比
3. 防水屋厚度、材料种类
4. 面层厚度
5. 打蜡要求</td><td>1. 清理基层
2. 垫层铺设
3. 抹找平层
4. 防水层铺设
5. 面层铺设
6. 打蜡
7. 材料运输</td></tr>
</table>

(2)其他工程参照《房屋建筑与装饰工程工程量计算规范》(GB 50854—2013)的规定执行。

二、工程量清单编制的具体方法

（一）编制程序

依据《建设工程工程量清单计价规范》(GB 50500—2013)，工程量清单编制工作可分为施工组织设计编制、分部分项工程量清单的编制、措施项目清单的编制、其他项目清单的编制及规费、税金项目清单的编制五个环节。具体的编制流程如图 4－2 所示。

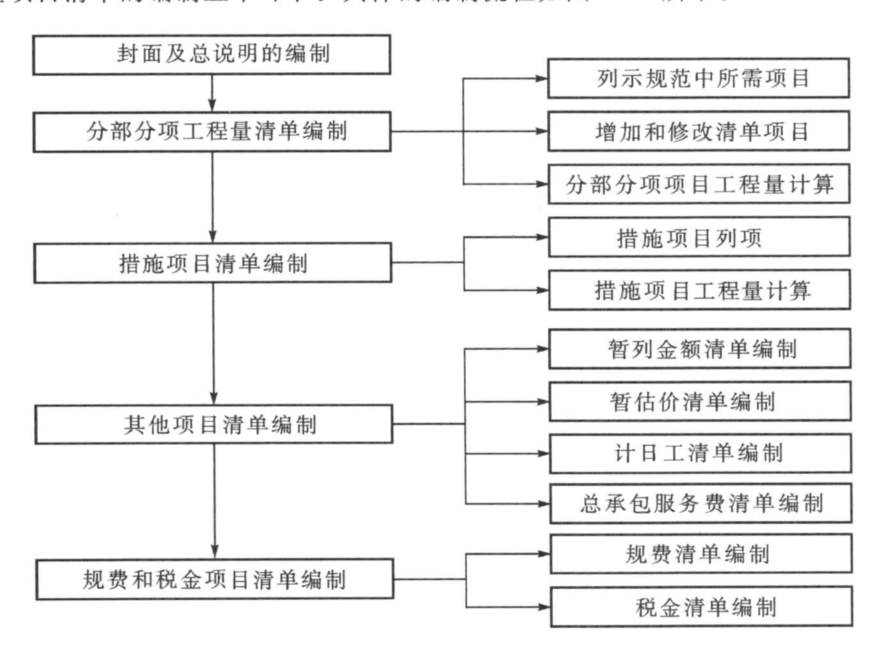

图 4－2　工程量清单的编制程序

（二）编制方法

1. 工程量清单封面及总说明的编制

(1)工程量清单封面的编制。

工程量清单封面按《建设工程工程量清单计价规范》(GB 50500—2013)规定的封面填写，招标人及法定代表人应盖章，造价咨询人应盖单位资质章及法人代表章，编制人应盖造价人员资质章并签字，复核人应盖注册造价师资格章并签字。

(2)工程量清单总说明的编制。在编制工程量清单总说明时应包括以下内容：

①工程概况。工程概况中要对建设规模、工程特征、计划工期、施工现场实际情况、自然地理条件、环境保护要求等做出描述。其中：建设规模是指建筑面积；工程特征应说明基础及结构类型、建筑层数、高度、门窗类型及各部位装饰、装修做法；计划工期是指按工期定额计算的施工天数；施工现场实际情况是指施工场地的地表状况；自然地理条件是指建筑场地所处地理位置的气候及交通运输条件；环境保护要求是针对施工噪声及材料运输可能对周围环境造成的影响和污染提出的防护要求。

②工程招标及分包范围。招标范围是指单位工程的招标范围，如建筑工程招标范围为“全

部建筑工程”,装饰装修工程招标范围为“全部装饰装修工程”等。工程分包是指特殊工程项目的分包,如招标人自行采购安装“铝合金门窗”等。

③工程量清单编制依据。工程量清单包括招标文件、建设工程工程量清单计价规范、施工设计图(包括配套的标准图集)文件、施工组织设计等。

④工程质量、材料、施工等的特殊要求。工程质量的要求是指招标人要求拟建工程的质量应达到合格或优良标准;对材料的要求,是指招标人根据工程的重要性、使用功能及装饰装修标准提出诸如对水泥的品牌、钢材的生产厂家、大理石(花岗石)的出产地、品牌等的要求施工要求,一般是指建设项目中对单项工程的施工顺序等的要求。

⑤其他。工程中如果有部分材料由招标人自行采购,应将所采购材料的名称、规格型号、数量予以说明。应说明暂列金额及自行采购材料的金额及其他需要说明的事项。

三、分部分项工程量清单的编制

(一)列示规范中所需项目

工程量清单编制人员在详细查阅图纸,熟悉项目的整体情况后,对于房屋建筑根据《房屋建筑与装饰工程工程量计算规范》(GB 50854—2013)进行列项,不需要进行修改,分部分项工程项目列项工作分别如下所示。

1.项目编码

分部分项工程量清单项目编码以五级编码设置,用12位阿拉伯数字表示,1~9位应按照《房屋建筑与装饰工程工程量计算规范》(GB 50854—2013)附录规定设置,10~12位应根据拟建工程的工程量清单项目名称设置,同一招标工程的项目编码不得有重码。

2.项目名称

分部分项工程量清单的项目名称应按《房屋建筑与装饰工程工程量计算规范》(GB 50854—2013)附录的项目名称结合拟建工程的实际确定。

在分部分项工程量清单中所列出的项目,应是在单位工程的施工过程中以其本身构成这个单位工程实体的分项工程。这些分项工程项目名称的列出又分为以下情况:

(1)在拟建工程的施工图纸中有体现,并且在《房屋建筑与装饰工程工程量计算规范》(GB 50854—2013)附录中也有相对应的附录项目。对于这种情况就可以根据附录中的规定直接列项,计算工程量,确定项目编码等。例如:某拟建工程的一砖半黏土砖外墙这个分项工程,在《房屋建筑与装饰工程工程量计算规范》(GB 50854—2013)附录A中对应的附录项目是D.1.3节中的“实心砖墙”。因此,在编制清单时就可以直接列出“370砖外墙”这一项,并依据附录D的规定计算工程量,确定其项目编码。

(2)在拟建工程的施工图纸中有体现,在《房屋建筑与装饰工程工程量计算规范》(GB 50854—2013)附录中没有相对应的附录项目,并且在附录项目的“项目特征”或“工程内容”中也没有提示。对于这种情况必须编制针对这些分项工程的补充项目,在清单中单独列项并在清单的编制说明中注明。

清单项目的表现形式是由主体项目和辅助项目构成,主体项目即《房屋建筑与装饰工程工程量计算规范》(GB 50854—2013)中的项目名称,辅助项目即《房屋建筑与装饰工程工程量计算规范》(GB 50854—2013)中的工程内容。对比图纸内容,确定什么是主体清单项目,什么是工程内容。

编制工程量清单出现附录中未包括的项目,编制人应做补充,并报省级或行业工程造价管理机构备案,省级或行业工程造价管理机构应汇总报住房和城乡建设部标准定额研究所。补充项目的编码由附录的顺序码、B和三位阿拉伯数字组成,并应从×B001起顺序编制,不得重号。工程量清单中需附有补充项目的名称、项目特征、计量单位、工程量计算规则、工作内容。

(3)项目特征描述。项目特征是对项目的准确描述,是确定一个清单项目综合单价不可缺少的重要依据,是区分清单项目的依据,是履行合同义务的基础。分部分项工程量清单特征描述应根据《房屋建筑与装饰工程工程量计算规范》(GB 50854—2013)附录中规定的项目特征并结合拟建工程的实际情况进行描述。具体可以分为必须描述的内容、可不描述的内容、可不详细描述的内容、规定多个计量单位的描述、规范没有要求但又必须描述的内容几类。具体说明如表4-3所示。

表4-3　项目特征描述规则

<table>
<tr><th>描述类型</th><th>内容</th><th>示例</th></tr>
<tr><td rowspan="4">必须描述的内容</td><td>涉及正确计量的内容</td><td>门窗洞口尺寸或框外围尺寸</td></tr>
<tr><td>涉及结构要求的内容</td><td>混凝土构件的混凝土强度等级</td></tr>
<tr><td>涉及材质要求的内容</td><td>油漆的品种、管材的材质等</td></tr>
<tr><td>涉及安装方式的内容</td><td>管道工程中的钢管连接方式</td></tr>
<tr><td rowspan="4">可不描述的内容</td><td>对计量计价没有实质影响的内容</td><td>现浇混凝土柱的高度、断面大小等特征</td></tr>
<tr><td>应由投标人根据施工方案确定的内容</td><td>石方预裂爆破的单孔深度及装药量的特征规定</td></tr>
<tr><td>应由投标人根据当地材料和施工要求的内容</td><td>混凝土构件中混凝土拌合料使用的石子种类及粒径、砂的种类的特征规定</td></tr>
<tr><td>应由施工措施解决的内容</td><td>对现浇混凝土板、梁的标高的特征规定</td></tr>
<tr><td rowspan="3">可不详细描述的内容</td><td>无法准确描述的内容</td><td>土壤类别,可考虑将土壤类别描述为综合,注明由投标人根据地勘资料自行确定土壤类别,决定报价</td></tr>
<tr><td>施工图纸、标准图集标注明确的内容</td><td>这些项目可描述为见××图集××页号及节点大样等</td></tr>
<tr><td>清单编制人在项目特征描述中应注明由投标人自定的内容</td><td>土方工程中的“取土运距”“弃土运距”等</td></tr>
</table>

3.增加或修改清单项目

由于工程项目的多样性,规范的清单项目无法包括图纸全部的清单项,招标项目中存在国家及省市建设工程清单计价规范中未能完全涵盖的工程内容时，需要编制补充清单。一般情况都需根据具体情况增加一些规范以外的清单项。如改扩建建设工程，增加的清单项目主要根据以往类似项目的技术规范或者个人经验进行。

当规范中没有图纸中对应的项目时，应相应增加需要的清单项目，项目增加时应在相应的章、节目录下进行，不得随意增减，所以工程量清单编制人员应熟悉清单项目，以便准确地对清单项目进行增减。

若图纸中包含的内容规范中没有对应的项，需要补充列项；或者图纸中包含的内容规范中有对应项，但需要修改的，需要修改列项。对于此部分内容，标底编制人员可先进行梳理，然后做进一步的补充和修改，做到清单项的不重不漏。

4.分部分项工程量计算

工程量主要通过工程量计算规则计算得到。工程量计算规则是指对清单项目工程量的计算规定。计量单位均为基本计量单位，不得使用扩大单位（如 100 m、10 t），这一点与传统的定额计价模式有很大区别。以工程量清单计价的工程量计算规则与消耗量定额的工程量计算规则有着原则上的区别：工程量清单计价的计量原则是以实体安装就位的净尺寸计算，而消耗量定额的工程量计算是在净值的基础上，加上施工操作（或定额）规定的预留量，这个量随施工方法、措施的不同而变化。因此，清单项目的工程量计算应严格按照规范规定的工程量计算规则，不能同消耗量定额的工程量规则相混淆。

另外，补充项的工程量计算规则必须符合下述原则：①工程量计算规则要具有可计算性，不可出现类似于“竣工体积”“实铺面积”等不可计算的规则；②计算结果要具有唯一性。

四、措施项目清单的编制

1.措施项目列项

措施项目清单应根据拟建工程的实际情况按照《房屋建筑与装饰工程工程量计算规范》（GB 50854—2013）进行列项。专业工程措施项目可按附录中规定的项目选择列项。若出现清单规范中未列的项目，可根据工程实际情况进行补充。项目清单的设置应按照以下要求进行：

（1）参考拟建工程的施工组织设计，以确定是环境保护、安全文明施工、材料的二次搬运等项目。

（2）参阅施工技术方案，以确定夜间施工、大型机械设备进出场及安拆、混凝土模板与支架、脚手架、施工排水、施工降水、垂直运输机械等项目。

（3）参阅相关的施工规范与工程验收规范，以确定是否存在在施工技术方案中没有表述，但是为了实现施工规范与工程验收规范要求而必须发生的技术措施。

（4）确定招标文件中提出的某些必须通过一定的技术措施才能实现的要求。

（5）确定设计文件中一些不足以写进技术方案的，但是要通过一定的技术措施才能实现的内容。措施项目清单及具体列项条件如表 4 - 4 所示。

表4-4　措施项目清单及其列项条件

房屋建筑与装饰工程		
序号	措施项目名称	措施项目发生条件
1.1	脚手架工程	一般情况下需要发生
1.2	混凝土模板及支架(撑)	拟建工程中有混凝土及钢筋混凝土工程
1.3	垂直运输	施工方案中有垂直运输机械的内容,施工高度超过5 m的工程
1.4	超高施工增加	施工方案中有垂直运输机械的内容,施工高度超过20 m的工程
1.5	大型机械设备进出场及安拆	施工方案中有大型机械设备的使用方案,拟建工程必须使用大型机械设备
1.6	施工排水、降水	依据水文地质资料,拟建工程的地下施工深度低于地下水位
1.7	安全文明施工及其他措施项目	一般情况下需要发生

2.措施项目工程量的计算

措施项目清单必须根据相关工程现行国家计量规范的规定编制,而且措施项目清单应根据拟建工程的实际情况列项。

施工组织设计编制的最终目的是计算措施工程量,工程量清单编制人员通过查配套施工手册,结合项目的特点以及定额中的有关规定,计算措施项目的工程量即可。

方案确定后,结合施工手册及项目特点计算措施项目工程量。施工组织设计中要将使用的材料、材料的规格、使用的材料的量都写出来,然后根据这些计算措施项目的工程量。

五、其他项目清单的编制

其他项目清单应根据拟建工程的实际情况进行编制。其他项目清单是指分部分项工程量清单、措施项目清单所包含的内容以外,因招标人的特殊要求而发生的与拟建工程有关的其他费用项目和相应数量的清单。其他项目清单应按照暂列金额、暂估价、计日工和总承包服务费进行列项。

1.暂列金额

暂列金额是指招标人暂定并包括在合同中的一笔款项,用于施工合同签订时尚未确定或者不可预见的所需材料、设备、服务的采购,施工中可能发生的工程变更、合同约定调整因素出现时的工程价款以及发生的索赔、现场签证确认等的费用;此部分费用由招标人支配,实际发生了才给予支付,在确定暂列金额时应根据施工图纸的深度、暂估价设定的水平、合同价款约定调整的因素及工程实际情况合理确定,一般可以按分部分项工程量清单的10%～15%,不同专业预留的暂列金额应可以分开列项,比例也可以根据不同专业的情况具体确定。

暂列金额由招标人填写,列出项目名称、计量单位、暂定金额等,如不能详列,也可只列暂定金额总额,投标人再将暂列金额计入投标总价中。

2. 暂估价

暂估价是指招标阶段直至签订合同协议时，招标人在招标文件中提供的用于支付必然要发生但暂时不能确定价格的材料以及专业工程的金额，包括材料暂估价、专业工程暂估价；暂估价类似于 FIDIC 合同条款中的“Prime Cost Items”，在招标阶段预见肯定要发生，只是因为标准不明确或者需要由专业承包人完成，暂时无法确定的价格。

一般而言，为方便合同管理和计价，需要纳入分部分项工程量清单项目综合单价中的暂估价最好只是材料费，以方便投标人组价。

以总价计价的专业工程暂估价一般应是综合暂估价，应当包括除规费、税金以外的管理费、利润等。总承包招标时，专业工程设计深度往往是不够的，一般需要交由专业设计人设计，国际上，出于提高可建造性考虑，一般由专业承包人负责设计，以发挥其专业技能和专业施工经验的优势。这类专业工程交由专业分包人完成是国际工程的良好实践，目前在我国工程建设领域也已经比较普遍。公开、透明、合理地确定这类暂估价的实际开支金额的最佳途径就是通过施工总承包人与工程建设项目招标人共同组织的招标。

3. 计日工

计日工是在施工过程中，承包人完成发包人提出的工程合同范围以外的零星项目或工作，按合同中约定的单价计价的一种方式。所谓零星工作一般是指合同约定之外的或者因变更而产生的、工程量清单中没有相应项目的额外工作，尤其是那些时间不允许事先商定价格的额外工作。计日工为额外工作和变更的计价提供了一个方便快捷的途径。计日工对完成零星工作所消耗的人工工时、材料数量、施工机械台班进行计量，并按照计日工表中填报的适用项目的单价进行计价支付。

编制计日工表时，一定要给出暂定数量，并且需要根据经验，尽可能估算一个比较贴近实际的数量。当然，尽可能把项目列全，防患于未然，也是值得充分重视的工作。

计日工数量的确定可以通过经验法和百分比法确定：①经验法。即通过委托专业咨询机构，凭借其专业技术能力与相关数据资料预估计日工的劳务、材料、施工机械等使用数量。②百分比法。即首先对分部分项工程的工料机进行分析，得出其相应的消耗量；其次，以工料机消耗量为基准按一定百分比取定计日工劳务、材料与施工机械的暂定数量；最后，按照招标工程的实际情况，对上述百分比取值进行一定的调整。

4. 总承包服务费

总承包服务费是为了解决招标人在法律、法规允许的条件下进行专业工程发包以及自行采购供应材料、设备时，要求总承包人对发包的专业工程提供协调和配合服务（如分包人使用总包人的脚手架、水电接驳等）；对供应的材料、设备提供收、发、保管服务以及对施工现场进行统一管理；对竣工资料进行统一汇总整理等已发生并向总承包人支付的费用。招标人应当按投标人的投标报价向投标人支付该项费用。

六、规费、税金项目清单的编制

规费项目清单应按照下列内容列项：社会保险费（包括养老保险费、失业保险金、医疗保险费）、住房公积金、工程排污费。出现未包含在上述规范中的项目，应根据省级政府或省级有关权力部门的规定列项。

税金项目清单应包括以下内容：营业税、城市建设维护税、教育费附加。如国家税法发生变化，税务部门依据职权增加了税种，应对税金项目清单进行补充。

七、注意事项

1. 措施项目的列项应全面

措施项目的列项应该按照不同专业措施项目列项，补充措施项目应根据项目的实际情况进行列项。措施项目清单应区分以单价计价的措施项目和以总价计价的措施项目，以单价计价的措施项目应按照分部分项工程项目清单列明清单编码、名称、项目特征、计量单位和工程量。

2. 措施项目应该与施工组织设计相吻合

在工程量清单编制过程中施工组织设计是按照通用方案考虑，根据施工组织设计进行措施项目列项时，应将扰民、噪声、保险等因素考虑在内。

3. 其他项目清单中暂估价的设定应合理

暂估价所占比例应符合相关要求，暂估价的价格应合理，价格中包含的内容应清晰；暂列金额应结合项目特点进行合理设定；计日工设定的项目应符合工程实际，设定的数量应合理；总承包服务费所包含的内容应描述全面、清晰。

4. 在工程量清单总说明中应该明确相关问题的处理及与造价有关的条件的设置

如工程一切险和第三方责任险的投保方、投保基数及费率及其他保险费用；安全文明施工费计算基数及费率；特殊费用的说明；各类设备的提供、维护等的费用是否包括在工程量清单的单价与总额中；暂列金额的使用条件及不可预见费的计算基础和费率；对工程所需材料的要求。

5. 补充的分部分项工程量清单项和措施项目

对于补充的分部分项工程量清单项目和措施项目，如果当地造价管理部门没有工程量计算规则，应编制补充清单项目并报当地造价管理部门备案。

八、工程量清单的格式

工程量清单应采用统一的格式，一般应由下列内容组成：

1. 封面

工程量清单封面由招标人填写、签字、盖章，封面一般应包括招标工程名称、招标单位签字盖章、法定代表人签字盖章、中介机构法定代表人签字盖章、造价工程师签字盖执业专用章及注册证号、编制时间等。工程量清单封面如图 4－3 所示。

<table>
<tr><td>

______________工程

工程量清单

招标人____________________(单位签字盖章)

法定代表人____________________(签字盖章)

中介机构
法定代表人____________________(签字盖章)

造价工程师
及注册证号____________________(签字盖执业专用章)

编制时间____________________

</td></tr>
</table>

图 4-3　工程量清单封面

2. 填表须知

填表须知主要包括下列内容：工程量清单及其计价格式中所列项签字、盖章的地方必须由规定的单位和人员签字、盖章。

工程量清单及其计价格式中的任何内容不得随意涂改。

工程量清单计价格式中列明的所有需要填写的单价和合价，投标人均应填报，未填报的单价和合价，视为此项费用已包含在工程量清单的其他单价和合价中。

3. 总说明

总说明应按下列内容填写：

(1)工程概况：包括建设规模、工程名称、计划工期、施工现场实际情况、交通运输情况、自然地理条件、环境保护等。

(2)工程招标和分包范围、工程量清单编制依据。

(3)工程质量、材料、施工等的特殊要求。

(4)招标人自行采购材料的名称、规格型号、数量等。

(5)其他项目清单中招标人部分的(也括预留金、材本购置费等)金额数量。其他篇说明的问题。

4. 分部分项工程量清单

分部分项工程量清单的格式如表 4-5 所示。

表 4－5　分部分项工程量清单

工程名称：　　　　　　　　　　　　　　　　　　　　　　　　第　页　　共　页

序号	项目编码	项目名称	计量单位	工程数量

5. 措施项目清单

措施项目清单的格式如表 4－6 所示。

表 4－6　措施项目清单

工程名称：　　　　　　　　　　　　　　　　　　　　　　　　第　页　　共　页

序号	项目名称

6. 其他目清单

其他项目清单的格式如表 4－7 所示。

表 4－7　其他项目清单

项目名称：　　　　　　　　　　　　　　　　　　　　　　　　第　页　　共　页

序号	项目名称
1	招标人部分
2	投标人部分

7. 零星工作项目表

零星工作项目表的格式如表 4－8 所示。

表 4－8　零星工作项目表

工程名称：　　　　　　　　　　　　　　　　　　　　　　　　第　页　　共　页

序号	名称	计量单位	数量
1	人工		
	小计		
2	材料		
	小计		
3	机械		
	小计		
	合计		

九、分部分项工程量清单的编制

分部分项工程项目是形成建筑产品实体部位的工程分项，因此也可称分部分项工程量清单项目是实体项目，它也是决定措施项目和其他措施项目清单的重要依据，因此分部分项工程量清单的编制是十分重要的。根据《建设工程工程量清单计价规范》第 3.2.1 条、3.2.2 条规定，分部分项工程量清单是以分部分项工程项目为内容主体，由序号、项目编码、项目名称、计量单位和工程数量等构成。工程量清单编制时应做到“四统一”，即统一项目编码、统一项目名称、统一计量单位、统一工程量计算规则。

在《建设工程工程量清单计价规范》中，每个分部分项工程又包含了若干分项，如墙面镶贴块料面层为墙、柱面分部工程所包含的一个分项工程，它又包括石材墙面、碎拼石材墙面、块料墙面、干挂石材(钢骨架)四个分项清单项目。

分部分项工程量清单的编制程序如表4－9所示。

表4－9　分部分项清单编制程序

编制准备			
熟悉技术资料	学习《建设工程工程量清单计价规范》及工程量计算规则	调查和分析现场及施工环境	调查施工行业与承包商状况及协作
划分和确定分部分项项目及名称			
拟定项目特征的描述			
确定清单分项编码			
计算分部分项清单分项工程量			
复核与整理清单文件			

1.做好编制清单的准备工作

学习《建设工程工程量清单计价规范》及其相应的工程量计算规则；熟悉装饰装修施工设计图纸及其相关设计与施工规范、标准以及操作规程；了解施工现场情况，分析现场施工条件；调查施工行业和可能响应本项目的承包商的水平以及协作施工的条件等。

2.划分和确定分部分项工程的分项及名称

所确定的分部分项工程量清单的每个分项与名称，应符合计价规范附录中的项目名称并取得一致，并应按照“工程实体”的原则划分，即只有构成工程实体的工程才能列入分部分项工程量清单。另外，根据《建设工程工程量清单计价规范》3.2.4条规定，凡是“附录A、附录B、附录C、附录D、附录E中未包括的项目，编制人可做相应补充，并应报省、自治区、直辖市工程造价管理机构备案”。也就是说，凡附录中的缺项，编制人可做补充。补充项目应填写在工程量清单相应分部工程项目之后，并在“项目编码”栏中以“补”字显示，加以区别。

3.拟定项目特征的描述

分部分项工程量清单表中没有项目特征和工作内容专栏，但这并不表示它们不重要。一个同名称项目，由于材料品种、型号、规格、质量及性质等要求的不同，反映在综合单价上的差别很大。因此，对项目特征的描述是编制分部分项工程量清单十分重要的步骤和内容，它与承包商确定的综合单价、采用的施工材料和施工方法及其相应的施工辅助措施等有着密切的关系。作为工程量清单的编制者应在项目名称栏中对项目特征和工作内容做简要、明确的描述。特别是对一些有特殊要求的施工工艺、材料、设备等也应在规范规定的工程量清单“总说明”“主要材料价格表”中做必要的说明。

4.确定清单分项编码

根据《房屋建筑与装饰工程工程计量规范》(GB 50854—2013)所规定的“十二位”项目编

码规则，进行清单分项编码。

5.计算分部分项清单分项的工程量

这是编制分部分项工程量清单最重要的一个步骤，具体计算应按《建设工程工程量清单计价规范》规定的分项工程量计算规则进行。

6.复核与整理清单文件

这是编制分部分项工程量清单的最后一步，编制者必须反复审核校对，并应经过交叉校核定稿。

十、措施项目工程量清单的编制

措施项目是指为完成工程项目施工，发生于该工程施工前和施工过程中的技术、生活、安全等方面的非工程实体项目。

国家计价规范对措施项目的编制做了两条规定：

(1)第3.3.1条措施项目清单应根据拟建工程的具体情况，参照表4-10列项。

表4-10　措施项目一览表

序号	项目名称
1.通用项目	
1.1	环境保护
1.2	文明施工
1.3	安全施工
1.4	临时设施
1.5	夜间施工
1.6	二次搬运
1.7	大型机械设备进出场及安拆
1.8	混凝土、钢筋混凝土模板及支架
1.9	脚手架
1.10	已完工程及设备保护
1.11	施工排水、降水
2.建筑工程	
2.1	垂直运输机械
3.装饰装修工程	
3.1	垂直运输机械
3.2	室内空气污染测试
4.安装工程	
4.1	组装平台
4.2	设备、管道施工的安全、防冻和焊接保护措施

续表 4-10

序号	项目名称
4.3	压力容器和高压管道的检验
4.4	焦炉施工大棚
4.5	焦炉烘炉、热态工程
4.6	管道安装后的充气保护措施
4.7	隧道内施工的通风、供水、供气、供电、照明及通信设施
4.8	现场施工围栏
4.9	长输管道临时水工保护设施
4.10	长输管道施工便道
4.11	长输管道跨越或穿越施工措施
4.12	长输管道地下穿越地上建筑物的保护措施
4.13	长输管道工程施工队伍调遣
4.14	格架式抱杆
5.市政工程	
5.1	围堰
5.2	筑岛
5.3	现场施工围栏
5.4	便道
5.5	便桥
5.6	洞内施工的通风、供水、供气、供电、照明及通信设施
5.7	驳岸块石清理

(2)编制措施项目清单,出现措施项目一览表未列的项目,编制人可以做补充。

在编制措施项目工程量清单时,必须弄清楚措施项目一览表中各分项的含义,必须认真思考和分析分部分项工程工程量清单中每个分部分项需要设置哪些措施项目,以保证各分部分项工程能顺利完成。总之,要编好措施项目工程量清单,不但需要具有相关的施工管理、施工技术、施工工艺和施工方法方面的知识及实践经验,而且还要掌握有关政策、法规及相关的规章制度。必须把分部分项工程量清单与措施项目清单的编制看作是一个系统问题,编制中必须综合考虑。

十一、其他项目工程量清单的编制

其他项目清单可根据拟建工程的具体情况,参照下列内容列项:

(1)招标人部分。这包括预留金、材料购置费等。其中预留金是指招标人为可能发生的工程量变更而预留的金额。

(2)投标人部分。这包括总承包服务费、零星工作项目费等。其中总承包服务费是指为配合协调招标人进行的工程分包和材料采购所需的费用;零星工作项目费是指为完成招标人提出的，不能以实物量计量的零星工作项目所需的费用。

虽然计价规范中对其他项目只提供了两部分四项费用作为列项的参考、规定，对超出规定的范围可以增项，但补充项目应列在清单项目最后，并在“序号”中写上“补”字。

十二、零星工作项目表

零星工作项目表应根据拟建工程的具体情况，详细列出人工、材料、机械的名称、计量单位和相应数量，并随工程量清单发至投标人。零星工作项目中的工、料、机的计量，要根据工程的复杂程度、工程设计质量的优劣以及工程项目设计的成熟程度等因素来确定其数量。一般工程以人工计量为基础，近人工消耗总量的1%取值即可。材料消耗主要是辅助材料消耗，按不同专业人工消耗材料类别列项，按人工日消耗量计入。机械列项和计量，除了考虑人工因素外，还要参考各单位工程机械消耗的种类，可按机械消耗总量的1%取值。

第三节　工程量清单计价

一、工程量清单计价的概念及编制依据

1.工程量清单计价的概念

工程量清单计价是一种国际上通行的工程造价计价方式，是在建设工程招标投标中，招标人按照国家统一的《建设工程工程量清单计价规范》的要求及施工图提供工程量清单，由投标人依据工程量清单、施工图、企业定额、市场价格自主报价，经评审后，合理低价中标的工程造价计价方式。

2.工程量清单计价的编制依据

编制工程量清单报价的依据主要有清单工程量、施工图、《建设工程工程量清单计价规范》、消耗量定额、施工方案、工料机市场价格。

(1)清单工程量。清单工程量是由招标人发布的拟建工程的招标工程量。清单工程量是投标人投标报价的重要依据，投标人应根据清单工程量和施工图计算计价工程量。

(2)施工图。由于采用的施工方案不同，由于清单工程量是分部分项工程量清单项目的主项工程量，不能反映报价的全部内容，所以投标人在投标报价时，需要根据施工图和施工方案计算报价工程量，因而施工图也是编制工程量清单报价的重要依据。

(3)消耗量定额。消耗量定额一般是指企业定额、建设行政主管部门发布的预算定额等，它是分析拟建工程工料机消耗量的依据。

(4)工料机市场价格。工料机市场价格是确定分部分项工程量清单综合单价的重要依据。

3.工程量清单计价的特点

(1)计价规则的统一性。通过制定统一的建设工程工程量清单计价方法、统一的工程量计量规则、统一的工程量清单项目设置规则，达到规范计价行为的目的。这些规则和办法是强制性的，建设各方面都应该遵守，这是工程造价管理部门首次在文件中明确政府应管什么，不应管什么。

(2)消耗量控制的有效性。通过由政府发布统一的社会平均消耗量指导标准，为企业提供

一个社会平均尺度，避免企业盲目或随意大幅度减少或扩大消耗量，从而达到保证工程质量的目的。

(3)企业自主报价。投标企业根据自身的技术专长、材料采购渠道和管理水平等，制定企业自己的报价定额，自主报价。企业尚无报价定额的，可参考使用造价管理部门颁布的《建设工程消耗量定额》。

(4)市场确定价格。将工程消耗量定额中的工、料、机价格和利润、管理费全面放开，由市场的供求关系自行确定价格。通过建立与国际惯例接轨的工程量清单计价模式，引入充分竞争形成价格的机制，制定衡量投标报价合理性的基础标准，在投标过程中有效引入竞争机制，淡化标底的作用，在保证质量、工期的前提下，按国家《招标投标法》及有关条款规定，最终以"不低于成本"的合理低价者中标。

二、工程量清单计价的费用构成

1.工程量清单计价的费用构成

工程量清单计价应包括招标文件规定的完成工程量清单所列项目的全部费用，包括分部分项工程费、措施项目费、其他项目费、规费和税金。

2.工程量清单费用的计算程序

采用工程量清单计价，工程造价应按表4-11程序计算。

表4-11 工程量清单计价程序表

序号	项目名称	计算办法
1	分部分项工程费	$\sum$(分部分项工程量×综合单价)
2	措施项目费	$\sum$(各项措施项目费)
3	其他项目费	$\sum$(各项其他项目费)
4	规费	$\sum$(各项规费)
5	税金	(1+2+3+4)×税率
6	工程造价	1+2+3+4+5

三、计价工程量计算

1.计价工程量的概念

计价工程量也称报价工程量，是计算工程投标报价的重要数据。计价工程量是投标人根据拟建工程施工图、施工方案、清单工程量和所采用的定额及相对应的工程量计算规则计算出的用以确定综合单价的重要数据。

2.计价工程量计算方法

计价工程量是根据所采用的定额和相对应的工程量计算规则计算的，所以承包商一旦确定采用何种定额时，就应完全按其定额所划分的项目内容和工程量计算规则计算工程量。

计价工程量的内容一般要多于清单工程量。因为，计价工程量不但要计算每个清单项目的主项工程量，而且还要计算所包含的附加项工程量。这就要根据清单项目的工程内容和定额项目的划分内容具体确定。

四、工程量清单计价程序

工程量清单计价的基本过程是：在统一的工程量计量规则的基础上，制定工程量清单项目设置规则，再根据工程施工图纸计算各个清单项目的工程量，结合工程的造价信息和经验数据，计算工程的造价。计价的基本过程如下：

(1)统一的工程量计量规则；

(2)统一的工程量清单标准格式；

(3)统一的工程量清单项目设置规则；

(4)招标要求和施工工程造价信息和设计图纸；

(5)工程量清单；

(6)相关造价信息和相关价格资料；

(7)工程投标报价。

五、综合单价的编制

1.综合单价的计算方法

综合单价的计算过程是：先用计价工程量乘以定额消耗量得出工料机消耗量，再乘以对应的工料机单价得出主项和附加项直接费，然后再计算出计价工程量清单项目费小计，接着再计算管理费、利润，得出清单合价，最后再用清单合价除以清单工程量得出综合单价。

2.综合单价的计算程序

分部分项工程量清单、可计算工程量的措施项目清单应采用综合单价计价，并按表 4－12 程序计算。

表 4－12　综合单价计算程序

序号	项目名称	计算办法
1	人工费	$\sum$(人工消耗量×人工单价)
2	材料费	$\sum$(材料消耗量× 材料单价)
3	施工机械使用费	$\sum$(施工机械台班消耗量×机械台班单价)
4	企业管理费	规定的取费基数×企业管理费费率
5	利润	规定的取费基数×利润率
6	综合单价	1＋2＋3＋4＋5

3.综合单价的具体计算方法

根据地区基价(单位估价表)中的人工费、材料费、机械费计算综合单价

综合单价＝人工费＋材料费＋机械费＋管理费＋利润

其中：

人工费＝定额基价中的人工费×数量

材料费＝定额基价中的材料费×数量

机械费＝定额基价中的机械费×数量

管理费＝规定的基数×管理费率

利润＝规定的基数×利润率

注：①上式中的数量＝计价工程量/清单工程量

② 规定的基数中建筑与装饰工程为：人工费＋机械费

【例 6－1】计算某工程大理石地面（1000 mm×1000 mm）清单项目的综合单价，将计算内容填入表 4－12 的分部分项工程量清单综合单价分析表中（计算结果保留两位小数）。

已知条件如下：

（1）项目名称：块料地面；项目编码：020102002；清单工程量：200 m^2。

（2）根据块料面层地面项目特征描述，计算其相对应的定额工程量分别为：大理石地面为 200 m^2，厚20 mm1∶3水泥砂浆，找平层200 m^2，C15 混凝土垫层为20 m^3，3∶7灰土垫层为 60 m^3，打夯机夯实。

（3）工程类别为二类，其中：企业管理费费率为 26％，利润率为 15.62％。

（4）甘肃省建筑工程及装饰装修工程人工消耗量见表 4－14。

（5）甘肃省兰州市相关定额项目地区基价见表 4－15。

表 4－13　分部分项工程量清单综合单价分析表（单位：元）

项目编码	020102002001		项目名称		块料地面			计量单位			m^2
清单综合单价组成明细											
定额编号	定额名称	定额单位	数量	单价			管理费和利润	合价			
				人工费	材料费	机械费		人工费	材料费	机械费	管理费和利润
14－3	大理石地面	m^2	1	16.92	207.67	0.62	41.62	16.92	207.67	0.62	8.42
11－27－3	水泥砂浆1∶3	m^2	1	4.77	6.64	0.38	41.62	4.77	6.64	0.38	2.14
4－52－2	C15 砼垫层	m^3	0.1	60.52	190.52	19.42	41.62	6.05	19.05	1.94	3.33
11－1－3	3∶7灰土垫层	m^3	0.3	40.64	69.87	1.19	41.62	12.19	20.96	0.36	5.22
人工费调整								—	—	—	—
材料费价差								—	—	—	—
机械费调整								—	—	0	—
小　　计								39.93	254.32	3.30	19.11
清单项目综合单价								316.66			

表 4-14　建筑工程及装饰装修工程人工消耗量

<table>
<tr><td rowspan="7">材料费明细</td><td rowspan="2">实物法材差</td><td rowspan="2">单位</td><td rowspan="2">数量</td><td rowspan="2">预算价</td><td rowspan="2">指导价</td><td rowspan="2">暂估价</td><td rowspan="2">暂估价材料费</td><td colspan="2">价差</td></tr>
<tr><td>单价</td><td>合价</td></tr>
<tr><td></td><td></td><td></td><td></td><td></td><td></td><td></td><td></td><td></td></tr>
<tr><td colspan="5">小计</td><td>—</td><td></td><td>—</td><td></td></tr>
<tr><td colspan="2" rowspan="2">系数法调整</td><td colspan="2">计算基数</td><td colspan="4">系数/%</td><td></td></tr>
<tr><td colspan="2"></td><td colspan="4"></td><td></td></tr>
<tr><td colspan="8">合计</td><td></td></tr>
</table>

表 4-15　地区基价表

定额编号	定额项目	单位	价格/元		兰州
14-3	大理石地面(1000×1000 mm)	m^2	基价		225.21
			其中	人工费	16.92
				材料费	207.67
				机械费	0.62
11-27-3	水泥砂浆1∶3	m^2	基价		11.79
			其中	人工费	4.77
				材料费	6.64
				机械费	0.38
4-52-2	C15 混凝土垫层	m^3	基价		270.45
			其中	人工费	60.52
				材料费	190.52
				机械费	19.42
11-1-3	3∶7 灰土垫层	m^3	基价		111.70
			其中	人工费	40.64
				材料费	69.87
				机械费	1.19

五、措施项目费

(一)措施项目费的概念

措施项目费是指工程量清单中，除分部分项工程量清单项目费以外，为保证工程顺利进行，按照国家现行规定的建设工程施工及验收规范、规程要求，必须配套的工程内容所需的费用。

(二)措施项目费计算方法

1. 定额分析法

定额分析法是指凡是可以套用定额的项目，通过先计算工程量，然后再套用定额分析出工料机消耗量,最后根据各项单价和费率计算出措施项目费的方法。

2. 系数计算法

系数计算法是采用与措施项目有直接关系的分部分项清单项目费为计算基础,乘以措施项目费系数,求得措施项目费。

3. 方案分析法

方案分析法是通过编制具体的措施实施方案,对方案所涉及的各项费用进行分析计算后,汇总成某个措施项目费。

(三)甘肃省措施项目费的计算

1. 措施项目计价规定

根据《甘肃省建设工程工程量清单计价规则》规定:措施项目清单计价应根据拟建工程的施工组织设计,可以计算工程量的措施项目,应按分部分项工程量清单的方式采用综合单价计价;不可计算工程量的措施项目,应以项为单位按规定费率计算,包括除规费、税金外的全部费用。

2. 不可计算工程量措施项目费计算程序

(1)计算程序。不可计算工程量的措施项目计价可按表4－16程序计算。

表4-16　不可计算工程量措施项目费计算程序

序号	项目名称	计算办法
1	措施项目直接费	规定的取费基数×措施项目费费率
2	企业管理费	规定的取费基数×企业管理费费率
3	利润	规定的取费基数×利润率
4	合计	1＋2＋3

(2)说明。

①不可计算工程量措施项目费不考虑风险。

②表中第一栏的“规定的取费基数”是指直接工程费中人工费与机械费之和或直接工程费中的人工费。

(3)措施项目清单计价方法。

①建筑工程:(B_1+B_3)×措施费率。

②装饰装修工程:B_1×措施费率。

注:以上B_1代表直接工程费中的人工费,B_3代表直接工程费中的机械费。

六、其他项目费

1. 其他项目费的概念

其他项目费是指暂列金额、暂估价、计日工和总承包服务费等估算金额的总和。

2. 其他项目费计价

其他项目清单计价应根据以下原则和《甘肃省建设工程工程量清单计价规则》有关规定,结合拟建工程特点计算。

(1)暂列金额。

暂列金额应按招标人在其他项目清单中列出的金额填写。

(2)暂估价。

材料暂估价应按招标人在其他项目清单中列出的单价计入综合单价。专业工程暂估价应按招标人在其他项目清单中列出的金额填写。材料暂估价和专业工程暂估价最终的确认价格按以下方法确定:

①发包人在工程量清单中提供了暂估价的材料和专业工程属于依法必须招标的,由承包人和发包人共同通过招标确定材料单价与专业工程分包价。

②若材料不属于依法必须招标的,经发、承包双方协商确认单价后计价。

③若专业工程不属于依法必须招标的,由发、承包双方与分包人按有关计价依据进行计价。

(3)计日工。

①计日工应按招标人在其他项目清单中列出的项目和数量,计算综合单价及相应费用。

②计日工计算综合单价应计算管理费、利润、价差,并考虑各专业工程计费基础不同。

(4)总承包服务费。

招标人仅要求对分包的专业工程进行总承包管理和协调时,总承包服务费按分包专业工程估算造价的1%～3%计算;招标人要求对分包的专业工程进行总承包管理和协调,并同时要求提供配合服务时,总承包服务费按分包专业工程估算造价的4%～6%计算。招标人自行采购材料、设备的,按《甘肃省建设工程材料价格编制管理办法》有关规定另行计算采购保管费分成。

七、规费

1.规费的概念

规费是指政府及有关部门规定必须缴纳的费用。

2.规费的内容

(1)国家现行规费的内容如下:

①工程排污费;

②社会保障费:包括养老保险费、失业保险费、医疗保险费;

③住房公积金;

④工伤保险。

(2)甘肃省规费的内容如下:

①工程排污费;

②住房公积金;

③社会保障费:包括养老保险费、失业保险费、医疗保险费;

④危险作业意外伤害保险;

⑤企业可持续发展基金。

3.规费的计算

规费的计算公式为:

$$规费=计算基数\times对应的费率$$

计算规费的基数一般由人工费、直接费、人工费加机械费构成。

4.甘肃省规费的具体计算方法

(1)建筑工程。

①社会保障费＝A_1×社会保障费率；

②住房公积金＝A_1×住房公积金费率；

③工程排污费＝(A_1＋A_3)×工程排污费费率；

④危险作业意外伤害保险＝(A_1＋A_3)×危险作业意外伤害保险费费率；

⑤企业可持续发展基金＝(A_1＋A_3)×企业可持续发展基金率。

(2)装饰装修工程。

①社会保障费＝A_1×社会保障费率；

②住房公积金＝A_1×住房公积金费率；

③工程排污费＝A_1×工程排污费费率；

④危险作业意外伤害保险＝A_1×危险作业意外伤害保险费费率；

⑤企业可持续发展基金＝A_1×企业可持续发展基金率。

其中：

A_1＝分部分项人工费＋定额措施人工费＋费率措施人工费

A_3＝分部分项机械费＋定额措施机械费＋费率措施机械费

八、税金

1.税金的概念

税金是指国家税法规定的应计入建筑安装工程造价内的营业税、城市维护建设税、教育费附加。

2.税金的计算

税金的计算公式为：

税金＝(分部分项清单项目费＋措施项目费＋其他项目费＋规费)×税率

【例6-2】某建筑公司准备对某县城一幢七层住宅楼工程进行投标报价，经计算，该住宅楼建筑工程的分部分项工程费为450万元(其中：人工费75万元，材料费315万元，机械费为60万元)；以项计取的措施费60万元；以综合单价计取措施费50万元(其中：人工费8万元，材料费38万元，机械费4万元)；其他项目费为42.5万元(其中：暂列金额25万元，专业工程暂估价15万元，计日工1万元，总承包服务费1.5万元)。

相关资料如下：

社会保障费费率：20.00％；住房公积金：8.00％；工程排污费费率0.22％；危险作业意外伤害保险：0.40％；企业可持续发展基金：9.40％。税率为：在市区3.48％，在县城镇3.41％，不在市区、县城或镇3.28％。

问题：

1.计算该建筑工程的规费和税金，并将计算结果填入表4-17中。

2.根据上述的已知条件和表4-17计算出的规费与税金，计算该住宅楼的工程造价，并将计算结果填入表4-18中。

表 4－17 规费及税金项目清单与计价表

序号	项目名称	计算基数	费率/%	计算式	金额/万元
1	规费			18.4＋7.36＋0.354＋0.644＋15.134	37.97
1.1	社会保障费	A1	20	(75＋8)×20%	16.6
1.2	住房公积金	A1	8	(75＋8)×8%	6.64
1.3	工程排污费	A1＋A3	0.22	(75＋8＋60＋4)×0.22%	0.323
1.4	危险作业以外伤害保险	A1＋A3	0.40	(75＋8＋60＋4)×0.40%	0.588
1.5	企业可持续发展基金	A1＋A3	9.40	(75＋8＋60＋4)×9.40%	13.818
2	税金		3.41	(450＋60＋50＋42.5＋37.97)×3.41%	21.84

表 4－18 单位工程投标报价汇总表

序号	汇总内容	金额/万元	其中:暂估价/万元
1	分部分项工程	450	—
2	措施项目费	110	—
2.1	安全文明施工费	—	—
2.2	其他措施项目费	—	—
3	其他项目	42.5	—
3.1	暂列金额	25	—
3.2	专业工程暂估价	15	—
3.3	计日工	1	—
3.4	总承包服务费	1.5	—
4	规费	37.97	—
5	税金	21.84	—
工程造价		450＋110＋42.5＋37.97＋21.84＝662.31	

九、工程量清单计价的规定格式

《建设工程工程量清单计价规范》规定工程量清单计价应采用统一格式，统一格式由下列内容组成：

1. **封面**

如图 4－4 所示，封面应按规定内容填写、签字、盖章。

2. **投标总价**

如图 4－5 所示，投标部价应按工程项目总价表合计金额填写。

______工程
工程量清单报价表

投标人：　　　　（单位签字盖章）
法定代表人：　　（签字盖章）
造价工程师
及注册证号：　　（签字盖执业专用章）
编制时间：

图 4-4　封面

投标总价

建设单位：
工程名称：
投标总价(小写)：
(大写)：
投标人：　　　　（单位签字盖章）
法定代表人：　　（签字盖章）
编制时间：

图 4-5　投标总价表

3. 工程项目总价表

工程项目总价表如表 4-19 所示，具体要求如下：

(1)表中单位工程名称应按单位工程费汇总表的工程名称填写。

(2)表中金额应按单位工程费汇总表的合计金额填写。

表 4-19　工程项目总价表

工程名称：　　　　　　　　　　　　　　　　　　　　　　　　　　　第　页共　页

序号	单项工程名称	金额/元
	合计	

4. 单项工程费汇总表

单项工程费汇总表如表 4-20 所示，具体要求如下：

(1)表中单位工程名称应按单位工程费汇总表的工程名称填写。

(2)表中金额应按单位工程费汇总表的合计金额填写。

表 6－20　单项工程费汇总表

工程名称：　　　　　　　　　　　　　　　　　　　　　　　　　　第　页　共　页

序号	单项工程名称	金额/元
	合计	

5. **单位工程费汇总表**

单位工程费汇总表如表 4－21 所示，具体要求如下：

单位工程费汇总表中的金额应分别按照分部分项工程量清单计价表、措施项目清单计价表和其他项目清单计价表的合计金额和有关规定计算的规费、税金填写。

表 4－21　单位工程费汇总表

工程名称：　　　　　　　　　　　　　　　　　　　　　　　　　　第　页　共　页

序号	工程名称	金额/元
1	分部分项工程置清单计价合计	
2	措施项目清单计价合计	
3	其他项目清单计价合计	
4	规费	
5	税金	
	合计	

6. **分部分项工程量清单计价表**

分部分项工程量清单计价表如表 4－22 所示，具体要求如下：

（1）分部分项工程量清单计价表中的序号、项目编码、项目名称、计量单位、工程数量必须按分部分项工程量清单中的相应内容填写。

（2）综合单价应包括完成一个规定计置单位项目所需的人工费、材料费、机械使用费、管理费和利润，并考虑风险因素。

表 4－22　分部分项工程量清单计价表

工程名称：						
序号	项目编码	项目名称	计量单位	工程数量	金额/元	
					综合单价	合价
		本页小计				
		合计				

7. 措施项目清单计价表

措施项目清单计价表如表 4－23 所示，具体要求如下：

(1)表中的序号、项目名称必须按措施项目清单中的相应内容填写。

(2)投标人可根据施工组织设计采取的措施增加项目。

表 4－23　措施项目清单计价表

工程名称：　　　　　　　　　　　　　　　　　　　　　　　　　　　　第　页　共　页

序号	项目名称	金额/元
	合计	

8. 其他项目清单计价表

其他项目清单计价表如表 4－24 所示，具体要求如下：

(1)表中的序号、项目名称必须按其他项目清单中的相应内容填写。

(2)招标人部分的金额必须按《建设工程工程量清单计价规范》5.1.3 条中招标人提出的数额填写。

表 4－24　其他项目清单计价表

工程名称：　　　　　　　　　　　　　　　　　　　　　　　　　　　　第　页　共　页

序号	项目名称	金额/元
1	招标人部分	
	小计	
2	投标人部分	
	小计	
	合计	

9. **零星工作项目计价费表**

零星工作项目计价费表如表 4－25 所示，具体要求如下：

（1）表中的人工、材料、机械名称、计量单位和相应数量应按零星工作项目表中相应的内容填写。

（2）工程竣工后零星工作费应按实际完成的工程量所需费用结算。

表 4－25　零星工作项目计价表

工程名称：　　　　　　　　　　　　　　　　　　　　第　页　共　页

序号	名称	计量单位	数量	金额/元	
				综合单价	合价
1	人工				
	小计				
2	材料				
	小计				
3	机械				
	小计				
	合计				

10. **分部分项工程量清单综合单价分析表**

分部分项工程量清单综合单价分析表应由招标人根据需要提出要求后填写，如表 4－26 所示。

表 4－26　分部分项工程量清单综合单价分析表

工程名称：　　　　　　　　　　　　　　　　　　　　第　页　共　页

序号	项目编码	项目名称	工程内容	综合单价组成/元					
				人工费	材料费	机械使用费	管理费	利润	综合单价/元

11. **措施项目费分析表**

措施项目费分析表应由投标人需提出要求后填写，如表 4－27 示。

表 4-27 措施项目费分析表

工程名称：　　　　　　　　　　　　　　　　　　　　　　　　　第　页　共　页

序号	措施项目名称	单位	数量	金额/元					
				人工费	材料费	机械使用费	管理费	利润	小计
	合计								

12. **主要材料价格表**

主要材料价格表如表 4-28 示，具体要求如下：

(1)招标人提供的主要材料价格表应包括详细的材料编码、材料名称、规格型号和计量单位等。

(2)所填写的单价必须与工程量清单计价中采用的相应材料的单价一致。

表 4-28 主要材料价格表

工程名称：　　　　　　　　　　　　　　　　　　　　　　　　　第　页　共　页

序号	材料编码	材料名称	规格、型号等特殊要求	单位	单位/元

以上为《建设工程工程量清单计价规范》规定的计价格式原文，编制者应产格照执行。但对有些技术复杂的单位工程项目，包括规定工程量清单系列用表格式，还需要补充必需的文件附件和时表说明。例如措施项目和其他措施项目清单分项的工作特征和内容的补充说明，相应的各项费用的来源细目及其说明等都应做必要的补充，以便客观地反映工程的复杂程度和技术要求等。

第四节　楼地面工程

一、楼地面工程概述

(一)楼地面工程的结构层次

楼地面工程按所在部位可分为楼面和地面两种。楼面、地面是建筑物中使用最频繁的部位，因而也是室内装饰工程中的重要部位。楼面、地面不仅应具有耐磨、防水、防滑、易于清洁等功能，对于高级的室内楼面、地面，还应具有隔声、吸声、保温以及刚柔兼有等特点。

地面的基本构造层为地基（基土）、垫层和面层；楼面的基本构造层分为楼板和面层。当基本构造层不能满足使用要求或构造要求时，可增设填充层、隔离层、找平层、结合层等其他构造层；楼地面构造层的总称为“基层”和“面层”。

楼面是楼层的承重结构，一般由钢筋混凝土或木材构成，现在所说的楼面是指在钢筋混凝土楼板上所做的面层。一般来说，楼面包括结合层（找平层）和面层两部分。地面是指建筑物底层的地坪。为了使地面上的荷载均匀地传递到土层上，所以，地面的组成除了结合层及面层之外，还有承受荷载的垫层（基层），其结构如图 4－6 所示。

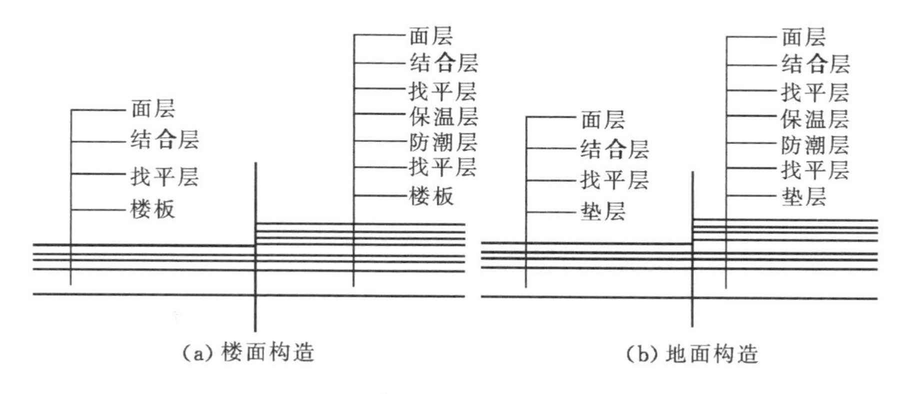

(a) 楼面构造　　(b) 地面构造

图 4－6　地面结构

（二）楼地面结构层次的做法

1. 垫层

垫层是指承受并传递地面荷载于基土上的构造层。地面垫层按材料性能可分为刚性和非刚性两种。刚性一般为混凝土，非刚性垫层一般有素土、砂石、炉渣（矿渣）、毛石、碎（砾）石、碎砖、级配砂石等做法。

（1）混凝土垫层：一般用 C5～C20，50～100 mm。

（2）素土垫层：室内回填土夯实。

（3）灰土垫层：通常用生石灰和黏土的拌合料进行铺设，常用的配合比有 2∶8 或 3∶7，厚度不小于 100 mm。

（4）级配砂石垫层：砂夹石作为垫层材料，可以用砾石、碎石（40 mm 以上），厚度不小于 100 mm。

（5）砂垫层：以砂作为垫层材料，厚度不小于 60 mm。

（6）毛石垫层：以毛石作为垫层材料，分干铺和灌浆两种。

（7）碎转垫层：分干铺和灌浆两种。

（8）碎砖三合土垫层：是指石灰、碎砖、砂加水拌和后，经浇捣、夯实而成，配合比为1∶3∶6或1∶4∶8。

（9）碎（砾）石垫层：用碎（砾）石铺设而成，其厚度不小于 60mm，分干铺和灌浆两种情况。

（10）炉渣（矿渣）垫层：可分为炉渣垫层（干铺）、水泥石灰炉渣垫层、水泥炉渣和石灰炉渣四种做法。

2. 找平层

找平层一般是在保温层或粗糙的结构层表面，填平孔眼，抹平表面，以使面层和基层很好地结合。

找平层可以用水泥砂浆(常用1∶3)、细石混凝土(一般用于找坡要求的地面找平层，常用的配合比为1∶2∶4)、沥青砂浆(由沥青、滑石粉和砂组成，一般每立方米砂中掺入沥青235 kg、滑石粉438 kg)铺设而成，其厚度视基层表面的平整程度而定，一般为20～30 mm。

3. 保温层

地面常用的保温材料一般以松散的居多。常用的保温材料有如下几种：

(1)炉(矿)渣混凝土：由水泥、石灰、炉(矿)渣和水拌和而成。

(2)石灰炉渣：用石灰和炉渣拌和而成，配合比常为1∶3或1∶4。

(3)蛭石：全称膨胀蛭石，是一种类似云母的矿石，经高温焙烧、体积膨胀后成为一种质轻的高效保温材料。蛭石保温浆是由水泥和蛭石加水拌成的。

(4)泡沫混凝土：由水泥、泡沫剂(松香、水胶、火碱和水制成)搅拌而成，保温效果较好。

(5)膨胀珍珠岩：简称珍珠岩，是一种矿石，破碎后经高温焙烧体积膨胀，成为内部具有多孔结构的白色颗粒，是一种高效保温材料。珍珠岩保温浆是由水泥和珍珠岩加水拌和而成。

(6)加气混凝土：又叫多孔砼，由水泥、细砂、铝粉、NaOH溶液及水配成，保温效果较好。

4. 防潮层(隔离层)

对于较潮湿的房间和地下室的地面应做防潮层。防潮层的做法有以下几种：

(1)防水砂浆防潮层：在水泥砂浆中掺入占水泥重量3%或5%的防水剂(粉)。

(2)涂冷底子油：将石油沥青或煤沥青溶于汽油、煤油或苯等溶剂中，涂刷于水泥砂浆或混凝土表面，起防潮作用。

(3)刷热沥青：一般刷一遍，也可增刷一至两遍。

(4)刷玛碲脂：玛碲脂是在沥青中掺入滑石粉和石棉粉拌和而成的黏稠液体或固体(又叫沥青胶)，具有黏结、防水、防腐的作用。

(5)卷材防潮层：以沥青(或沥青胶)和油毡做防水材料。它的施工顺序为：在找平层上先涂刷一层沥青或沥青胶，然后铺油毡，再刷一层沥青或沥青胶。这叫"一毡二油"做法。根据设计要求，如需再铺一层油毡，就需再涂刷一层沥青或沥青胶，这叫"二毡三油"做法。同理，也可做成"三毡四油"等。

卷材防潮层的卷材除油毡外，还有麻布、玻璃布等。玻璃布是指用普通玻璃塑料或其他人工合成物质制成的布。

5. 面层

面层分为整体面层和块料面层两大类，具体如下：

(1)整体面层。

①水泥砂浆面层：一般用1∶2或1∶2.5的水泥砂浆铺设，经拍实、提浆、压光而成。

当用混凝土既做垫层又做面层时，亦可采用"随打随抹"的办法。即在砼浇灌好后，经找平、捣实、提浆，随即撒上干水泥并抹光。现浇钢筋混凝土楼板层的楼面也有采用这种方法施工的。

②混凝土面层：一般采用C7.5～C20混凝土浇筑，然后找平、提浆、抹光。

③水磨石面层：用水泥白石子浆铺筑，白石子又叫米石、色石渣，是用方解石、花岗石破碎成粒，有大八厘、中八厘和小八厘之分。规格要求较严，特大八厘一分半：15 mm；大八厘：8 mm；中八厘：6 mm；小八厘：4 mm；米粒石：2～6 mm。

在铺设水磨石面层前，先用1∶3水泥砂浆做找平层，并在找平层上嵌玻璃条或金属条，将面层分成方格，然后铺水泥石子浆，铺平压实后，再提浆抹平，待其凝结到一定程度后，用金刚石加水磨光，在磨光的地面上可擦草酸、打蜡，以保护面层、增加光泽。

水磨石面层可分为普通水磨石、彩色水磨石和高级水磨石三种。①普通水磨石楼地面，又叫本色水磨石楼地面，简称水磨石楼地面。其面层磨光采用“两浆三磨”，即补两次白水泥浆，打磨三次。水磨石楼地面分带嵌条和不带嵌条两种定额，嵌条又分为玻璃嵌条和金属嵌条两种。②彩色水磨石楼地面，又叫水磨石楼地面分格调色，即用白水泥配以彩色石子而做成。它与普通水磨石楼地面的区别在于使用的水泥石子浆不同，彩色水磨石楼地面使用的是“泥彩色石子浆”，普通水磨石楼地面使用的是“水泥白石子浆”，除此之外，其他的都相同。③彩色镜面水磨石楼地面，即高级水磨石楼地面，面层磨光采用“五浆六磨”，即补五次白水泥浆，打磨六次。

(2)块料面层：菱苦土、剁假石、彩色水泥、彩色聚氨脂。

①菱苦土地面：主要以菱苦土(主要成分为氯化镁)和锯末为原料，按1∶0.7～4比例配合，用比重1.14～1.24的氯化镁溶液调剂，并根据需要掺入适量石屑、石英砂和滑石粉等。

②剁假石：又叫崭假石、剁斧石，是指将掺有小石子及颜料的水泥砂浆涂抹在混凝土或砖墙、柱面或地面上，经抹压达到表面平整，待硬化后再崭凿，使之成为石料式样。

③彩色水泥及彩色聚氨酯：均为在地面基层上涂刷涂料。彩色水泥是用107胶、水泥和颜料调剂而成的涂料。彩色聚氨酯地面是具有多功能的弹性地面，具有耐磨、耐压、美观、耐酸、耐碱、阻燃等多种功能。

6.块料面层

块料面层是指采用一定规格的块状材料，用相应的胶结料或黏结剂铺砌而成。这种面层的优点是施工方便、外形美观、清洁卫生、不起灰、抗老化。

(1)预制水磨石面层。

预制水磨石板是以水泥和大理石粒为主要原料，掺入适量颜料和钢丝加强筋网，经成型、养护、研磨、抛光等加工而成的人造石材。它具有施工方便、价格低、美观适用、强度较高等优点。

(2)彩釉砖与水泥花砖面层。

彩釉砖是彩色釉面陶瓷墙地砖的简称，是一种建筑陶瓷地砖，它具有色泽柔和、美观光滑、耐酸耐碱、抗腐蚀、易清洗、施工简便等优点，在装饰工程中得到广泛的应用。

水泥花砖面层，又叫花阶砖，它只适用于楼地面及台阶等部位。

(3)缸砖地面。

缸砖，又叫地砖或铺地砖，是用黏土成型入窑焙烧而成。常用的规格有200 mm×200 mm、250 mm×250 mm，颜色有棕红色、青灰色等，砖面画有九个或十六个方格以防滑，一般只用于人行便道或庭院通道。100 mm×100 mm×8 mm、150 mm×150 mm×10 mm小规格的红地砖，常称为防滑砖，质坚体轻，耐压耐磨，有防潮作用，最适用于厨房、浴厕的楼地面使用。

(4)陶瓷锦砖(马赛克)面层。陶瓷锦砖面层又称马赛克面层,是用水泥纱浆把组合成各种图案的陶瓷锦砖铺贴在水泥楼面上而成。它具有耐磨、不渗透水、耐酸碱、易清洗、色彩多样、抗压力强、耐久、耐用、施工方便、快速等特点。

(5)大理石面层。

大理石面层分为天然大理石和人造大理石两种。预算定额中没有按此分类。

天然大理石具有组织细密、质地坚实、色彩鲜艳、抗压性强、吸水率小等优点,但它的化学稳定性较差,不耐酸,易受含酸和盐类物质的腐蚀,故不适用于室外装饰工程。

人造大理石是以大理石碎料、石英砂、石粉等为骨料,以合成树脂、聚酯或水泥等为黏结剂,参入适量颜料拌和后经加压浇筑、打磨抛光、切割加工而成的板材,可制成各种色彩和花纹,具有色泽均匀、结构紧密、耐磨耐水、耐寒耐热、耐酸耐碱等优点,但在色彩和纹理上不及天然石材柔和自然。

(6)花岗岩楼地面。

花岗岩板材具有结构致密、质地坚硬、抗压强度大、耐磨性能好、吸水率小、抗冻性强、抗酸碱腐蚀性能强、抗风性能好、耐用年限长等优点,故广泛用于室内外装饰。

花岗石板材根据加工情况不同,分为以下四种类型:

①剁斧板材:荒料经剁斧加工,表面粗糙,具有规则的条状斧纹。

②机刨板材:荒料经机械加工,表面平整,具有平行的机械刨纹。

③粗磨板材:荒料经机械粗磨,表面平整光滑,但无光泽。

④磨光板材:将粗磨板材再进行细磨加工和抛光,使其表面光亮平滑,色彩鲜明。

装饰工程预算定额没有分光面和麻面,均采用统一定额,因此在编制预算时应注意板材类型的价格换算。

(7)激光玻璃楼地面。

激光玻璃地砖抗老化、抗冲击,其耐磨性、硬度指标等优于大理石,与高档花岗石相仿,但安装成本较低。其价格相当于中档花岗石板,而效果则优于花岗石,因此,受到高级宾馆等建筑的青睐。

(8)玉石板面层及块料面层打蜡。

玉石板材是指汉白玉和蓝田玉板材。其价格较大理石板材高,多用于较豪华的建筑装饰工程。

因某些块料面层(如大理石、光面花岗石等)经过施工操作后受到污染,表面失去原有光泽,这时需进行擦拭抛光,使其更加明亮,此过程称为打蜡。

打蜡可使表面更加光亮滑润,同时也使表面易于保洁。

在楼地面工程定额中,块料面层均未包括酸洗打蜡的工料,故设计要求酸洗打蜡的,应另列项目计算。

(9)塑料板与橡胶板面层。

塑料地板具有质轻耐磨、隔音隔热、耐腐蚀、脚感好、表面光滑、色泽鲜艳等特点。

橡胶板面层具有吸声、耐磨、绝缘、防滑和弹性好等特点,主要用于对保温要求不高的防滑地面。

(10)木板(条)面层。

①木板条楼地面一般是用厚15～20 mm、宽50～150 mm、长400 mm以上的刨光条板，铺在宽40～60 mm、厚25～40 mm的木楞上，或者铺钉在厚22～25 mm的毛地板上（毛地板又铺钉在木楞上），然后经刨光打磨洁面而成，木楞之间的空间可铺填炉渣或石灰炉渣以利于隔音隔热。木楞与木楞本身用横撑或剪刀撑连接起来，以加强所有木楞的整体性。木楞与基层之间，用8号铁丝与预埋在基层上的铁件绑扎牢固。

面层条板的拼缝可采用平头接缝、截口接缝和企口接缝，如图4－7所示。

毛板地面及木楞表面，均应涂刷臭油水加以防腐处理。

②拼花木楼面。拼花板是用厚8～23 mm、宽23～50 mm、长115～300 mm的窄木条，用胶黏剂相拼成席纹花或人字纹图案，经刨平磨光而成。这种面层可事先拼成方形块料，也可现场按图拼接，其面板可直接粘贴在水泥基面上，也可铺粘在毛地板上，操作灵活，图案多样，得到广泛使用。如图4－7所示。

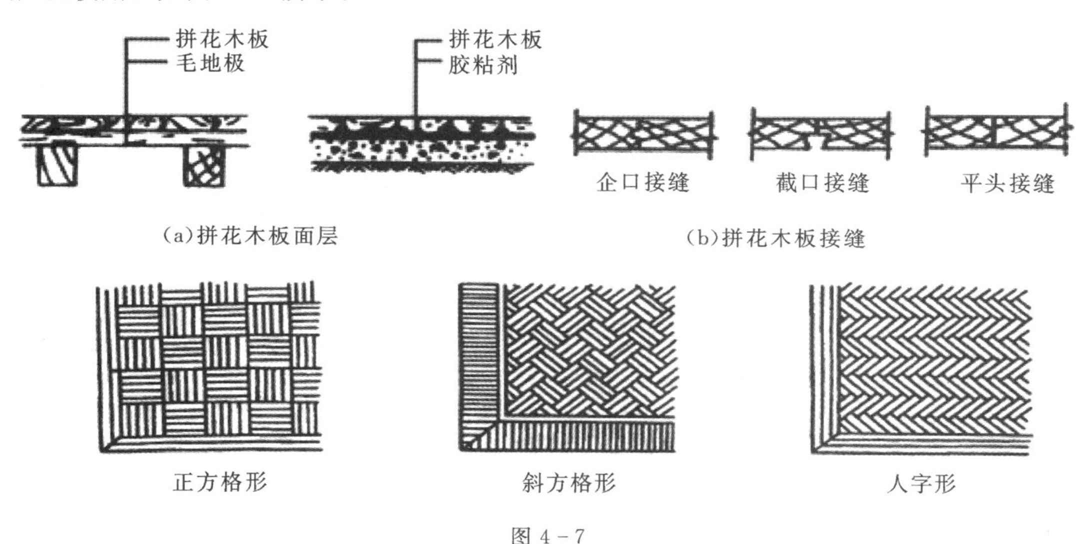

图4－7

(11)防静电楼地板。

防静电楼地板又叫抗静电活动地板，它的面板是以金属材料或特制木制材料为基材，表面覆以高压三聚氰胺装饰板（经胶合剂胶合），配以专制钢梁、橡胶垫条和可调金属支架而成。它具有抗静电、耐老化、耐磨耐烫、下部串通、高低可调、装拆方便、脚感舒适等特点，适用于计算机房、通信中心、程控机房、实验室、电化教室等。如图4－8所示。

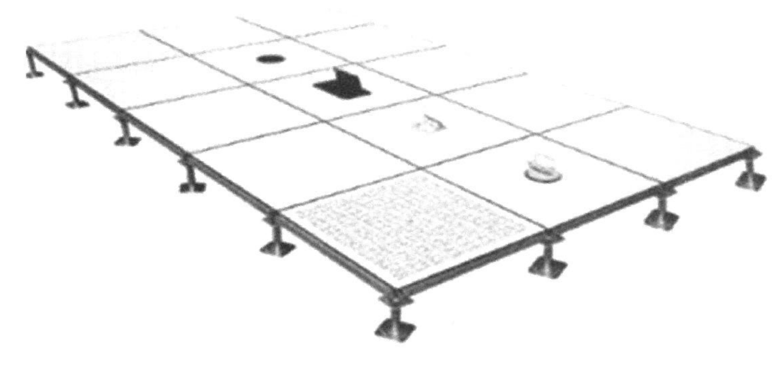

图4－8　防静电楼地板

(12)地毯面层。

①楼地面地毯分为固定式铺设和不固定式铺设两种方式。

固定式铺设是将地毯进行裁边、拼缝、黏结成一块整片,然后用胶黏剂或倒刺卡条固定在地面基层上的一种铺设方法。倒刺、压条形式如图 4-9 所示。

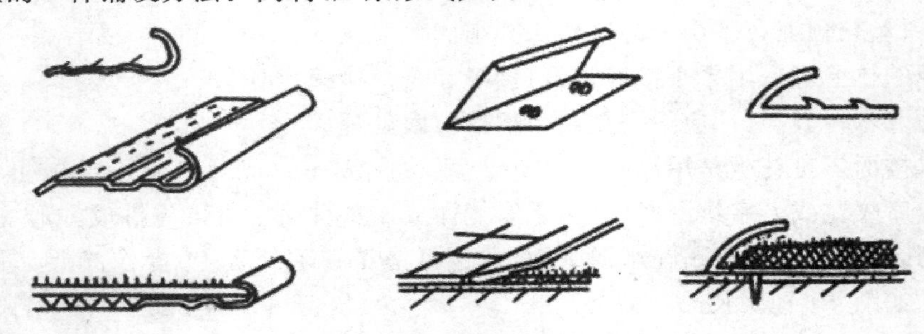

图 4-9　地毯铺设倒刺、压条示意图

固定式铺设地毯分为单层和双层两项定额。单层铺设一般用于装饰性工艺地毯,这种地毯有正反两面,反面一般加有衬底。双层铺设的地毯无反正面,两面可调换使用,即为无底垫地毯,这种地毯需要另铺垫料,可用塑料胶垫,也可用棉织毡垫。

(三)散水、坡道、台阶、明沟

(1)散水:是指在建筑物四周所做的护坡,其作用是排泄屋面积水、保护建筑物四周地基土的稳定。

预算定额中分混凝土一次抹光和平铺砖两个定额子目。

(2)坡道:是指防滑坡道,方便车辆出入。

(3)台阶:在房屋的入口处,如果不是坡道就是台阶。

(4)明沟:是指通过雨水管或屋面檐口流下的雨水有组织地导向地下排水集井,一般为素混凝土抹水泥砂浆面层或用砖砌抹水泥砂浆面层,也有毛石明沟。

二、楼地面装饰工程清单项目及工程量计算规则

楼地面装饰工程主要包括整体面层及找平层、块料面层、橡塑面层、其他材料面层、踢脚线、楼梯装饰、台阶装饰和零星装饰项目。

(1)楼地面装饰工程工程量清单项目设置及工程量计算规则(见表 4-29 至表 4-36)。

表 4-29　整体面层及找平层(编码:011101)

项目编码	项目名称	计量单位	工程量计算规则
011101001	水泥砂浆楼地面	m^2	按设计图示尺寸以面积计算。扣除凸出地面构筑物、设备基础、室内铁道、地沟等所占面积,不扣除间壁墙和 0.3 m^2 以内的柱、垛、附墙烟囱及孔洞所占面积。门洞、空圈、暖气包槽、壁龛的开口部分不增加面积
011101002	现浇水磨石楼地面		
011101003	细石混凝土楼地面		
011101004	菱苦土楼地面		
011101005	自流坪楼地面		
011101006	平面砂浆找平层		按设计图示尺寸以面积计算

表 4－30　块料面层(编码:011102)

项目编码	项目名称	计量单位	工程量计算规则
011102001	石材楼地面	m^2	按设计图示尺寸以面积计算。门洞、空圈、暖气包槽、壁龛的开口部分并入相应的工程量内
011102002	碎石材楼地面		
011102003	块料楼地面		

表 4－31　橡塑面层(编码:011103)

项目编码	项目名称	计量单位	工程量计算规则
011103001	橡胶板楼地面	m^2	按设计图示尺寸以面积计算。门洞、空圈、暖气包槽、壁龛的开口部分并入相应的工程量内
020103002	橡胶卷材楼地面		
020103003	塑料板楼地面		
020103004	塑料卷材楼地面		

表 4－32　其他材料面层(编码:011104)

项目编码	项目名称	计量单位	工程量计算规则
011104001	楼地面地毯	m^2	按设计图示尺寸以面积计算。门洞、空圈、暖气包槽、壁龛的开口部分并入相应的工程量内
011104002	竹、木(复合)地板		
011104003	金属复合地板		
011104004	防静电活动地板		

表 4－33　踢脚线(编码:011105)

项目编码	项目名称	计量单位	工程量计算规则
011105001	水泥砂浆踢脚线	1. m^2 2. m	1. 以平方米计量,按设计图示长度乘高度以面积计算。 2. 以米计量,按延长米计算
011105002	石材踢脚线		
011105003	块料踢脚线		
011105004	塑料板踢脚线		
011105005	木质踢脚线		
011105006	金属踢脚线		
011105007	防静电踢脚线		

表 4-34 楼梯面层(编码:011106)

项目编码	项目名称	计量单位	工程量计算规则
011106001	石材楼梯面层	m^2	按设计图示尺寸以楼梯(包括踏步、休息平台及小于等于 500 mm 的楼梯井)水平投影面积计算。楼梯与楼地面相连时,算至梯口梁内侧边沿;无梯口梁者,算至最上一层踏步边沿加 300 mm
011106002	块料楼梯面层		
011106003	拼碎块料面层		
011106004	水泥砂浆楼梯面		
011106005	现浇水磨石楼梯面		
011106006	地毯楼梯面		
011106007	木板楼梯面		
011106008	橡胶板楼梯面层		
011106009	塑料板楼梯面层		

表 4-35 台阶装饰(编码:011107)

项目编码	项目名称	计量单位	工程量计算规则
011107001	石材台阶面	m^2	按设计图示尺寸以台阶(包括最上层踏步边沿加 300 mm)水平投影面积计算
011107002	块料台阶面		
011107003	拼碎块料台阶面		
011107004	水泥砂浆台阶面		
011107005	现浇水磨石台阶面		
011107006	剁假石台阶面		

表 4-36 零星装饰项目(编码:011108)

项目编码	项目名称	计量单位	工程量计算规则
011108001	石材零星项目	m^2	按设计图示尺寸以面积计算
011108002	拼碎石材零星项目		
011108003	块料零星项目		
011108004	水泥砂浆零星项目		

(2)楼地面工程清单项目计算实例。

某库房地面做厚 20 mm、1∶2.5 水泥砂浆地面,如图 4－10 所示。墙厚均为 240 mm。

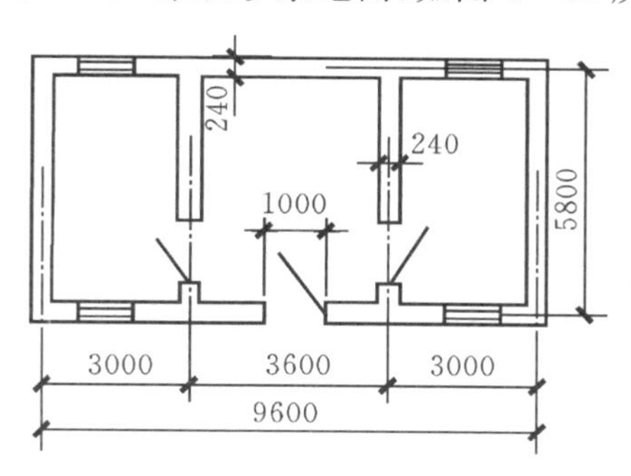

图 4－10　某库房平面示意图

根据以上背景资料,试计算该库房工程地面水泥砂浆面层的清单工程量,并填写清单工程量计算表(见表 4－37),分部分项工程和单价措施项目清单与计价表(见表 4－38)

表 4－37　清单工程量计算表

序号	清单项目编码	清单项目名称	计算式	工程量	计量单位
1	011002002001	水泥砂浆地面	S=(5.8－0.24)×(9.6－0.24×3)	49.37	m^2

表 4－38　分部分项工程和单价措施项目清单与计价表

序号	项目编码	项目名称	项目特征描述	计量单位	工程量	金额/元	
						综合单价	合价
1	011002002001	水泥砂浆地面	1. 面层厚度:20 mm 2. 砂浆种类、配合比:1∶2.5 水泥砂浆	m^2	49.37		

三、楼地面工程及装饰楼地面工程定额计算规则及相关说明

(一)普通楼地面工程定额计算规则及相关说明

1. 普通楼地面工程定额工程量计算规则

(1)地面垫层工程量除原土夯卵石按主墙间设计尺寸的面积以 m^2 计算外,其他均按主墙间设计尺寸的面积乘以设计厚度以 m^3 计算,相应扣除凸出地面的构筑物、设备基础、室内铁道、地沟等所占体积,不扣除柱、墙垛、间壁墙、附墙烟囱及面积在 0.3 m^2 以内孔洞所占面积或体积。

(2)基础、地沟垫层按设计规定放坡后的断面积乘长度以 m^3 计算;不放坡按设计断面尺寸乘长度以 m^3 计算。混凝土垫层按设计图示尺寸以 m^3 计算。

(3)地面整体面层、找平层工程量按主墙间图示尺寸的面积以 m^2 计算,应扣除凸出地面的构筑物、设备基础、室内铁道、地沟等所占面积,不扣除附墙柱、墙垛、间壁墙、附墙烟囱及面积在 0.3m² 以内孔洞所占面积，门洞、空圈、暖气包槽、壁龛开口部分的面积亦不增加。

(4)楼梯面层工程量按水平投影面积以 m² 计算，包括踏步、平台、楼层连接梁及宽度在 500 mm 以内的楼梯井。

(5)台阶、防滑坡道面层工程量(不包括翼墙、花池和侧面)按最上层踏步外沿加0.3 m水平投影面积计算。

(6)踢脚线工程量按延长米计算，洞口、空圈长度不予扣除，洞口、空圈、墙垛、附墙烟囱等侧壁长度亦不增加。

(7)阳台地面的面层，并入相应楼地面工程量内计算。

2.调整系数

(1)采用螺旋形楼梯时，应将相应面层的楼梯定额人工用量乘系数 1.2，整体面层材料用量乘系数 1.05；采用剪刀楼梯时，应将相应面层的楼梯定额人工用量乘系数 1.15，整体面层材料用量乘系数 1.15；楼梯踏步带三角形的按相应定额项目人工、材料、机械用量乘系数 1.5。

(2)踢脚线定额内，踢脚板的高度是按 15 cm 计算的，设计规定高度与定额计算高度不同时，定额内的材料用量可进行换算，人工和机械用量不再调整。

3.说明

(1)整体地面的楼地面定额项目及楼梯定额项目内，均不包括踢脚板工料。

(2)楼梯定额项目内不包括楼梯板底抹灰，应按《甘肃省建筑与装饰工程预算定额》第十二章天棚抹灰项目另行计算。

(3)楼梯踏步、台阶设计有防滑条时，应按《甘肃省建筑与装饰工程预算定额》第十四章装饰楼地面工程相应项目计算。

(二)装饰楼地面工程定额计算规则及相关说明

1.装饰楼地面工程定额工程量计算规则

(1)楼地面块料面层、橡胶板、塑胶板、聚氨酯弹性安全地砖及球场面层、木地板(龙骨、基层、面层)、防静电地板、地毯工程量按设计图示的实铺面积以 m² 计算。

(2)楼地面水磨石、现浇式塑胶、水泥复合浆工程量按设计图示尺寸的面积以 m² 计算。应扣除凸出地面的构筑物、设备基础、室内铁道、地沟等所占面积，不扣除柱、墙垛、间壁墙、附墙烟囱及面积在0.30 m²以内孔洞所占面积，门洞、空圈、暖气包槽、壁龛开口部分的面积亦不增加。

(3)楼梯面层工程量(包括踏步、休息平台、宽度500 mm以内楼梯井)按楼梯最上一层踏步外沿加300 mm以水平投影面积计算。

(4)台阶面层工程量按最上层踏步外沿加300 mm以水平投影面积计算(不包括翼墙、花池和侧面)。

(5)踢脚板。

①块料面层踢脚板工程量按设计图示实贴面积以 m² 计算。

②橡胶板、塑胶板、成品踢脚板工程量按设计图示实贴长度以延长米计算。

③水磨石踢脚板工程量按延长米计算，洞口空圈长度不予以扣除，洞口、空圈、墙垛、附墙烟囱等侧壁长度亦不增加。

(6)点缀块料面层按个计算，楼地面块料面层计算工程量时不扣除点缀所占的面积。

(7)防滑条、嵌条工程量按设计长度以 m 计算;楼梯、台阶踏步及坡道防滑条长度设计未注明时,按楼梯、台阶踏步及坡道两端长度距离减300 mm以延长米计算。

(8)梯级拦水线按设计图示长度以 m 计算。

(9)楼梯踏步地毯配件按配件设计图示数量以长度或套计算。

2. 调整系数

(1)地面块料斜拼,人工、块料消耗量乘系数 1.15。

(2)楼梯、台阶大理石、花岗岩刷养护液、保护液时,按相应定额子目乘如下系数:楼梯 1.36,台阶 1.48。

(3)使用螺旋楼梯时,应将相应面层的楼梯定额人工消耗量乘系数 1.2。

(4)阶梯教室、体育看台等装饰,梯级平面部分套相应楼地面定额子目,人工、材料消耗量乘系数 1.05;立面部分按高度划分:300 mm以内的套踢脚板定额子目,300 mm以上的套墙面定额子目。

(5)楼梯踢脚板按相应定额项目乘系数 1.25 计算。

(6)拼花地毯,人工、材料消耗量乘系数 1.2。

3. 说明

(1)定额中的水泥砂浆、普通水泥白石子、白水泥石子浆等配合比,如设计规定与定额不同时,可进行换算。

(2)大理石、花岗岩楼地面拼花按成品考虑。

(3)水磨石面层包括找平层;其余楼地面定额项目不包括找平层,设计有找平层时按找平层相应项目计算。

(4)现浇水磨石定额项目已包括楼地面酸洗打蜡,其余项目不包括。

(5)楼梯面层不包括踢脚板、楼梯侧面及底板,应另行计算。

(6)铺贴面积在0.015 m^2以内的块料面层执行点缀定额。

(7)定额中零星项目适用于楼梯侧面、台阶的牵边、小便池、蹲台、池槽以及单个面积在 1 m^2以内的装饰项目。

(8)铜条厚度不同时可以换算。

(9)白水泥彩色石子水磨石项目中,无加颜料内容,设计要求加颜料者,颜料费用应另行计算,定额中人工、机械消耗量不变。

(10)面层材料的规格、材质与定额不同时,可以换算。

四、楼地面工程定额工程量的计算方法

1. 计算公式及说明

(1)地面垫层工程量计算。其计算公式如下:

垫层工程量=地面面层面积×垫层厚度－沟道所占体积

(2)整体面层、找平层工程量计算。其计算公式如下:

找平层、整体面层工程量=主墙间净长×主墙间净宽

(3)块料面层工程量计算。其计算公式如下:

块料面层工程量=实贴面积+门洞、空圈、暖气包槽和壁龛的开口部分面积

(4)楼梯面层工程量计算。楼梯面层(包括踏步、平台以及小于500 mm宽的楼梯井)按水平投影面积计算。

(5)台阶面层工程量计算。各台阶面层(包括踏步及最上一层踏步沿300 mm)按水平投影面积计算。

(6)其他。

①水泥砂浆和水磨石踢脚板按延长米计算,洞口、空圈长度不予扣除,洞口、空圈、垛、附墙烟囱等侧壁长度亦不增加;块料面层踢脚板工程量按设计图示实贴面积以 m^2 计算;橡塑板、塑料板、成品踢脚板工程量按设计图示实贴长度以延长米计算。

②散水、防滑坡道按图示尺寸以平方米计算。其计算公式为:

散水面积=[(建筑物外墙边线长+散水设计宽度×4)-台阶、花池、阳台等所占宽度]×散水设计宽度

③防滑条按楼梯踏步两端距离减300 mm以延长米计算。

2. 计算实例

某办公楼门厅外台阶平面图如图4-11所示,台阶面贴花岗岩,请根据《甘肃省建筑与装饰工程预算定额》计算花岗岩台阶面定额工程量,并填写工程量计算表(见表4-39)。

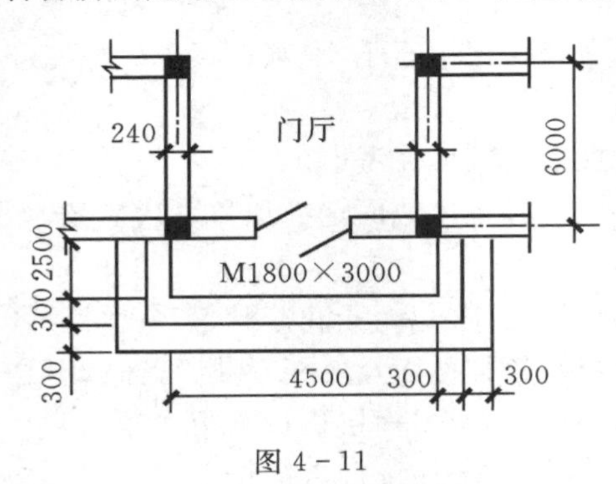

图4-11

解:花岗岩台阶面定额工程量 $S=(4.5+0.3\times4)\times(0.3\times3)+(2.5-0.3)\times(0.3\times3)\times2$

$=9.09(m^2)$

表4-39 清单工程量计算表

定额编号	项目名称	单位	工程量	计算式
14-20	花岗岩台阶	m^2	9.09	$S=(4.5+0.3\times4)\times(0.3\times3)+(2.5-0.3)\times(0.3\times3)\times2$

第五节 墙、柱面工程

一、概述

墙、柱面工程是在墙、柱结构上进行表层装饰的工程,分为内墙面装饰工程和外墙面装饰工程。它主要是指抹灰、油漆、喷漆、喷塑、裱糊、镶贴、幕墙等工程。

(一)抹灰工程

1.抹灰种类

建筑工程中的抹灰工程主要是保护墙身不受风、雨、湿气的侵蚀，增强墙身的耐久性，提高建筑美观，改善室内的清洁卫生条件。

为了保证抹灰表面平整，避免裂缝、脱落，便于操作，抹灰一般要分层施工。各层所使用的砂浆也不相同。

(1)石灰砂浆。

抹石灰砂浆分普通、中级、高级抹灰，其标准如下：

普通抹灰：一遍底层、一遍面层。

中级抹灰：一遍底层、一遍中层、一遍面层。

高级抹灰：一遍底层、一遍中层、二遍面层。

底层砂浆种类有石灰砂浆、石灰草筋浆、石灰麻刀浆、混合砂浆。

中层砂浆种类有石灰砂浆、石灰麻刀浆、混合砂浆等。

面层砂浆种类有纸筋灰浆或石膏浆。

(2)水泥砂浆。

水泥砂浆即底层采用水泥砂浆或混合砂浆，中层和面层为水泥砂浆的抹灰种类。

(3)混合砂浆。

混合砂浆即底、面层均采用混合砂浆抹灰的种类。

(4)其他砂浆。

其他砂浆包括石膏砂浆、TG胶砂浆、水泥珍珠岩砂浆以及石英砂浆搓砂墙面等。

(5)水刷石。

用1：2.5水泥砂浆找平，上抹1：1.5～1：2水泥白石子浆，待达到一定强度后，用人工或机械将表面的浮水泥浆刷掉，使白石子外露1 mm左右。

(6)干黏石。

在1：2.5水泥砂浆找平上抹水泥浆2～3 mm，再将洗净的白石子粘上。

(7)剁假石。

用1：2.5水泥砂浆找平，上抹1：1.5水泥白石子浆(或1：1.25水泥石屑浆)，待达到一定强度后，用斧沿垂直方向斩剁修整。

(8)水磨石。

用1：3水泥砂浆找平，上抹1：1.5～2.5水泥白石子浆，待达到一定强度后，用人工或机械磨光，然后清洗、打蜡、擦光。

(9)拉毛。

拉毛分为石灰浆拉毛和水泥浆拉毛两种。

①水泥浆拉毛：用水泥石灰砂浆找平，上抹1：1：2水泥石灰砂浆，随即用棕刷蘸上砂浆往墙上垂直拍拉，或用铁抹子贴在墙面上立即抽回，如此往复抽拉，就可在表面拉出像山峰形的水泥毛刺儿。

②石灰浆拉毛：也是用水泥石灰砂浆找平，再用麻刀石灰浆罩面拉毛。

(二)喷涂、滚涂、弹涂

1. 喷涂

喷涂是指用挤压式砂浆泵或喷斗将砂浆或涂料、油漆喷成雾状涂在墙体表面、木材面和金属面上形成装饰层。

2. 滚涂

滚涂是指先将砂浆抹或喷在墙体表面，然后用磙子滚出花纹，再喷罩甲基硅酸钠疏水剂。

3. 弹涂

弹涂是指利用弹涂器将不同色彩的聚合物、水泥浆，弹在已涂刷的水泥涂层上或水泥砂浆基层上，形成3～5 mm扁花点的施工工艺。

(三)镶贴块料面层

镶贴块料面层就是将各种块体饰面材料用黏结剂，依照设计图纸镶贴在各种基层上，用于镶贴的块体饰面材料很多，主要有大理石、花岗石、各种面砖及陶瓷锦砖等，所用黏结剂主要有水泥浆、聚酯类水泥浆及各种特殊胶黏剂等。

1. 大理石

大理石板材是由大理石岩经开采、机械加工而成的建筑装饰材料，应用极为广泛。大理石有各种颜色，但硬度不大，抗风化性差，主要用于室内装修。

(1)挂贴大理石板。

挂贴法又称镶贴法，先在墙柱基面上预埋铁件，固定钢筋网，同时在石板的上下部位钻孔打眼，穿上铜丝与钢筋网扎结。用木楔调节石板与基面之间的缝隙宽度，待一排石板的石面调整平整并固定好后，用1∶2或1∶2.5水泥砂浆分层灌缝，待面层全部挂贴完成后，用白水泥浆嵌缝，最后洁面、打蜡、上光。

(2)粘贴大理石板。

粘贴法是在清洁基面后用1∶3水泥砂浆打底，然后抹1∶2.5水泥砂浆中层，再用黏结剂涂刷大理石背面，按设计分块要求将其镶贴到砂浆面上，整平洁面，最后用白水泥嵌缝，去污、打蜡、抛光。

(3)干挂大理石板。

干挂法不用水泥砂浆，而是在基层墙面上按设计要求设置膨胀螺栓，将不锈钢角钢固定在基面上，然后用不锈钢连接螺栓核插棍将打有空洞的石板和角钢连接起来进行固定，整平面板后，洁面、嵌缝、抛光即成。这种方法多用于大型板材，如图4-12所示。

2. 花岗石

花岗石是由花岗岩经开采、加工而成的装饰材料。由于其耐冻性、耐磨性均较好，具有良好的抗风化性能，因此，常用于建筑物的勒脚及墙身部位，磨光的花岗石板材常用于室内外墙面、地面的装饰。

3. 建筑陶瓷

凡用于装饰墙面、铺设地面、安装上下水管、装备卫生间等的各种陶瓷材料与制品，均称为建筑陶瓷。常用的有以下几种：

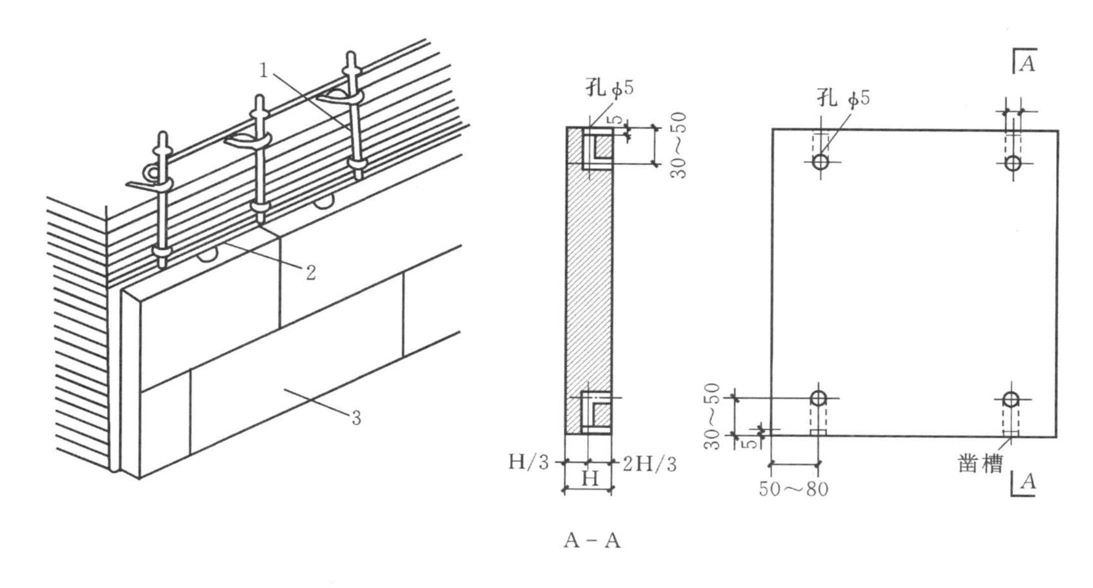

（1 膨胀螺栓　2 角钢　3 石材）

图 4－12　干挂大理石板示意图

(1)瓷砖。

瓷砖是适用于建筑物室内装饰的薄型精陶制品。瓷砖常用于室内墙面，主要有浴室、厨房、实验室、医院、精密仪器车间等的墙面及工作台、墙裙等处；也可用来砌筑水池、水槽、卫生设施等。它是用颜色洁白的瓷土或耐火黏土经焙烧而成，表面光洁平整，不易粘污，耐水性、耐湿性好。

(2)陶瓷锦砖。

陶瓷锦砖又叫马赛克、纸皮砖，主要用于墙面及地面。其品种有挂釉和不挂釉两种，目前常用不挂釉产品。这种砖质地坚硬、经久耐用、色泽多样、耐酸、耐碱、耐火、耐磨、不渗水、易清洗。陶瓷锦砖的单块尺寸有矩形、方形、菱形、不规则多边形等，不同形状的小块陶瓷锦砖可以拼成一定要求的图案。

陶瓷锦砖的镶贴主要是将其用水泥浆粘贴在水泥砂浆找平层上。其操作工艺如下：检查基层有无尺寸偏差，预留洞及预埋件的位置是否正确；修补和处理基层；抹砂浆找平层；放线；刮素水泥浆、镶贴、撕纸、擦缝、清理。

(3)面砖。

面砖采用品质均匀、耐火度较高的黏土制成，砖的表面有平滑的或粗糙的，有带线条或图案的，正面有上釉与不上釉的，背面多带有凹凸不平的条纹，便于与砂浆牢固粘贴。

面砖常用于大型公共建筑，如展览馆、宾馆、饭店、影剧院、商场等饰面。

(四)油漆、涂料

建筑工程进行油漆装饰是为了抵抗外界空气、水分、日光、酸碱等腐蚀性化学物质的侵蚀，防止腐朽、霉变、锈蚀，并使表面美观，起到装饰和保护的作用。

油漆涂料工程预算编制将在本章第五节进行讲解。

(五)饰面、隔墙

饰面是指以金属或木质材料为骨架或框架,在其表面用装饰面板所形成的墙面和柱面。它与以砖墙柱和混凝土墙柱为基层进行的表面装饰有所区别。

1. 不锈钢饰面

不锈钢饰面是指将不锈钢板研压、抛光、蚀刻而成的装饰薄板。根据其反光率的大小可分为镜面板、亚光板和浮雕般三种。

(1)圆柱不锈钢饰面。

①木龙骨圆柱。这种圆柱是用不易变形的杉方做成柱骨架,用三合板做柱面基层,整平光面后,在其上安装不锈钢面板。

②钢龙骨圆柱。这种圆柱是用 L63×40×4 角钢做立杆,用－30×4 扁钢做横撑焊接成圆形骨架,将不锈钢饰面板用螺钉与其连接而成。

(2)方柱圆形面不锈钢饰面。

方柱圆形面不锈钢饰面是以木龙骨做柱芯,在其上用支撑和龙骨固定为圆柱面而成。如图 4－13 所示。

2. 铝合金玻璃幕墙

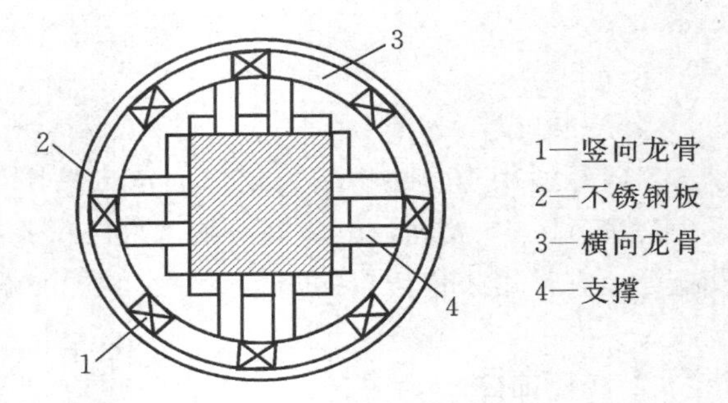

图 4－13 方柱圆形面不锈钢饰面示意图

玻璃幕墙是以玻璃板片做墙面板材,与金属构件组成大面积玻璃维护墙体,连接固定在建筑物主体结构上,形成一种特殊的外墙装饰墙面。它除具有光亮、华丽的装饰效果外,还具有隔声、隔热、保温、气密、防火等性能。

铝合金玻璃幕墙是以铝合金型材为骨架,框内镶以功能性玻璃,以此来作为建筑物的一面维护墙体的整体构造。玻璃幕墙按外观形式可分为明框式、隐框式和半隐框式三种。明框式是指玻璃安装好后,骨架外露。隐框式玻璃幕墙是指玻璃直接与骨架联结,即用高强胶黏剂将玻璃黏到铝合金封框上,而不是镶嵌在凹槽内,骨架不外露。这种类型的玻璃幕墙在立面上看不见骨架和窗框,使玻璃幕墙外观更显得简洁、明快。半隐框式玻璃幕墙分竖隐横不隐(玻璃安放在横档的玻璃镶嵌槽内,槽外加铝合金压板)和横隐竖不隐(玻璃安放在立柱镶嵌槽内,外加铝合金压板)。

3. 硬木板条墙面及硬木条吸音墙面

(1)硬木板条墙面是以硬木薄板作为饰面板镶拼而成。

(2)硬木条吸音墙面也称为灰板条钢板网隔音墙面,它是用宽度为20～40 mm、厚度为5～10 mm的木板条间隔8～12 mm铺钉在木龙骨上(内衬油毡和玻璃棉),然后将钢板网片铺钉在木板条上,经整平固紧后抹 1∶1∶4 混合砂浆。

(3)石膏板隔音墙面实际上是一种镶嵌石膏板的墙面,它是在基层墙(一般为砖墙)面上剔洞埋木砖,按照石膏板宽做成木框架与木砖连接,然后在木框架上嵌以石膏板钉上木压条而成。

4. **丝绒饰面与胶合板饰面**

(1)丝绒饰面是指用纺织物品(平绒、墙毡等)包饰的墙面。它是在基层墙面上预埋木砖，经粘贴油毡防潮处理后钉上木骨架，在骨架上满铺胶合板并嵌好拼接缝，然后用压条包铺得好似绒布而成。

(2)胶合板饰面是用轻质薄层木饰面板的一种最简单的墙面装饰。它是在基层墙面上剔洞埋木砖，粘贴油毡，装订木骨架，铺钉胶合板，并安装压顶条和踢脚板而成。

5. **镜面玻璃和激光玻璃墙面**

它们均可安装在木基层面上或者粘贴在砂浆层面上。

(1)木基层安装法。它是在砖基层上剔洞埋木砖，粘贴油毡，安装木骨架，钉装胶合板，然后用不锈钢压条将玻璃饰面钉压在木骨架上并用玻璃胶嵌缝收边而成。

(2)砂浆面粘贴法。它是将基面打扫干净后，涂刷107胶素水泥浆一道，接着抹20 mm厚1∶2.5水泥砂浆罩面；待水泥砂浆罩面干燥后，用双面强力弹性胶带将玻璃饰面沿周边粘贴到砂浆面上，随即将铝合金压条涂上XY－508胶紧压住饰面边框，使之粘贴在砂浆面上，并在交角处铺钉钢钉以加强紧固。

此外，还有镁铝曲板柱面、电化铝板和铝合金装饰板墙面、石膏板隔墙以及玻璃砖隔断等。

二、墙、柱面装饰与隔断、幕墙工程工程量清单项目设置及工程量计算规则

墙、柱面装饰与隔断、幕墙工程主要包括墙面抹灰、柱(梁)面抹灰、零星抹灰、墙面块料面层、柱(梁)面镶贴块料、零星镶贴块料、墙饰面、柱(梁)饰面、隔断和幕墙。

(1)墙、柱面装饰与隔断、幕墙工程工程量清单项目设置及工程量计算规则如表4－40至表4－41所示。

表4－40　墙面抹灰(编码:011201)

项目编码	项目名称	计量单位	工程量计算规则
011201001	墙面一般抹灰	m^2	按设计图示尺寸以面积计算。扣除墙裙、门窗洞口及单个大于等于0.3 m^2的孔洞面积，不扣除踢脚线、挂镜线和墙与构件交接处的面积，门窗洞口和孔洞的侧壁及顶面不增加面积。附墙柱、梁、垛、烟囱侧壁并入相应的墙面面积内。 1. 外墙抹灰面积按外墙垂直投影面积计算。 2. 外墙裙抹灰面积按其长度乘以高度计算。 3. 内墙抹灰面积按主墙间的净长乘以高度计算： (1)无墙裙的，高度按室内楼地面至天棚底面计算； (2)有墙裙的，高度按墙裙顶至天棚底面计算； (3)有吊顶天棚抹灰，高度算至天棚底。 4. 内墙裙抹灰面按内墙净长乘以高度计算
011201002	墙面装饰抹灰		
011201003	墙面勾缝		
011201004	立面砂浆找平层		

表 4-41　柱(梁)面抹灰(编码:011202)

项目编码	项目名称	计量单位	工程量计算规则
011202001	柱、梁面一般抹灰	m^2	1. 柱面抹灰:按设计图示柱断面周长乘以高度以面积计算 2. 梁面抹灰:按设计图示梁断面周长乘长度以面积计算
011202002	柱、梁面装饰抹灰		
011202003	柱、梁面砂浆找平		
011202004	柱面勾缝		

表 4-42　零星抹灰(编码:011203)

项目编码	项目名称	计量单位	工程量计算规则
011203001	零星项目一般抹灰	m^2	按设计图示尺寸以面积计算
011203002	零星项目装饰抹灰		
011203003	零星项目砂浆找平		

表 4-43　墙面块料面层(编码:011204)

项目编码	项目名称	计量单位	工程量计算规则
011204001	石材墙面	m^2	按镶贴表面积计算
011204002	拼碎石材墙面		
011204003	块料墙面		
011204004	干挂石材钢骨架	t	按设计图示尺寸以质量计算

表 4-44　柱(梁)面镶贴块料(编码:011205)

项目编码	项目名称	计量单位	工程量计算规则
011205001	石材柱面	m^2	按镶贴表面积计算
011205002	块料柱面		
011205003	拼碎块柱面		
011205004	石材梁面		
011205005	块料梁面		

表 4-45　零星镶贴块料(编码:011206)

项目编码	项目名称	计量单位	工程量计算规则
011206001	石材零星项目	m^2	按镶贴表面积计算
011206002	块料零星项目		
011206003	拼碎块零星项目		

表 4－46　墙饰面(编码:011207)

项目编码	项目名称	计量单位	工程量计算规则
011207001	墙面装饰板	m^2	按设计图示墙净长乘以净高以面积计算。扣除门窗洞口及单个0.3 m^2以上的孔洞所占面积
011207002	墙面装饰浮雕		按设计图示尺寸以面积计算

表 4－47　柱(梁)饰面(编码:011208)

项目编码	项目名称	计量单位	工程量计算规则
011208001	柱(梁)面装饰	m^2	按设计图示饰面外围尺寸以面积计算。柱帽、柱墩并入相应柱饰面工程量内
011208002	成品装饰柱	1. 根 2. m	1. 以根计量,按设计数量计算 2. 以米计量,按设计长度计算

表 4－48　幕墙工程(编码:011209)

项目编码	项目名称	计量单位	工程量计算规则
011209001	带骨架幕墙	m^2	按设计图示框外围尺寸以面积计算。与幕墙同种材质的窗所占面积不扣除
011209002	全玻(无框玻璃)幕墙		按设计图示尺寸以面积计算。带肋全玻幕墙按展开面积计算

表 4－49　隔断(编码:011210)

项目编码	项目名称	计量单位	工程量计算规则
011210001	木隔断	m^2	按设计图示框外围尺寸以面积计算。不扣除单个小于等于 0.3 m^2 的孔洞所占面积;浴厕门的材质与隔断相同时,门的面积并入隔断面积内
011210002	金属隔断		
011210003	玻璃隔断		按设计图示框外围尺寸以面积计算。不扣除单个小于等于 0.3 m^2 的孔洞所占面积
011210004	塑料隔断		
011210005	成品隔断	1. m^2 2. 间	1. 以平方米计量,按设计图示框外围尺寸以面积计算。 2. 以间计量,按设计间的数量以间计算
011210006	其他隔断	m^2	按设计图示框外围尺寸以面积计算。不扣除单个小于等于 0.3 m^2 的孔洞所占面积

(2)计算实例。

如图 4－14 所示,某建筑物为实心砖墙,内墙面为 1∶2 水泥砂浆,外墙面为普通水泥白石子水刷石,门窗尺寸分别为:M－1:900 mm×2000 mm;M－2:1200 mm×2000 mm;M－3:1000 mm×2000 mm;C－1:1500 mm×1500 mm;C－2:1800 mm×1500 mm;C－3:3000 mm×1500 mm。根据以上背景资料,试计算该建筑物外墙面普通水泥白石子水刷石清单工程量,并填写清单工程量计算表(见表4-50)、分部分项工程和单价措施项目与计价表(见表4-51)。

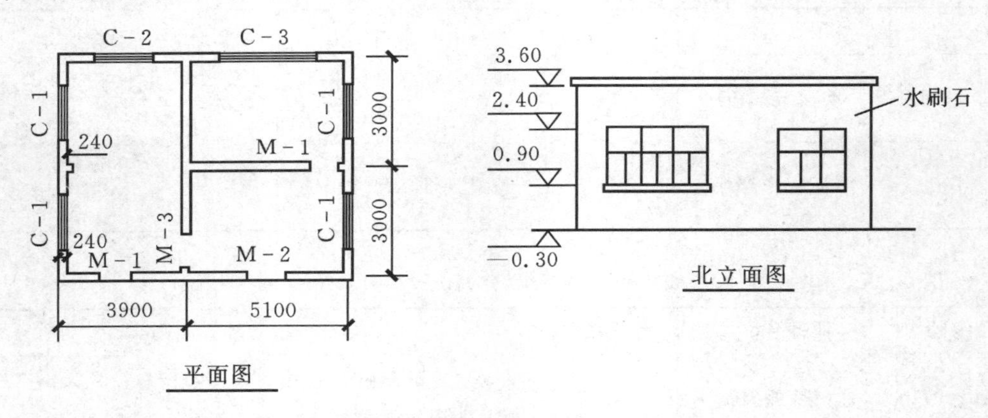

图4-14　某建筑物示意图

解:外墙水刷石清单工程量=墙面面积-门窗洞口面积

$$=(3.9+5.1+0.24+3\times2+0.24)\times2\times(3.6+0.3)-(1.5\times1.5\times4+1.8\times1.5+3\times1.5+0.9\times2+1.2\times2)$$

$$=15.48\times2\times3.9-(9+2.7+4.5+1.8+2.4)$$

$$=100.34(m^2)$$

表4-50　清单工程量计算表

序号	清单项目编码	清单项目名称	计算式	工程量	计量单位
1	011201002001	外墙面装饰抹灰	$S=(3.9+5.1+0.24+3\times2+0.24)\times2\times(3.6+0.3)-(1.5\times1.5\times4+1.8\times1.5+3\times1.5+0.9\times2+1.2\times2)=15.48\times2\times3.9-(9+2.7+4.5+1.8+2.4)$	100.34	m^2

表4-51　分部分项工程和单价措施项目清单与计价表

序号	项目编码	项目名称	项目特征描述	计量单位	工程量	金额(元)	
						综合单价	合价
1	011201002001	外墙面装饰抹灰	1. 墙体类型:实心砖墙 2. 装饰面材料种类:普通水泥白石子水刷石	m^2	100.34		

三、普通抹灰工程项目定额计算规则及相关说明

1. 内墙、柱抹灰

(1)内墙面抹灰工程量按内墙设计结构尺寸的抹灰面积以 m^2 计算,应扣除门窗洞口和空圈所占的面积,不扣除踢脚板、挂镜线、0.3 m^2 以内的孔洞和墙与构件交界处的面积,洞口侧

壁、顶面、墙垛和附墙烟囱侧壁的面积应并入相应墙面抹灰工程量内。

(2)内墙面和内墙裙抹灰长度以墙体间结构尺寸长度计算。

(3)内墙面抹灰高度无墙裙时，其高度按室内地面或楼面至天棚底面的高度计算；有墙裙时，其高度按墙裙顶面至天棚底面的高度计算；有顶板天棚时，按室内地面或楼面至天棚底面另加 0.1m 计算。内墙裙的高度以室内地面或楼面至墙裙顶面计算。

(4)砖墙中嵌入的混凝土梁、柱面抹灰并入砖墙面抹灰工程量内计算。

(5)独立柱和单梁抹灰工程量按设计结构尺寸的展开面积以 m^2 计算。

(6)零星项目抹灰工程量按设计结构尺寸的展开面积以 m^2 计算。

(7)线条展开宽度在0.3 m内按设计结构尺寸以延长米计算，展开宽度在0.3 m以外按设计结构尺寸的展开面积以 m^2 计算。

2. 外墙、柱抹灰

(1)外墙面抹灰工程量按外墙设计结构尺寸的抹灰面积以 m^2 计算，应扣除门窗洞口、外墙裙和大于0.3 m^2孔洞所占面积，洞孔侧壁、顶面面积、附墙垛、梁、柱侧面抹灰面积并入外墙面抹灰工程量内计算。

(2)外墙裙抹灰工程量按其长度乘高度以 m^2 计算，扣除门窗洞口和大于0.3 m^2孔洞所占面积，门窗洞口及孔洞的侧壁并入外墙抹灰面积。

(3)零星抹灰定额项目按设计结构尺寸的展开面积以 m^2 计算。

(4)柱脚、柱帽抹线脚者，柱帽以设计结构尺寸的展开面积按天棚装饰线定额项目以 m^2 计算；柱脚以设计结构尺寸的展开面积按墙柱抹灰的装饰线条定额项目以 m^2 计算。其长度均以柱脚、柱帽最外层的线脚长度计算。

(5)勾缝工程量按墙面垂直投影面积以 m^2 计算，应扣除墙裙、墙面抹灰的面积，不扣除门窗洞口、门窗套及腰线等零星抹灰所占的面积，附墙柱和门窗洞口侧壁的勾缝面积亦不增加。独立柱、房上烟囱勾缝，按图示尺寸以 m^2 计算。

(6)墙面分格按分格范围的墙面垂直投影面积以 m^2 计算。

(7)线条展开宽度在0.3 m以内按设计结构尺寸以延长米计算，展开宽度在0.3 m以外按设计结构尺寸的展开面积以 m^2 计算。

3. 天棚抹灰

(1)天棚抹灰工程量按设计结构尺寸的抹灰面积以 m^2 计算，应扣除独立柱及天棚相连窗帘盒的面积，不扣除间壁墙、墙垛、附墙烟囱、检查口和管道所占的面积。带梁天棚、梁两侧抹灰面积并入天棚抹灰工程量内计算。斜天棚按斜长乘宽度以 m^2 计算。

(2)天棚抹灰如带有装饰线时，按延长米计算，线数以阳角的道数计算。

(3)檐口、阳台及雨篷的天棚抹灰，并入相应的天棚抹灰工程量内计算。

(4)天棚中的折线、灯槽线、圆弧形线、拱形线等艺术形式的抹灰，按展开面积以 m^2 计算。

4. 调整系数

(1)抹灰定额是按手工操作和机械喷涂综合制定的，操作方法不同时不再另行调整。

(2)计算圆形、锯齿形、不规则形的墙面抹灰，应将相应定额项目的人工消耗量乘系数1.15。

(3)横孔连锁混凝土空心砌块砖，墙面抹灰按不同砂浆的混凝土墙面定额项目乘系数 1.15。

(4)洞口侧壁、顶面的抹灰工程量按设计结构尺寸的抹灰面积乘系数0.7。

四、墙柱面抹灰工程项目定额计算规则及相关说明

1.说明

(1)墙柱面抹灰定额中包括护角线工料用量。

(2)一般抹灰项目中的零星项目适用于屋面构架、栏板、空调板、飘窗板、装饰性阳台、挑檐、天沟、通风道口、窗台线、门窗套、压顶、栏板、扶手、遮阳板、雨篷周边、楼梯边梁、各种壁柜、碗柜、过人洞、暖气壁、池槽、花台、展开宽度0.3 m以外的线条等,以及1 m^2以内的零星抹灰。

(3)线条抹灰适用于内外墙抹灰展开宽度0.3 m以内的竖、横线条抹灰及腰线、宣传板边框等。

(4)抹灰厚度增加10 mm定额项目适用于设计梁宽与空心砖、多孔砖砌体规格不一致时,如设计要求梁、墙面抹灰为同一平面,除按各抹灰定额项目计算外,另按抹灰厚度增加10 mm定额项目计算。

2.装饰墙柱面工程项目定额计算规则及相关说明

(1)墙、柱面块料面层工程量按设计图示的实贴面面积以 m^2 计算。带龙骨的墙、柱面块料面层按饰面外围尺寸的实贴面积以 m^2 计算。

(2)干挂石材钢骨架按设计图示尺寸乘以单位理论质量以t计算。

(3)后置预埋件按数量以个计算。

(4)墙、柱(梁)龙骨、基层、面层均按设计图示尺寸的面层外围展开面积以 m^2 计算。

(5)零星项目块料面层工程量按设计图示的实贴面积以 m^2 计算。

(6)花岗岩、大理石柱墩、柱帽工程量按最大外围周长以m计算。

(7)隔断、隔墙、屏风工程量按设计图示尺寸以 m^2 计算应扣除门窗洞口面积和大于0.30 m^2以内的孔洞所占面积。

(8)墙面灯槽按设计图示尺寸以m计算。

(9)幕墙工程量按设计图示尺寸的外围面积以 m^2 计算。

①幕墙上悬窗增加费按窗扇设计图示尺寸的外围面积以 m^2 计算。

②幕墙防火层按设计图示尺寸以幕墙镀锌铁皮的展开面积以 m^2 计算。

③通风器按设计图示尺寸以 m^2 计算。

3.调整系数

(1)计算圆弧形、锯齿形等不规则的墙、柱面装饰抹灰及镶贴块料项目时,应将相应定额的人工消耗量乘以系数1.15。

(2)弧形幕墙人工消耗量乘系数1.10,材料弯弧费另行计算。

4.其他说明

(1)装饰抹灰工程量应按《甘肃省建筑与装饰工程预算定额》第十二章普通抹灰工程规定的工程量计算规则进行计算。

(2)饰面材料的规格、材质与定额不同时,可以换算。

(3)零星项目适用于挑檐、天沟、腰线、窗台线、门窗套、压顶、扶手、遮阳板、雨篷周边及面积小于0.5 m^2以内的项目。

(4)石材幕墙定额消耗量内已综合考虑骨架制作安装,不再另行计算。

(5)干挂石材的钢骨架制作安装,另按相应定额项目计算。

(6)主龙骨为50×100 mm及以上规格的钢方管时,按石材幕墙定额项目计算;主龙骨为其他型材时,按干挂石材定额项目计算。

(7)墙面石材设计要求刷石材保护液的,按《甘肃省建筑与装饰工程预算定额》第十四章装饰楼地面工程相应定额项目计算。

5.墙、柱面工程定额工程量的计算方法

(1)计算公式。

墙、柱面工程定额工程量的计算公式如下:

外墙面装饰抹灰工程量=抹灰长度×抹灰高度+附墙、垛、梁、柱侧面抹灰面积-门窗洞口、外墙裙和大于0.30 m^2孔洞所占的面积

内墙面装饰抹灰工程量=抹灰长度×抹灰高度+附墙垛侧面抹灰面积-门窗洞口、空圈所占的面积

独立柱装饰抹灰工程量=独立柱展开面积

墙、柱面块料面层工程量=实贴面积

零星项目抹灰工程量=展开面积

(2)实例计算。

某建筑平面、剖面示意图如图4-15所示,其外墙为清水墙水泥砂浆勾缝,请根据《甘肃省建筑与装饰工程预算定额》计算墙面勾缝的定额工程量,并填写工程量计算表(见表4-52)。

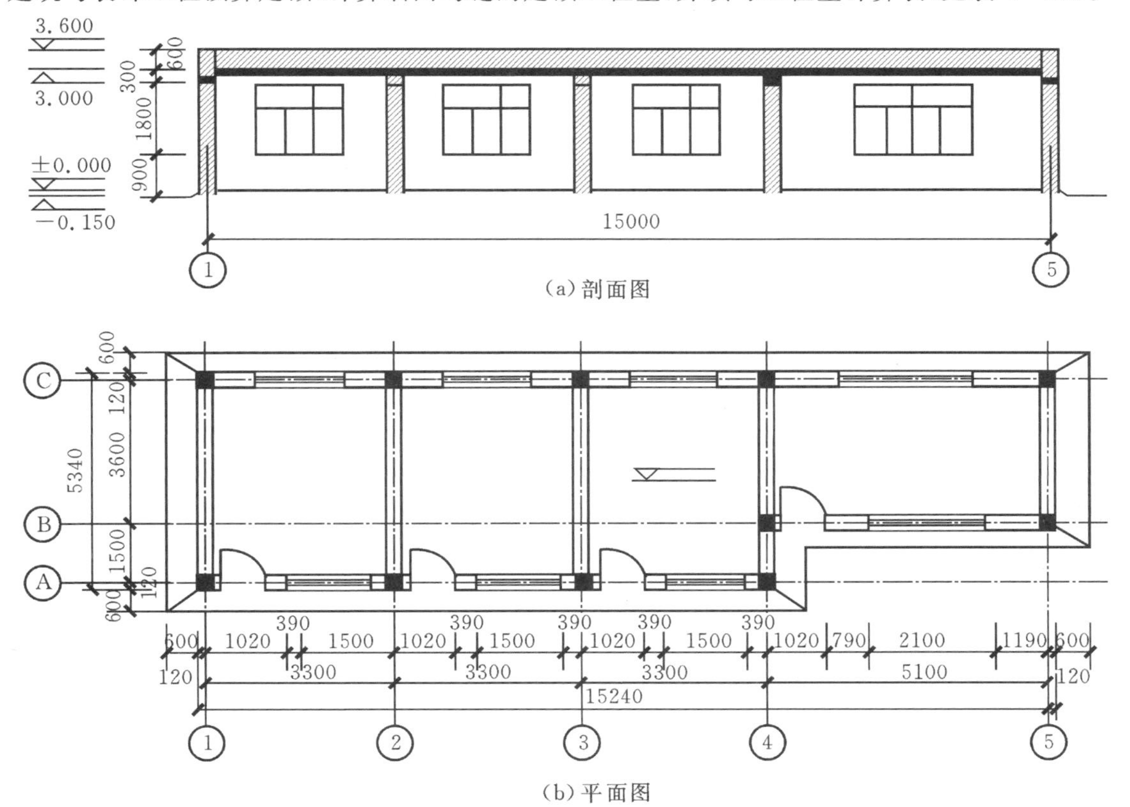

图4-15　某建筑平面、剖面示意图

解：墙面勾缝定额工程量 $S=(15.24+5.34)\times(3.6+0.15)=77.18(m^2)$

表 4-52　清单工程量计算表

定额编号	项目名称	单位	工程量	计算式
12—86	水泥砂浆墙面勾缝	m^2	77.18	$S=(15.24+5.34)\times(3.6+0.15)$

第六节　天棚装饰工程

一、天棚装饰工程概述

天棚装饰工程是指在楼板、屋架下弦或屋面板的下面进行的装饰工程。

(一)天棚装饰工程的分类

1.按造型划分

天棚按其造型可分为平面天棚、迭级天棚和艺术造型天棚。

(1)平面天棚。天棚标高在同一平面者为平面天棚。

(2)迭级天棚。天棚面层不在同一标高者为迭级天棚。迭级天棚通常可做成天井式和凹槽式两种。

(3)艺术造型天棚。艺术造型天棚是指那些带有弧线或造型复杂的天棚，如锯齿型天棚、阶梯型天棚、吊挂式天棚、藻井式天棚等，如图 4-16 所示。

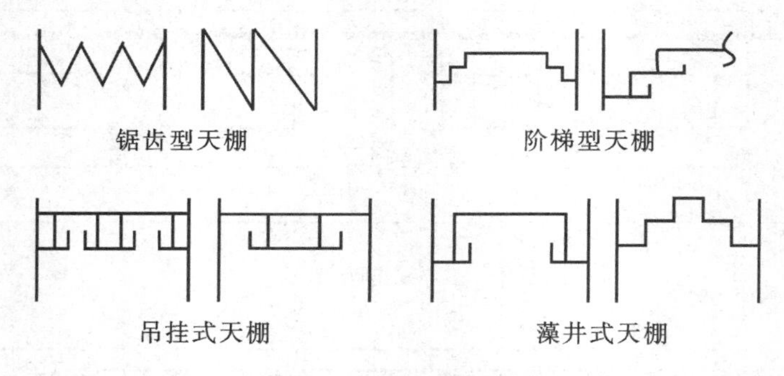

图 4-16　艺术造型天棚示意图

2.按装饰材料分类

天棚装饰工程材料的种类很多，可分为抹灰材料、涂刷材料、裱糊材料和吊顶天棚材料。

3.按结构形式及施工工艺分类

(1)无吊顶天棚装饰工程。

无吊顶天棚装饰工程是以屋面板或楼板为基层，在其下表面直接进行涂饰、抹面或裱糊的天棚装饰工程，按施工工艺可划分为光面天棚、毛面天棚、裱糊壁纸天棚、铺贴装饰板天棚等。

①光面天棚。光面天棚是指可在结构板上抹灰或不抹灰，表面涂刷石灰浆、大白浆、色浆、可赛银、油漆、涂料等天棚装饰工程。

②毛面天棚。毛面天棚是指在天棚上喷涂膨胀珍珠岩涂料、彩砂、毛面顶棚涂料等装饰

工程。

③裱糊壁纸天棚。裱糊壁纸天棚是指在天棚上裱糊各种壁纸、锦缎和高级织物等装饰工程。

④铺贴装饰板天棚。铺贴装饰板天棚是指在天棚上铺贴石膏板、钙塑板等装饰工程。

(2)有吊顶天棚装饰工程。

吊顶天棚是指利用楼板或屋架等结构为支撑点，吊挂各种龙骨，在龙骨上镶铺装饰面板或装饰面层而形成的装饰天棚。吊顶天棚一般由龙骨和装饰板材两部分组成。

按材料不同，龙骨又分为木龙骨、铝合金龙骨、轻钢龙骨、型钢龙骨等，装饰板材又分为木质装饰板材、塑料装饰板材、金属装饰板材、非金属装饰吸音板材等。

(二)吊顶天棚构造简介

1. 圆木天棚龙骨

圆木天棚龙骨又称对剖圆木楞，是将圆木剖成对半作为主龙骨，将小方木作为次龙骨钉固在其下而成的。根据支撑方式的不同，圆木天棚龙骨分为主龙骨搁在砖墙上和吊在梁(板)下两种方式；预算定额分为单层楞和双层楞两种形式。其中，双层楞又按面板规格划分为300 mm×300 mm、450 mm×450 mm、600 mm×600 mm 以及 600 mm×600 mm 以上几个档次。所谓单层楞是指大龙骨下面不设小方木次龙骨；双层楞是指大龙骨下面根据面板规格设置小方木龙骨，龙骨间距应与面板规格相适应。

2. 方木天棚龙骨

方木天棚龙骨又称天棚方木楞，是采用锯材作为主次龙骨而成的，可做成平面、迭级和艺术造型等形式。平面式龙骨又有单层木楞和双层木楞两种安装方式。单层木楞是指大龙骨和中龙骨的底面处在同一水平面上的一种结构。双层木楞是指在大龙骨的下面钉有一层中小龙骨的一种结构形式。一般双层结构能够载重，可以上人。

3. 轻钢龙骨

轻钢龙骨是采用冷轧薄钢板或镀锌铁板经剪裁冷弯辊扎而成的。根据连接面板的龙骨的断面形状，轻钢龙骨分为 U 型和 T 型龙骨，它们由主龙骨(大龙骨)、中小龙骨(次龙骨)和各种连接件等组成系列型，适用于施工现场装配。U 型轻钢龙骨如图 4-17 所示。

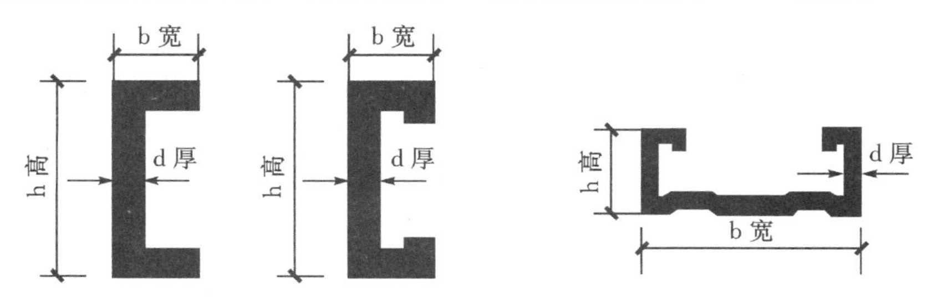

图 4-17　U 型轻钢龙骨

按照天棚龙骨与天棚面板的连接关系，天棚装配分为活动式装配和隐蔽式装配两种方式。活动式装配又叫浮搁式、嵌入式，是将面板直接浮搁在次龙骨上，龙骨底缘外露，这样更换面板方便。隐蔽式装配是将面板装配在次龙骨底缘下边，使面板包住龙骨，这样天棚面层平整一致。U 型轻钢龙骨适于隐蔽式装配，其安装示意图如图 4－18 所示。

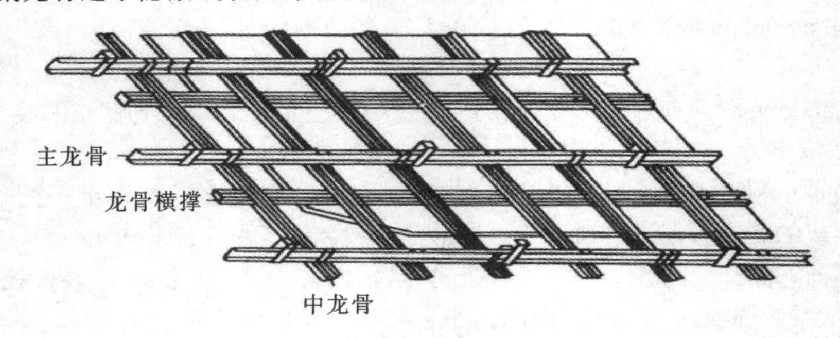

图 4－18　U 型轻钢龙骨安装示意图

此外，预算定额中 U 型轻钢龙骨还分为上人型天棚和不上人型天棚两种。在设计中有的已做说明，有的未做说明。凡上人型天棚，主龙骨断面尺寸大，如 h＝60 mm，吊筋一般为全预埋或预埋铁件焊接。凡不上人型天棚，主龙骨断面尺寸小，如 h＝38～45 mm 等，吊筋一般为射钉固定或钻孔预埋。

4. T 型铝合金天棚龙骨

T 型铝合金天棚龙骨与轻钢龙骨相比较，质地更轻，耐腐蚀性能更好。T 型铝合金天棚龙骨适于活动式装配面板，可直接将面板搁置在⊥型中小龙骨的翼缘上。中小龙骨表面经处理后，光泽明亮，不易生锈，使天棚表面形成整齐的条格分块线条，增添了装饰效果。

T 型铝合金天棚的大龙骨断面，仍同 U 型轻钢天棚大龙骨的断面一样，其与吊杆连接的方式和吊挂件形式也基本相同。

5. 铝合金方板天棚龙骨

铝合金方板天棚龙骨是专门为铝合金“方形饰面板”配套的龙骨，它包括 T 型断面龙骨（正 T 型用于嵌入式，倒 T 型用于浮搁式）和 Π 型断面龙骨（有的称为格栅龙骨、轻方板天棚龙骨）。常用配套铝合金板规格为 500 mm×500 mm、600 mm×600 mm。与装配式 T 型铝合金龙骨相比较，此类龙骨质地更轻、装饰效果更好，具有立体造型感等特点。

6. 铝合金条板天棚龙骨

铝合金条板天棚龙骨是采用 1mm 厚铝合金板，经冷弯、辊轧、阳极而成，它与专用铝合金饰面板配套使用。其龙骨断面为 Π 型，其褶边形状根据吊板方式分为开敞式和封闭式两种。开敞式与封闭式的区别在于面板，开敞式采用开敞式铝合金条板，条板与条板之间有缝隙；封闭式采用封闭式铝合金条板，条板之间没有缝隙。铝合金条板天棚示意图如图 4－19 所示。

7. 铝合金格片式天棚龙骨

铝合金格片式天棚龙骨也是用薄型铝合金板经冷轧弯制而成的，是专与叶片式天棚饰板配套的一种龙骨，因此这种天棚又叫窗叶式天棚或假格栅天棚。龙骨断面为 Π 型，褶边轧成三角形缺口卡槽，供卡装叶片用。铝合金格片式天棚示意图如图 4－20 所示。

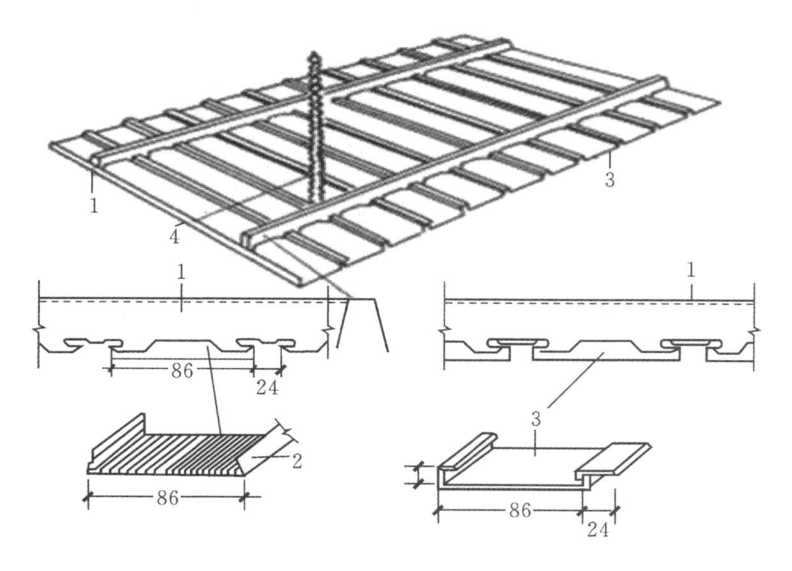

1—铝合金条板龙骨；　2—长 5～8m 开敞式铝合金条板；
3—长 5～8m 封闭式铝合金条板；4—螺纹钢丝吊筋
图 4－19　铝合金条板天棚示意图

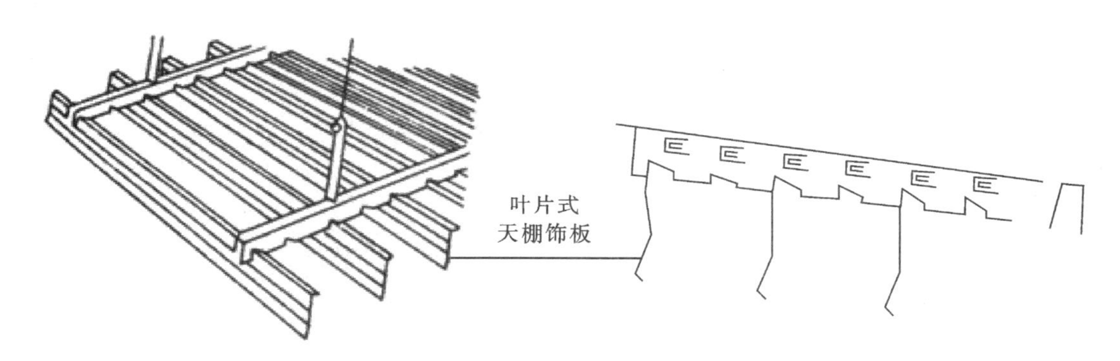

图 4－20　铝合金格片式天棚示意图

8. **天棚面层饰面**

天棚面层饰面与天棚龙骨架相配套，处于天棚安装的最后一个部位，一般称为天棚板。由于新材料、新工艺的不断出现，饰面板的类型很多，主要有板条天棚面层、胶合板、木丝板和刨花木屑板天棚面层、吸音板天棚面层、埃特板和玻璃纤维天棚饰面、塑料天棚饰面、钢板网和铝板网天棚饰面、铝塑板和钙塑板天棚饰面、矿棉板和石膏板天棚饰面、不锈钢板和镜面玻璃天棚饰面、镜面玲珑胶板天棚饰面、宝丽板和柚木夹板天棚饰面、铝合金条板和铝合金方板天棚饰面、铝栅假天棚等。

二、天棚工程工程量清单项目及工程量计算规则

天棚工程包括天棚抹灰、天棚吊顶、采光天棚工程和天棚其他装饰。

(1)天棚工程工程量清单项目设置及工程量计算规则(见表 4－53 至表 4－56)。

表 4-53　天棚抹灰(编码:011301)

项目编码	项目名称	计量单位	工程量计算规则
011301001	天棚抹灰	m^2	按设计图示尺寸以水平投影面积计算。不扣除间壁墙、垛、柱、附墙烟囱、检查口和管道所占的面积,带梁天棚、梁两侧抹灰面积并入天棚面积内,板式楼梯底面抹灰按斜面积计算,锯齿形楼梯底板抹灰按展开面积计算

表 4-54　天棚吊顶(编码:011302)

项目编码	项目名称	计量单位	工程量计算规则
011302001	天棚吊顶	m^2	按设计图示尺寸以水平投影面积计算。天棚面中的灯槽及跌级、锯齿形、吊挂式、藻井式天棚面积不展开计算。不扣除间壁墙、检查口、附墙烟囱、柱垛和管道所占面积,扣除单个大于 0.3 m^2 的孔洞、独立柱及与天棚相连的窗帘盒所占的面积
011302002	格栅吊顶		按设计图示尺寸以水平投影面积计算
011302003	吊筒吊顶		
011302004	藤条造型悬挂吊顶		
011302005	织物软雕吊顶		
011302006	装饰网架吊顶		

表 4-55　采光天棚工程(编码:011303)

项目编码	项目名称	计量单位	工程量计算规则
011303001	采光天棚	m^2	按框外围展开面积计算

表 4-56　天棚其他装饰(编码:011304)

项目编码	项目名称	计量单位	工程量计算规则
011304001	灯带(槽)	m^2	按设计图示尺寸以框外围面积计算
011304002	送风口、回风口	个	按设计图示数量计算

(2)计算实例。

某工程天棚做法如图 4-21 所示,采用铝合金轻钢龙骨,计算该天棚吊顶清单工程量,并填写清单工程量计算表(见表 4-57)、分部分项工程和单价措施项目清算与计价表(见表 4-58)。

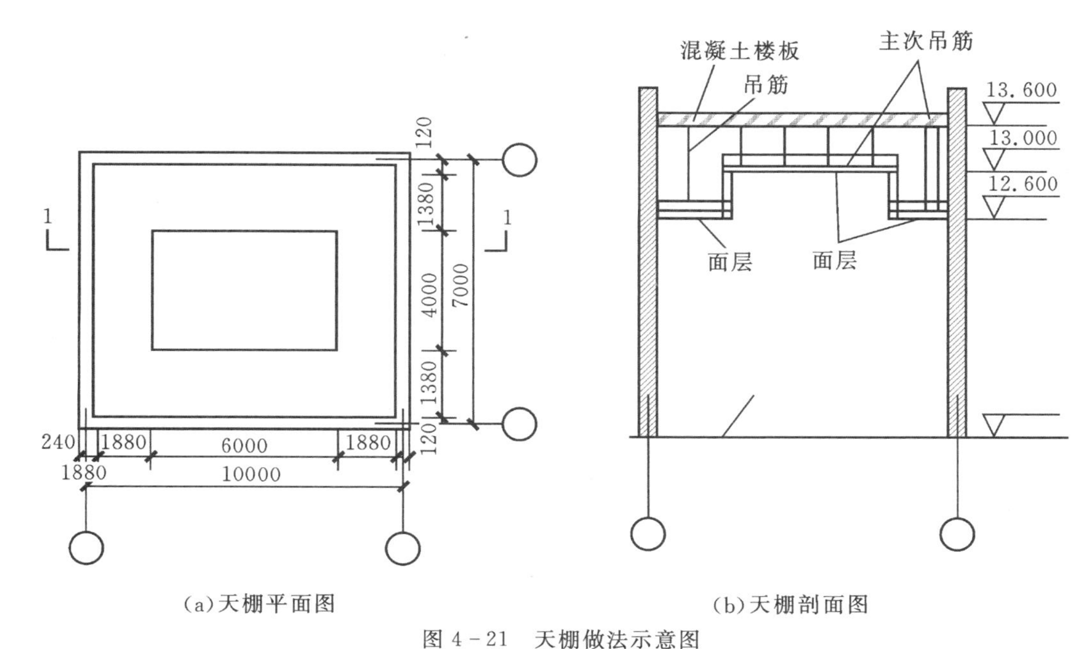

(a)天棚平面图　　(b)天棚剖面图

图 4-21　天棚做法示意图

解:天棚吊顶清单工程量 $S=(10-0.24)\times(7-0.24)=65.98(m^2)$

表 4-57　清单工程量计算表

序号	清单项目编码	清单项目名称	计算式	工程量	计量单位
1	011302001001	天棚吊顶	$S=(10-0.24)\times(7-0.24)$	65.98	m^2

表 4-58　分部分项工程和单价措施项目清单与计价表

序号	项目编码	项目名称	项目特征描述	计量单位	工程量	金额/元	
						综合单价	合价
1	011302001001	天棚吊顶	龙骨材料种类:铝合金轻钢龙骨	m^2	65.98		

三、天棚工程定额工程量计算规则及相关说明

1.天棚抹灰工程项目定额工程量计算规则及相关说明

(1)天棚抹灰工程量按设计结构尺寸的抹灰面积以 m^2 计算,应扣除独立柱及天棚相连窗帘盒的面积,不扣除间壁墙、墙垛、附墙烟囱、检查口和管道所占的面积。带梁天棚、梁两侧抹灰面积并入天棚抹灰工程量内计算。斜天棚按斜长乘宽度以 m^2 计算。

(2)天棚抹灰如带有装饰线时,按延长米计算,线数以阳角的道数计算。

(3)檐口、阳台及雨篷的天棚抹灰,并入相应的天棚抹灰工程量内计算。

(4)天棚中的折线、灯槽线、圆弧形线、拱形线等艺术形式的抹灰,按展开面积以 m^2 计算。

(5)调整系数:抹灰定额是按手工操作和机械喷涂综合制定的,操作方法不同时不再另行调整。

2. 装饰天棚工程项目定额工程量计算规则及相关说明

(1)天棚龙骨工程量按主墙间设计图示尺寸以 m^2 计算，不扣除隔断、墙垛、附墙烟囱、检查口和管道所占的面积。

(2)天棚面层和基层工程量按主墙间设计图示尺寸的实铺展开面积以 m^2 计算，不扣除隔断、墙垛、附墙烟囱、检查口和管道所占的面积，扣除独立柱、灯槽和天棚相连的窗帘盒及大于0.30 m^2 的孔洞所占的面积。

(3)其他天棚按设计图示尺寸水平投影面积以 m^2 计算。

(4)采光棚、雨篷工程量按设计图示尺寸以 m^2 计算。

(5)灯槽按延长米计算。

(6)天棚铺设的保温吸音层分不同厚度按实铺面积以 m^2 计算。

(7)送(回)风口安装按设计图示数量以个计算。

(8)灯具开孔按个计算。

(9)雨篷拉杆按设计图示长度以 m 计算。

3. 调整系数

(1)跌级天棚基层、面层人工消耗量乘系数 1.1。

(2)天棚基层为两层时，应分别计算工程量，并套用相应基层定额项目，第二基层的人工消耗量乘系数 0.8。

4. 说明

(1)平面天棚、造型天棚按龙骨、基层、面层分别编制，其他天棚综合考虑。

(2)天棚龙骨的种类、间距、规格及基层、面层的材料品种、规格与设计要求不同时可进行调整。

(3)平面天棚不包括灯槽制作安装。造型天棚已包括灯槽制作。

(4)天棚龙骨、基层、面层均不包括防火处理，如设计有要求时，应按《甘肃省建筑与装饰工程预算定额》第十九章油漆涂料裱糊工程相应定额项目计算。

四、天棚分项工程工程量的计算方法

1. 计算公式

天棚分项工程工程量的计算公式如下：

天棚龙骨工程量＝主墙之间净面积

天棚面层和基层工程量＝主墙间实铺展开面积－独立柱、灯槽和天棚相连的窗帘盒及大于0.30 m^2 的孔洞所占的面积

2. 实例应用

如图 4－22、图 4－23 所示，轻钢龙骨纸面石膏板隔墙厚度为100 mm，天棚做法：不上人型45 系列平面，双层 T 型铝合金龙骨平顶，矿棉板搁放在龙骨上。面层规格450 mm×450 mm，请根据《甘肃省建筑与装饰工程预算定额》计算天棚龙骨和面层工程量，并填写工程量计算表(见表 4－59)。

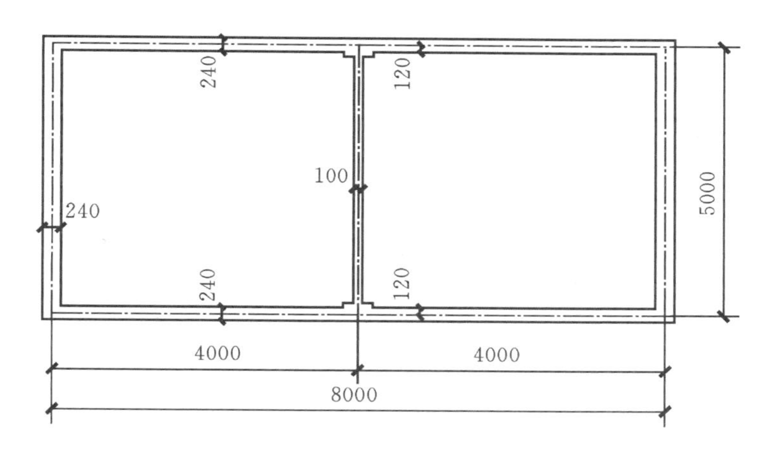

图 4－22　某天棚平面图

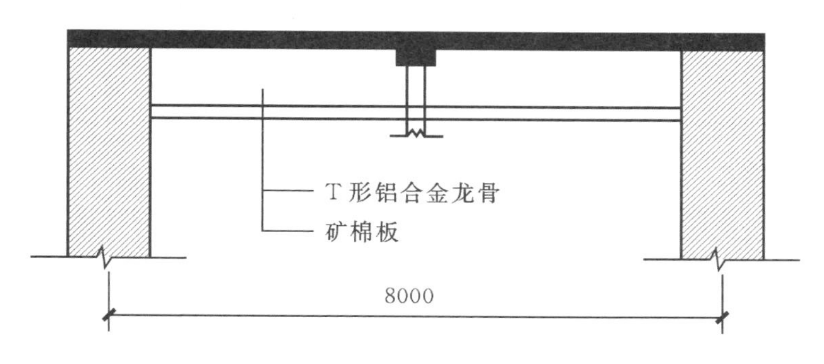

图 4－23　某天棚吊顶图

解：天棚龙骨工程量 $S=(8-0.12\times2-0.1)\times(5-0.12\times2)=36.46(m^2)$

天棚面层工程量 $S=36.46(m^2)$

表 4－59　清单工程量计算表

定额编号	项目名称	单位	工程量	计算式
16－27	铝合金龙骨装配式 T 型	m^2	36.46	$S=(8-0.12\times2-0.1)\times(5-0.12\times2)$
16－65	矿棉板面层	m^2	36.46	$S=(8-0.12\times2-0.1)\times(5-0.12\times2)$

第七节　门窗工程

一、门窗工程概述

装饰门窗区别于一般的木门窗和钢门窗，它具有造型别致、装饰效果好、造价较高等特点。例如，装饰木门是指对装饰有较高要求的门，其门框、门扇框料及门芯板是由材质较坚硬的阔叶树种木材(如水曲柳、柚木、榉木等)制作，胶合板夹板门面贴装饰面板或真皮、合成革等，所选用的五金与门相适应，其加工难度大，制作精细，耗工多；普通木门是指没有特殊要求的木门，由材质较软的针叶树种，如红松、白松、落叶松等制成。夹板门面板一般也不贴饰面材料，加工较容易，耗工少。

装饰门窗包括装饰木门、异型木窗、铝合金、铝合金门窗、彩板组角钢门窗、塑料门窗、卷闸门、电子感应门、不锈钢电动伸缩门以及以门窗相连的木材装修，如门窗套、门窗贴脸、门窗筒子板、窗帘盒、窗台板等。

(一)铝合金门窗

铝合金门窗是采用铝合金型材作为框架，中间镶嵌玻璃而成的门窗。铝合金型材规格很多，不同的规格将影响工程造价的高低。

1. 铝合金门

(1)铝合金地弹门。

地弹门是弹簧门的一种，弹簧门为开启后会自动关闭的门。弹簧门一般装有弹簧铰链(合页)，常用的弹簧铰链有单面弹簧、双面弹簧和地弹簧。单(双)面弹簧铰链装在门侧边；地弹簧安装在门扇边挺下方的地面内。门扇下方安装弹簧框架，内有座套，套在底板的地轴上。在门扇上部也安装有定轴和定轴套板，门扇可绕轴转动。当门扇开启角度小于90°时，可使门保持不关闭。地弹门根据其组扇形式的不同分为单扇、双扇、四扇、双扇全玻等形式，可带有侧亮和上亮。上亮是指门上面的玻璃窗，侧亮是指双扇门两边不能开启的固定玻璃门扇。

(2)铝合金推拉门。

推拉门分为四扇无上亮、四扇带上亮、双扇无上亮、双扇带上亮四种形式。

(3)平开门。

平开门分为单扇平开门(带上亮或不带上亮)、双扇平开门(带上亮或不带上亮或带顶窗)几种形式。

2. 铝合金窗

铝合金窗按照组扇形式分为单扇平开窗(无上亮、带上亮、带顶窗)、双扇平开窗(无上亮、带上亮、带顶窗)、双(三、四)扇推拉窗(不带亮、带亮)、固定窗等。

铝合金窗的型号按窗框厚度尺寸确定，目前有40系列(包括38系列)、50系列、55系列、60系列、70系列和90系列推拉窗，如60TL表示60系列的推拉窗。所谓某系列是指框料铝合金型材的总厚(高)度尺寸，由于门窗的边框、边挺、横框、冒头等的断面形式有所不同，但型材总厚(高)度应有一个标准尺寸以便定型生产，在这个标准尺寸控制下，根据使用部位不同，有不同的断面形式。

3. 彩板组角钢门窗

彩板组角钢门窗是将镀锌钢板轧制成厚0.7～1 mm钢板，表面经脱脂化学处理后涂敷各种防腐蚀涂层和装饰面漆成为彩色涂层钢板，再用这些涂层钢板经辊压、轧制或冷弯等工艺，制成各种门窗型材和各种形式的接插件，而后按门窗规格组合装配而成，它以螺钉连接工艺取代闪光对焊和手工电焊，且在外框与扇框、扇框与玻璃之间均用胶条做密封，因此具有重量轻、强度高、密封好、耐腐蚀、保温隔音、色彩鲜艳、采光面积大等优点。

4. 塑料门窗

塑料门窗又称塑钢门窗，它是以硬质聚氯乙烯为主要原料，加入适量耐老化剂、增塑剂、稳定剂等助剂，经专门加工而成，具有重量轻、耐水、耐腐蚀、耐热性能好、气密性和水密性好、装饰性好、保养方便等优点。门窗采用柔性方式安装以适应因温度变化而引起的涨缩性。安装方法是用固定铁件固定门窗框，框与墙间的空隙填入框面之类的隔热材料。

5. 装饰木门窗

装饰木门窗是指对装饰有较高要求的门窗，一般造价较高。

(1)花饰木门。

花饰木门是指在门扇上由装饰线条组成各种图案，以增强装饰效果。

(2)夹板实心门。

夹板实心门是指中间由厚细木板实拼代替方木龙骨架、细木板面贴柚木等。

(3)双面夹板门、双面防火板门和双面塑料夹板门。

这三种门均属于夹板门，其中间骨架构造是相同的，主要不同在于面板。双面夹板门的面板是三层胶合板，而双面防火板门则在胶合板外再贴一层防火板。

(4)隔音门。

隔音门是用吸音材料做成门扇，门缝用海绵橡皮条等具有弹性的材料封严，一般用于音像室、播音室等有隔音要求的房间。隔音门常见的做法有填芯隔音门和外包隔音门。填芯隔音门是用玻璃棉丝或岩棉填充在门芯内，门扇缝用海绵橡皮条封严。外包隔音门是在门扇外面包一层人造革(或真皮)，人造革内填塞海绵，并将同长的人造革压条用泡钉钉牢，四周缝隙用海面橡皮条封严。

二、门窗工程工程量清单项目及工程量计算规则

门窗工程包括木门、金属门、金属卷帘门、厂库房大门、特种门、其他门、木窗、金属窗、门窗套、窗帘盒、窗帘轨和窗台板。

(1)门窗工程工程量清单项目设置及工程量计算规则(见表4-60至4-69)。

表4-60 木门(编码:010801)

项目编码	项目名称	计量单位	工程量计算规则
010801001	木质门	1. 樘 2. m^2	1. 以樘计量，按设计图示数量计算 2. 以平方米计量，按设计图示洞口尺寸以面积计算
010801002	木质门带套		
010801003	木质连窗门		
010801004	木质防火门		
010801005	木门框	1. 樘 2. m	1. 以樘计量，按设计图示数量计算 2. 以米计量，按设计图示框的中心线以延长米计算
010801006	门锁安装	个/套	按设计图示数量计算

表 4-61 金属门(编码:010802)

项目编码	项目名称	计量单位	工程量计算规则
010802001	金属(塑钢)门	1. 樘 2. m^2	1. 以樘计量,按设计图示数量计算 2. 以平方米计量,按设计图示洞口尺寸以面积计算
010802002	彩板门		
010802003	钢质防火门		
010802004	防盗门		

表 4-62 金属卷帘门(编码:010803)

项目编码	项目名称	计量单位	工程量计算规则
010803001	金属卷帘(闸)门	1. 樘 2. m^2	1. 以樘计量,按设计图示数量计算 2. 以平方米计量,按设计图示洞口尺寸以面积计算
010803002	防火卷帘(闸)门		

表 4-63 厂库房大门、特种门(编码:010804)

项目编码	项目名称	计量单位	工程量计算规则
010804001	木板大门	1. 樘 2. m^2	1. 以樘计量,按设计图示数量计算 2. 以平方米计量,按设计图示洞口尺寸以面积计算
010804002	钢木大门		
010804003	全钢板大门		
010804004	防护铁丝门		1. 以樘计量,按设计图示数量计算 2. 以平方米计量,按设计图示门框或扇以面积计算
010804005	金属格栅门		1. 以樘计量,按设计图示数量计算 2. 以平方米计量,按设计图示洞口尺寸以面积计算
010804006	钢质花饰大门		1. 以樘计量,按设计图示数量计算 2. 以平方米计量,按设计图示门框或扇以面积计算
010804007	特种门		1. 以樘计量,按设计图示数量计算 2. 以平方米计量,按设计图示洞口尺寸以面积计算

表 4-64 其他门(编码:010805)

项目编码	项目名称	计量单位	工程量计算规则
010805001	电子感应门	1. 樘 2. m^2	1. 以樘计量,按设计图示数量计算 2. 以平方米计量,按设计图示洞口尺寸以面积计算
010805002	旋转门		
010805003	电子对讲门		
010805004	电动伸缩门		
010805005	全玻自由门		
010805006	镜面不锈钢饰面门		
010805007	复合材料门		

表 4－65　木窗(编码:010806)

项目编码	项目名称	计量单位	工程量计算规则
010806001	木质窗	1. 樘 2. m^2	1. 以樘计量,按设计图示数量计算 2. 以平方米计量,按设计图示洞口尺寸以面积计算
010806002	木飘(凸)窗		1. 以樘计量,按设计图示数量计算 2. 以平方米计量,按设计图示尺寸以框外围展开面积计算
010806003	木橱窗		
010806004	木纱窗		1. 以樘计量,按设计图示数量计算 2. 以平方米计量,按框的外围尺寸以面积计算

表 4－66　金属窗(编码:010807)

项目编码	项目名称	计量单位	工程量计算规则
010807001	金属(塑钢、断桥)窗	1. 樘 2. m^2	1. 以樘计量,按设计图示数量计算 2. 以平方米计量,按设计图示洞口尺寸以面积计算
010807002	金属防火窗		
010807003	金属百叶窗		
010807004	金属纱窗		1. 以樘计量,按设计图示数量计算 2. 以平方米计量,按框的外围尺寸以面积计算
010807005	金属格栅窗		1. 以樘计量,按设计图示数量计算 2. 以平方米计量,按设计图示洞口尺寸以面积计算
010807006	金属(塑钢、断桥)橱窗		1. 以樘计量,按设计图示数量计算 2. 以平方米计量,按设计图示尺寸以框外围展开面积计算
010807007	金属(塑钢、断桥)飘(凸)窗		
010807008	彩板窗		1. 以樘计量,按设计图示数量计算 2. 以平方米计量,按设计图示洞口尺寸或框外围以面积计算
010807009	复合材料窗		

表 4－67　门窗套(编码:010808)

项目编码	项目名称	计量单位	工程量计算规则
010808001	木门窗套	1. 樘 2. m^2 3. m	1. 以樘计量,按设计图示数量计算 2. 以平方米计量,按设计图示尺寸以展开面积计算 3. 以米计量,按设计图示中心以延长米计算
010808002	木筒子板		
010808003	饰面夹板筒子板		
010808004	金属门窗套		
010808005	石材门窗套		
010808006	门窗木贴脸	1. 樘 2. m	1. 以樘计量,按设计图示数量计算 2. 以米计量,按设计图示以延长米计算

续表 4-67

项目编码	项目名称	计量单位	工程量计算规则
010808007	成品木门窗套	1. 樘 2. m^2 3. m	1. 以樘计量,按设计图示数量计算 2. 以平方米计量,按设计图示尺寸以展开面积计算 3. 以米计量,按设计图示中心以延长米计算

表 4-68　窗台板(编码:010809)

项目编码	项目名称	计量单位	工程量计算规则
010809001	木窗台板	m^2	按设计图示尺寸以展开面积计算
010809002	铝塑窗台板		
010809003	金属窗台板		
010809004	石材窗台板		

表 4-69　窗帘盒、窗帘轨(编码:010810)

项目编码	项目名称	计量单位	工程量计算规则
010810001	窗帘	1. m^2 2. m	1. 以米计量,按设计图示尺寸以成活后长度计算 2. 以平方米计量,按图示尺寸以成活后展开面积计算
010810002	木窗帘盒	m	按设计图示尺寸以长度计算
010810003	饰面夹板、塑料窗帘盒		
010810004	金属窗帘盒		
010810005	窗帘轨		

2. 计算实例

计算图 4-24 所示住宅实木镶板门及塑钢窗的清单工程量。设分户门洞尺寸800×2000 mm,室内门 M-2 洞口尺寸 800×2100 mm、M-4 洞口尺寸 700×2100 mm,塑钢窗洞口高度均为1600 mm,并填写清单工程量计算表(见表 4-70)、分部分项工程和单价措施项目与计价表(见表 4-71)。

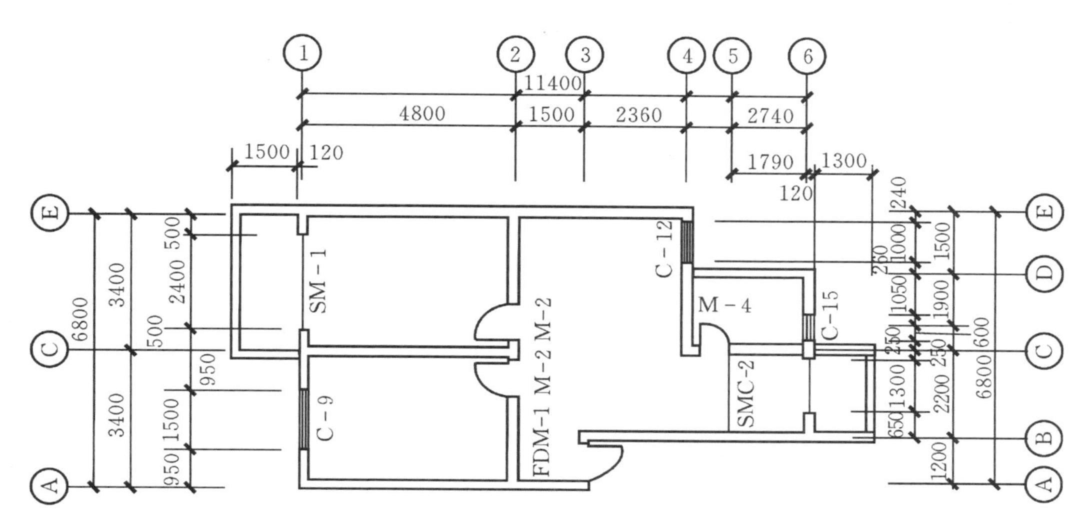

图 4－24 某住宅平面声示意图

解：(1)计算方法：

实木镶板门工程量＝设计图示数量

分户门 FDM－1 工程量＝1 樘

室内门 M－2 工程量＝2 樘

室内门 M－4 工程量＝1 樘

(2)计算方法：

塑钢窗工程量＝设计图示数量

塑钢窗 C－9 工程量＝1 樘

塑钢窗 C－12 工程量＝1 樘

塑钢窗 C－15 工程量＝1 樘

表 4－70 清单工程量计算表

序号	清单项目编码	清单项目名称	工程量	计量单位
1	010801001001	木质门 FDM－1	1	樘
2	010801001002	木质门 M－2	2	樘
3	010801001003	木质门 M－4	2	樘
4	010807001001	塑钢窗 C－9	1	樘
5	010807001002	塑钢窗 C－12	1	樘
6	010807001002	塑钢窗 C－15	1	樘

表 4－71　分部分项工程和单价措施项目清单与计价表

序号	项目编码	项目名称	项目特征描述	计量单位	工程量
1	010801001001	木质门 FDM－1	1. 门代号：FDM－1 2. 门洞尺寸： 800×2000 mm 3. 门材质：实木镶板门	樘	1
2	010801001002	木质门 M－2	1. 门代号：M－22. 门洞尺寸： 800×2100 mm 3. 门材质：实木镶板门	樘	2
3	010801001003	木质门 M－4	1. 门代号：M－2 2. 门洞尺寸： 700×2100 mm 3. 门材质：实木镶板门	樘	2
4	010807001001	塑钢窗 C－9	1. 窗代号：C－9 2. 窗洞尺寸： 1500×1600 mm 3. 窗材质：塑钢窗	樘	1
5	010807001002	塑钢窗 C－12	1. 窗代号：C－9 2. 窗洞尺寸： 1000×1600 mm 3. 窗材质：塑钢窗	樘	1
6	010807001002	塑钢窗 C－15	1. 窗代号：C－9 2. 窗洞尺寸： 600×1600 mm 3. 窗材质：塑钢窗	樘	1

三、门窗工程定额工程量计算规则及其他说明

1. 门窗工程工程量计算规则

(1)各类门窗工程量均按设计洞口尺寸以 m^2 计算，无框者按扇外围尺寸计算。

(2)纱窗扇安装工程量按扇外围尺寸以 m^2 计算。

(3)防火卷帘门工程量按楼面或地面距端板顶点的高度乘门的宽度以 m^2 计算。

(4)卷帘门安装工程量按门洞口高度增加 0.6 m 乘以门洞宽度以 m^2 计算。电动装置安装以套计算，活动小门以个计算。

(5)电子感应门、旋转门、电子刷卡智能门的安装按樘计算，电动伸缩门按 m 计算，电动装置安装以套计算。

(6)门连窗应分别计算工程量。窗的宽度应计算至门框外边。

(7)不锈钢格栅门、防盗门窗工程量按设计洞口尺寸以 m^2 计算。

(8)防盗栅栏按展开面积以 m^2 计算。

(9)飘窗按外边框展开面积以 m^2 计算。

(10)钢木大门安装工程量按扇外围面积以 m^2 计算。

(11)钢板大门、铁栅门安装工程量按质量以 t 计算。

2. 说明

(1)门窗安装所用的小五金(如普通合页、螺丝)费用已包括在《甘肃省建筑与装饰工程预算定额》内,不再另行计算。其他五金配件按《甘肃省建筑与装饰工程预算定额》第十七章门窗配套装饰及其他相应定额项目计算。

(2)顶橱窗、壁柜门定额项目中已包括橱内的隔断、格板、地板、挂衣架等工料,不再另行计算。

(3)木门窗中的玻璃门适用于木框玻璃门,全玻璃门窗中有框全玻门适用于钢框、不锈钢玻璃门。

(4)无框、有框全玻门包括不锈钢板门夹、拉手、地弹簧等。

(5)附框的材质、规格实际使用与定额不同时,可进行换算。

3. 门窗饰面及五金配件工程量计算规则

(1)门饰面工程量按设计图示尺寸的贴面面积以 m^2 计算。

(2)门窗钉橡胶密封条工程量按门窗扇外围尺寸以 m 计算。

(3)木作门窗套、不锈钢门窗套及石材门窗套工程量按设计图示尺寸的展开面积以 m^2 计算;成品门窗套按设计图示尺寸以 m 计算。

(4)窗台板工程量按设计图示尺寸的实铺面积以 m^2 计算。

(5)门窗贴脸、窗帘盒、窗帘轨道工程量按设计图示尺寸以 m 计算。

(6)门窗五金按设计图示数量计算。

4. 调整系数及说明

(1)《甘肃省建筑与装饰工程预算定额》中门窗除第九节无框全玻璃门窗和第十节钢木大门、钢板大门项目外均按工厂制作成品编制。

(2)《甘肃省建筑与装饰工程预算定额》中门按甘肃省工程建设标准设计《02 系列建筑标准设计图集》的分类进行编制。

(3)门窗筒子板及窗台板定额项目不包括装饰线条,按《甘肃省建筑与装饰工程预算定额》第六章相应项目计算。

(4)门窗安装玻璃厚度及品种与定额规定不同时,可以进行换算。

(5)顶橱门、壁橱门定额项目中已包括橱内的隔断、格板、地板、挂衣架等工料,不再另外计算。

四、门窗分项工程工程量的计算方法

1. 计算公式及说明

门窗分项工程工程量的计算公式如下:

各类有框门窗安装工程量=框外围面积

各类无框门窗安装工程量=扇外围面积

纱门纱扇安装工程量＝扇外围面积

防火卷帘门工程量＝楼面或地面距端板顶点的高度×门的宽度

卷帘门工程量＝(门洞口高度＋0.6)×门洞宽度

门连窗的工程量＝门的工程量＋窗的工程量

门窗筒子板工程量＝实贴面积

窗台板工程量＝实贴面积

门窗贴脸、窗帘盒、窗帘轨道、披水条、盖口条工程量按设计长度以 m 计算。

2. 计算实例

如图 4－25 所示，某工程有铝合金平开门 3 樘，镶6 mm厚平板玻璃，请根据《甘肃省建筑与装饰工程预算定额》计算铝合金平开门工程量，并填写工程量计算表(见表 4－72)。

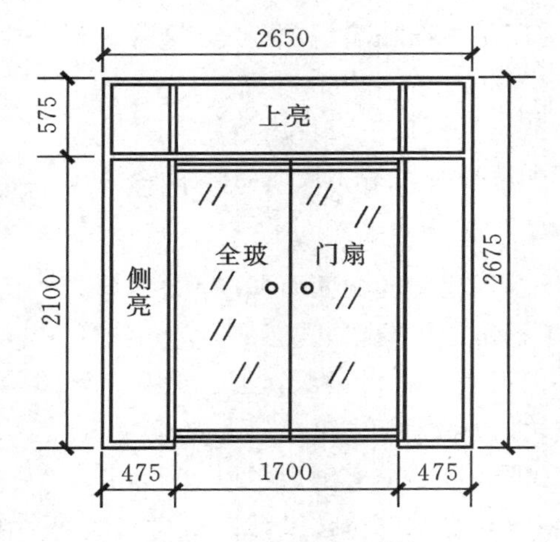

图 4－25　铝合金地弹门

解：该铝合金平开门工程量按洞口面积计算。

铝合金平开门工程量 $S=2.65\times2.675\times3=21.266(m^2)$

表 4－72　清单工程量计算表

定额编号	项目名称	单位	工程量	计算式
13－56	全玻铝合金平开门	m^2	21.266	$S=2.65\times2.675\times3$

第八节　油漆、涂料、裱糊工程

一、概述

(一)常用材料

1. 油漆材料

(1)油脂漆类。

该类油漆是以天然植物油、动物油等为主要成膜物质的一种底子涂料，靠空气中的氧化作用结膜干燥，故干燥速度慢，不耐酸、碱和有机溶剂，耐磨性也差。

(2)天然树脂漆类。

该类油漆是以天然树脂为主要成膜物质的一种普通树脂漆。该类油漆的品种有脂胶清漆、各色脂胶漆、无光漆、半无光调和漆、大漆(生漆)、脂胶地板漆和脂胶防锈漆等。

(3)酚醛树脂清漆。

该类油漆是以甲酚类和醛类缩合而成的酚醛树脂，加入有机溶剂等物质组成，具有良好的耐水、耐候、耐腐蚀性。

(4)醇酸树脂漆类。

该类油漆是以醇酸树脂为主要成膜物质的一种树脂类油漆，具有优良的耐久、耐气候性和保光性、耐汽油性，刷、喷、涂均可。

该类油漆的品种有醇酸清漆、醇酸酯胶调和漆、醇酸磁漆、红丹醇酸防锈漆等。

(5)硝基漆类。

该类油漆是以硝基纤维素加合成树脂、增塑剂、有机溶液等配制而成，具有干燥迅速、耐久性好、耐磨性好等特点。

该类油漆品种有硝基清漆(腊克)、硝基磁漆等。

(6)丙烯酸树脂漆。

该类油漆是以丙烯酸酯为主要原料制成的漆类，分为溶剂型、水溶型、乳胶型三种，具有保光、保色、装饰性好、用途广泛等特点。

该类油漆的品种有丙烯酸清漆、丙烯酸木器漆、各色丙烯酸磁漆等。

2. 喷涂材料

(1)刷浆材料。

刷浆材料基本上可分为胶凝材料、胶料以及颜料等三部分。

①胶凝材料主要有大白粉(白垩粉)、可赛银(酪素涂料)、干墙粉、熟石灰、水泥等。

②胶料刷浆所用的胶料品种很多，常用的有龙须菜、牛皮胶、107 胶、乳胶、羧甲基纤维素等。

③颜料根据装饰效果的需要，可以在浆液中掺入适量的颜料配制成所需要的色浆，常用的涂料颜色有白色、乳白色、乳黄色、浅绿色、浅蓝色等。

(2)涂料。

近年来随着建筑业发展的需求，建筑涂料新品种越来越多，涂料的性质、用途也各有差异，并且在实际应用中取得了良好的技术经济效果。其中常用的如下：

①内墙涂料。主要品种有 106 涂料、803 涂料、改进型 107 耐擦洗内墙涂料、FN－841 涂料、206 内墙涂料(氯-偏乳液内墙涂料)、过氯乙烯内墙涂料等。

②外墙涂料。主要品种有 JGY822 无机外墙涂料、104 外墙涂料、乳液涂料(丙烯酸乳液涂料、乙丙乳液厚质涂料、氯-醋-丙共聚乳液涂料、彩砂涂料)、苯乙烯外墙涂料、彩色滩涂涂料等。

3. 裱糊材料

裱糊材料包括在墙面、柱面及天棚面裱贴墙纸或墙布。其预算定额分为墙纸、金属墙纸和织锦缎三类。

(1)墙纸。

墙纸又叫壁纸，有纸质壁纸和塑料壁纸两大类。纸质壁纸透气、吸音性能好；塑料型壁纸光滑、耐擦洗。

(2)金属壁纸。

金属墙纸是用金属薄箔(一般为铝箔)，经表面化学处理后进行彩色印刷，并涂以保护膜，然后与防水纸粘贴压合分卷而成的。它具有表面光洁、耐水耐磨、不发斑、不变色、图案清晰、色泽高雅等优点。

(3)织锦缎墙布。

织锦缎墙布是用棉、毛、麻、丝等天然纤维或玻璃纤维制成的各种粗细纱或织物，经不同纺纱编制工艺和花色捻线加工，再与防水防潮纸粘贴复合而成。它具有耐老化、无静电、不反光、透气性好等特点。

(二)常见油漆、涂料、裱糊工艺简介

1.底油一遍、刮腻子、调和漆两遍的木材面油漆

(1)底油。

底油是由清油和油漆溶剂油配置而成的。刷底油的作用是防止木材受潮、增强防腐能力、加深与后道工序黏结性。

(2)腻子。

腻子是平整基体表面，增强基层对油漆的附着力、机械强度和耐老化性能的一道底层，故一般称刮腻子为打底、打底子、刮灰、打底灰等，这是决定油漆质量好坏的一道重要工序。

腻子的种类应根据基层和油漆的性质不同而配套调制。刮腻子的操作一般分2～3次，油漆等级越高，刮腻子次数越多。第一遍刮腻子称为“嵌腻子”或“嵌补腻子”，主要是嵌补基层的洞眼、裂缝和缺损处使之平整，待干燥后经砂纸磨平刮第二遍。第二遍刮腻子称为“批腻子”或“满批腻子”，即对基层表面进行全面批刮；待其干燥磨平后即可刷涂底漆，也称头道漆；待漆干燥后用细砂纸磨平，此时个别地方出现的缺损，需再补一次腻子，此称为“找补腻子”。

(3)调和漆。

调和漆是油性调和漆的简称，一般刷涂两遍，较高级的刷涂三遍。头道漆采用无光调和漆，第二遍面漆用调和漆。底油一遍、刮腻子、调和漆两遍的操作统称为三遍成活，属于普通等级。

2.润粉、刮腻子、调和漆两遍、磁漆一遍的木材面油漆

(1)润粉。

在建筑装饰工程中，普通等级木材面油漆的头道工序需要刷底油一遍，但为了提高油漆的质量，增强头道工序的效果，则采用润粉工艺。

润粉是以大白粉为主要原料，参入调剂液调制成浆糊状物体，用棉纱团或麻丝团(而不是用漆刷)蘸这种糊状物来回多次揩擦木材表面，将其棕眼擦平的工艺。此工艺比刷底油效果更好，但较底油麻烦。

润粉根据掺入的调剂液种类不同，分为油粉和水粉。油粉是用大白粉掺入清油、熟桐油和溶剂同调制而成。水粉是在大白粉中掺入水胶(如骨胶、鱼胶等)及颜料粉等制成。

(2)磁漆。

磁漆也是一种调和漆，它的全称为磁性调和漆。它也是以干性植物油为主要原料，但在基料中要加入树脂，然后同调和漆一样，加入着色颜料、体质颜料、溶剂及催干剂等调配而成。由于它具有瓷釉般的光泽，故简称为磁漆，以便与调和漆相区别。常见的磁漆有酯胶磁漆、酚醛磁漆、醇酸磁漆等。

3.刷底油、油色、清漆两遍的木材面油漆

(1)油色。

油色是一种既能显示木材面纹理，又能使木材面底色一致的一种自配油漆，它介于厚漆与清油之间。因厚漆涂刷在木材面上能遮盖木材面纹理，而清油是一种透明的调和漆，它只能稀释厚漆而不改变油漆的性质，所以也可以说油色是一种带颜色的透明油漆。

油色主要用于透明木材面木纹的清漆面油漆工艺中，很少用于色面漆工艺。

(2)清漆。

一般清漆由主要成膜物质(如油料、树脂等)、次要成膜物质(如着色颜料、体质颜料、防锈燃料等)和辅助成膜物质(如稀释溶剂、催干剂等)三部分组成。

在油漆中没有加入颜料的透明液体称为清漆，而在油脂清漆中加入着色颜料和体质颜料即称为调和漆。

清漆与清油有所不同，清漆属于漆类，前面多冠以主要原料名称，如酚醛清漆、醇酸清漆、硝基清漆等，多用于油漆的表层。而清油属于干性油类，故又称为调漆油或鱼油，多作为刷底漆或调漆用。

4.润粉、刮腻子、漆片、硝基清漆、磨退出亮木材面油漆

(1)漆片及漆片腻子。

在硝基清漆工艺中，润粉后的一道工序就是涂刷泡力水，也称为刷漆片或虫胶清漆或虫胶液。漆片又称虫胶片。虫胶是热带地区的一种虫胶虫，在幼虫时期由于新陈代谢所分泌的胶质(积累在树枝上)，取其分泌物经过洗涤、磨碎、除渣、熔化、去色、沉淀、烘干等工艺制成薄片，即为虫胶片。将虫胶片渗入酒精中溶解即为泡力水，又叫虫胶漆、洋干漆等。漆片腻子是用虫胶漆和石膏粉调配而成的，具有良好的干燥性和较强的黏结度，能使填补处无腻子痕迹且易于打磨。

(2)硝基清漆。

硝基清漆是硝基漆类的一种。硝基漆分为磁漆与清漆两大类，加入颜料经加工而成的称为磁漆；未加入颜料的称为清漆，或称腊克。硝基漆具有漆膜坚硬、丰满耐磨、光泽好、成膜快、易于抛光擦腊、修补的面漆不留痕迹等特点，是较高级的一种油漆。

(3)磨退出亮。

磨退出亮是硝基清漆工艺中的最后一道工序，它由水磨、抛光擦腊、涂擦上光剂等三步做法组成。

①水磨是先用湿毛巾在漆膜面上湿擦一遍，并随之打一遍肥皂，使表面形成肥皂水溶液，然后用400～500号水砂纸打磨，使漆膜表面无浮光、无小麻点、平整光亮。

②抛光擦腊是指用棉球浸蘸抛光膏溶液，涂敷于漆膜表面上。擦腊时手捏此棉球使劲揩擦，通过棉球中的抛光膏溶液和摩擦的热量，将漆膜面抛磨出光，最后用干棉纱擦去雾光。

③涂擦上光剂即为上光蜡。涂擦上光剂是指把上光剂均匀涂抹于漆膜面上，并用干棉纱

反复摩擦,使漆膜面上的白雾光消除,呈现出光泽如镜的效果。

5.木地板油漆

地板漆是一种专用漆,品种很多,有高、中、低档次之分。

高档地板漆多为日本产的水晶漆和国产聚酯漆;中档地板漆为聚氨酯漆(如聚氨基甲酸酯漆);低档地板漆有酚醛清漆、醇酸清漆、酯胶地板漆等。

6.抹灰面乳胶漆

乳胶漆是抹灰面最常用、施工最方便、价格最适宜的一种油漆。

常用的乳胶漆有聚醋酸乙烯乳胶漆、丙烯酸乳胶漆、丁苯乳胶漆和邮基乳化漆等。

7.抹灰面过氯乙烯漆

过氯乙烯漆是由底漆、磁漆和清漆为一组配套使用的。底漆附着力好,清漆做面漆防腐蚀性能强,磁漆做中间层,能使底漆与面漆很好地结合。

8.喷塑及彩砂喷涂

(1)喷塑。

喷塑从广义上说也是一种喷涂,只是它的操作工艺和用料与喷涂有所不同。它的涂层由底层、中间层和面层等三部分组成。底层是涂层与基层之间的结合层,起封底作用,借以防止硬化后的水泥砂浆抹灰层中可溶性的盐渗出而破坏面层,这一道工序称为刷底油(或底漆)。中间层是主体层,为一种大小颗粒的厚涂层,分为平面喷涂和花点喷涂。花点喷涂又有大、中、小三个档次,即定额中的大压花、中压花和幼点。大、中、小喷点可用喷枪的喷嘴直径控制。定额规定:点面积在1.2 cm^2以上的为大压花;点面积在1~1.2 cm^2的为中压花;点面积在1 cm^2以下的为幼点或中点。在罩面漆之前,在喷点未固结的情况下,用圆辊将喷点压平,使其形成自然花形。面层一般都要喷涂两遍以上的罩面漆,定额中所指的“一塑三油”为:“一塑”即中间厚涂层,“三油”即底漆、两道罩面漆。

(2)彩砂喷涂。

彩砂喷涂是一种粗骨料涂料,用空气压缩机喷枪喷涂于基面上,一般涂料都存有装饰质感差、易褪色变色、耐久性不够理想等问题。而彩砂中的粗骨料是经高温焙烧而成的一种着色骨料,不变色,不褪色。几种不同色彩骨料的配合可取得良好的耐久性和类似天然石料的丰富色彩与质感。彩砂涂料中的胶结材料为耐水性、耐候性好的合成树脂液,这样从根本上就解决了一般涂料中颜填料的褪色问题。

彩砂喷涂要求基面平整,达到普通抹灰标准即可。若基面不平整时(如砼墙面),需用107胶水泥腻子找平。在新抹水泥砂浆面3~7天后能开始喷涂,彩砂涂料市场上有成品供应。

(3)砂胶涂料。

砂胶涂料是以合成树脂乳液为成膜物质,加入普通石英砂或彩色砂子等制成,具有无毒、无味、干燥快、抗老化、黏结力强等优点,一般用4~6 mm口径喷枪喷涂,市场上也有成品供应。

砂胶涂料与彩砂涂料均属于粗骨料喷涂涂料,但彩砂涂料的档次高于砂胶涂料。

9.抹灰面106、803、JH801涂料

106涂料和803涂料多用于内墙抹灰面,具有无毒、无臭、干燥快、黏结力强等优点。JH801涂料具有良好的耐久性、耐老化性、耐热性、耐酸碱性和耐污性,因此广泛用于外墙装饰，以喷涂效果最佳，也可刷涂和滚涂。

10. 地面107胶水泥、777涂料、177涂料

(1)107胶水泥彩色地面。

107胶全称为聚乙烯醇缩甲醛胶，它是由聚乙烯醇与甲醛在酸性介质中进行缩合反应而得到的一种透明胶体。它与一定比例的白水泥、色粉搅匀扑在楼地面上，即成为彩色地面。它具有无毒无臭、抗水耐磨、快干不燃、光洁美观等优点，一般采用刮涂施工。

(2)777涂料。

777涂料是以水溶性高分子聚合物胶为基料，与特制填料和颜料组合而成的一种厚质涂料；用涂刷法施工，刷2～3遍。该涂料具有施工简便、价格便宜、无毒、不燃、快干等优点。

(3)177涂料。

这是一种乳白色水溶性共聚液，它与氯偏料配套使用，作为107氯偏乳液与水泥拌和后铺在地面上的罩面乳液。

楼地面涂料除以上三种外，还有很多其他品种。此三种涂料可以做成花色地面、方块席纹地面和一般地面三类。

11. 裱糊

壁纸裱糊施工程序包括基层处理、墙面划准线、裁纸、润纸、刷胶、裱糊、修整等七项。

(1)基层处理。

基层处理包括清扫、填补缝隙、磨砂纸、接缝处糊条(石膏板或木料面)、刮腻子、磨平、刷涂料(木料板面)或底胶一遍(抹灰面、混凝土面或石膏板面)。

(2)墙面划准线。

墙面划水平线及垂直线，使壁纸贴粘后花纹、图案、线条连贯一致。

(3)裁纸。

根据壁纸规格及墙面尺寸统筹规划、裁纸编号，以便按顺序粘贴。

(4)润纸。

不同的壁纸、墙布对润纸的反应不一样，有的反应比较明显，如纸基塑料壁纸遇水膨胀，干后收缩，经浸泡湿润后(要抖掉多余的水)，可防止裱糊后的壁纸出现气泡、皱褶等质量通病。对于遇水无伸缩性的壁纸，则无须润纸。

(5)刷胶黏剂。

对于不同的壁纸，刷胶方式也不相同。对于带背胶壁纸，壁纸背面及墙面不用刷胶结材料；对于塑料壁纸、纺织纤维壁纸，在壁纸背面和基面都要刷胶黏剂，基面刷胶宽度比壁纸宽3cm；对于锦缎，在裱糊前应在其背面衬糊一层宣纸。

(6)裱糊。

裱糊时先垂直面，后水平面，先保证垂直，后对花拼接。

对于有图案的壁纸，裱糊采用对接法，拼接时先对图案后拼缝，从上至下图案吻合后再用刮板刮胶、赶实、擦净多余胶液。这种做法叫对花裱糊。

(7)修整。

壁纸上墙后，如局部不符合质量要求，应及时采取补救措施。

二、油漆、涂料、裱糊工程工程量清单项目及工程量计算规则

油漆、涂料、裱糊工程包括门油漆、窗油漆、木扶手及其他板条线条油漆、木材面油漆、金属面油漆、抹灰面油漆、喷塑、涂料、花饰、线条刷涂料和裱糊。

(1)油漆、涂料、裱糊工程工程量清单项目设置及工程量计算规则如表4－73至4－80所示。

表4－73　门油漆(编码:011401)

项目编码	项目名称	计量单位	工程量计算规则
011401001	木门油漆	1. 樘 2. m^2	1. 以樘计量,按设计图示数量计量 2. 以平方米计量,按设计图示洞口尺寸以面积计算
011401002	金属门油漆		

表4－74　窗油漆(编码:011402)

项目编码	项目名称	计量单位	工程量计算规则
011402001	木窗油漆	1. 樘 2. m^2	1. 以樘计量,按设计图示数量计量 2. 以平方米计量,按设计图示洞口尺寸以面积计算
011402002	金属窗油漆		

表4－75　木扶手及其他板条线条油漆(编码:011403)

项目编码	项目名称	计量单位	工程量计算规则
011403001	木扶手油漆	m	按设计图示尺寸以长度计算
011403002	窗帘盒油漆		
011403003	封檐板、顺水板油漆		
011403004	挂衣板、黑板框油漆		
011403005	挂镜线、窗帘棍、单独木线油漆		

表 4－76 木材面油漆(编码:011404)

项目编码	项目名称	计量单位	工程量计算规则
011404001	木护墙、木墙裙油漆	m^2	按设计图示尺寸以面积计算
011404002	窗台板、筒子板、盖板、门窗套、踢脚线油漆		
011404003	清水板条天棚、檐日油漆		
011404004	木方格吊顶天棚油漆		
011404005	吸音板墙面、天棚面油漆		
011404006	暖气罩油漆		
011404007	其他木材面		
011404008	木间壁、木隔断油漆		按设计图示尺寸以单面外围面积计算
011404009	玻璃间壁露明墙筋油漆		
011404010	木栅栏、木栏杆(带扶手)油漆		
011404011	衣柜、壁柜油漆		按设计图示尺寸以油漆部分展开面积计算
011404012	梁柱饰面油漆		
01140413	零星木装修油漆		
011404014	木地板油漆		按设计图示尺寸以面积计算。空洞、空圈、暖气包槽、壁龛的开口部分并入相应的工程量内
011404015	木地板烫硬蜡面		

表 4－77 金属面油漆(编码:011405)

项目编码	项目名称	计量单位	工程量计算规则
011405001	金属面油漆	1. t 2. m^2	1. 以吨计量,按设计图示尺寸以质量计算 2. 以平方米计量,按设计展开面积计算

表 4－78 抹灰面油漆(编码:011406)

项目编码	项目名称	计量单位	工程量计算规则
011406001	抹灰面油漆	m^2	按设计图示尺寸以面积计算
011406002	抹灰线条油漆	m	按设计图示尺寸以长度计算
011406003	满刮腻子	m^2	按设计图示尺寸以面积计算

表 4－79　喷刷涂料(编码:011407)

项目编码	项目名称	计量单位	工程量计算规则
011407001	墙面喷刷涂料	m^2	按设计图示尺寸以面积计算
011407002	天棚喷刷涂料		
011407003	空花格、栏杆刷涂料	m^2	按设计图示尺寸以单面外围面积计算
011407004	线条刷涂料	m	按设计图示尺寸以长度计算
011407005	金属构件刷防火涂料	1. m^2 2. t	1. 以吨计量,按设计图示尺寸以质量计算 2. 以平方米计量,按设计展开面积计算
011407006	木材构件喷刷防火涂料	m^2	按设计图示尺寸以面积计算

表 4－80　裱糊(编码:011408)

项目编码	项目名称	计量单位	工程量计算规则
011408001	墙纸裱糊	m^2	按设计图示尺寸以面积计算
011408002	织锦缎裱糊		

(2)计算实例。

试计算图 4－26 所示房间内墙裙油漆的工程量。已知墙裙高1.5 m,窗台高 1.0 m,房间墙体为实心砖墙,刷底油一遍、调和漆两遍,窗洞侧油漆宽 100 mm,并填写清单工程量计算表(见表 4－81)、分部分项工程和单价措施项目清单与计价表(见表 4－82)。

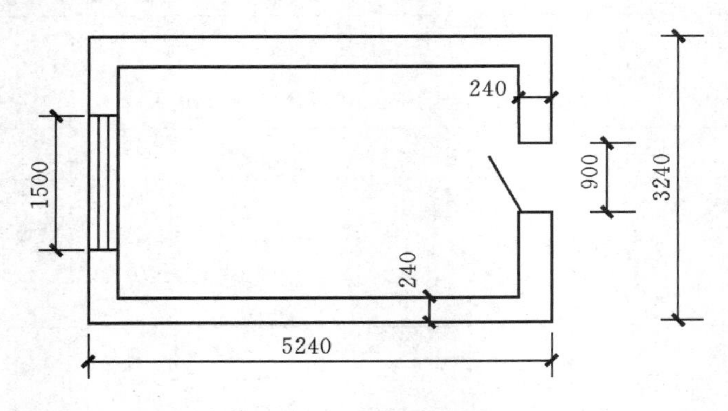

图 4－26　房间平面图

解:墙裙油漆工程量 $S=$长×高$-\sum$应扣除面积$+\sum$应增加面积

$$=[(5.24-0.24\times2)\times2+(3.24-0.24\times2)\times2]\times1.5-[1.5\times(1.5-1.0)+0.9\times1.5]+(1.50-1.0)\times0.10\times2$$

$$=20.56(m^2)$$

表 4-81　清单工程量计算表

序号	清单项目编码	清单项目名称	计算式	工程量	计量单位
1	011406001001	抹灰面油漆	S=〔(5.24－0.24×2)×2＋(3.24－0.24×2)×2〕×1.5－〔1.5×(1.5－1.0)＋0.9×1.5〕＋(1.50－1.0)×0.10×2	20.56	m^2

表 4-82　分部分项工程和单价措施项目清单与计价表

序号	项目编码	项目名称	项目特征描述	计量单位	工程量	金额/元	
						综合单价	合价
1	011406001001	抹灰面油漆	1. 基层类型：实心砖墙 2. 油漆品种、刷漆遍数：底油一遍、调和漆两遍	m^2	20.56		

三、油漆、涂料、裱糊工程计价工程量计算及相关说明

1. 工程清单项目计价工程量计算规则

(1)油漆、涂料、裱糊工程工程清单项目计价工程量计算规则。

①楼地面、天棚面、墙柱梁面等喷刷涂料、抹灰面油漆及裱糊的工程量均按相应的工程量计算规则(见表 4-83)的规定计算。

②金属面油漆工程量按不同构件理论质量乘以表 4-84 规定的换算系数以 m^2 计算。

③木材面油漆的工程量以单层木门、单层玻璃窗、木扶手、其他木材面为基数分别乘以表 4-85 至表 4-88 规定系数计算。

④柜类油漆工程量按表 4-83 相应的工程量计算规则计算。

表 4-83　抹灰面油漆、涂料、裱糊工程量系数表

项目名称	系数	工程量计算规则
亭顶棚	1.00	按设计图示尺寸的斜面积以 m^2 计算
楼地面、天棚、墙、梁柱面、混凝土梯底(梁式)	1.00	按设计图示尺寸的展开面积以 m^2 计算
混凝土梯底(板式)	1.30	按设计图示尺寸的水平投影面积以 m^2 计算
混凝土花格窗、栏杆花饰	1.82	按设计图示尺寸的单面外围面积以 m^2 计算

表 4-84 金属结构油漆重量与面积换算表

项目(金属制品)名称	每吨展开面积/m^2
半截百叶钢窗	150
钢折叠门	138
平开门、推拉门钢骨架	52
间壁	37
钢柱	24
吊车梁	24
花式梁柱	24
花式构件	24
操作台、走台、制动梁	27
支撑、拉杆	40
檩条	39
钢爬梯	45
钢栅栏门	65
钢栏杆窗栅	65
钢梁柱檩条	29
钢梁	27
车挡	24
钢屋架(型钢为主)	30
钢屋架(圆钢为主)	42
钢屋架(圆管为主)	38
天窗架、挡风架	35
墙架(实腹式)	19
墙架(格板式)	31
屋架梁	27
轻型屋架	54
踏步式钢扶梯	40
金属脚手架	46
H 型钢	22
零星铁件	50

表 4－85 单层木门工程量系数表

项目名称	系数	工程量计算规则
夹板门	1.00	按设计图示洞口尺寸以 m^2 计算
镶板门	1.14	
实木装饰木门(现场油漆)	1.35	
一板一纱木门	1.36	
单层半截玻璃门	0.98	
单层全玻璃门	0.83	
厂库房大门	1.10	

表 4－86 层木窗工程量系数表

项目名称	系数	工程量计算规则
单层玻璃窗	1.00	按设计图示洞口尺寸以 m^2 计算
双层玻璃窗	2.00	
一玻一纱窗	1.36	

表 4－87 扶手工程量系数表

项目名称	系数	工程量计算规则
木扶手	1.00	按设计图示长度以 m 计算
窗帘盒	2.04	
封檐板、顺水板、博风板	1.74	
生活园地框、挂镜线、装饰线条、压条宽度 30 mm 以内	0.35	
挂衣板、黑板框、装饰线条、压条宽度 30 mm 以外	0.52	

表 4－88 其他木材面工程量系数表

项目名称	系数	工程量计算方法
木板、胶合板(单面)、顶面	1.00	按设计图示尺寸以 m^2 计算
门窗套(含收口线条)	1.10	按设计图示尺寸油漆部分展开面积以 m^2 计算
清水板条天棚、檐口	1.07	按设计图示尺寸以 m^2 计算
木方格吊顶天棚	1.20	
吸音板墙面、天棚面	0.87	
屋面板(带檩条)	1.11	
木间壁、木隔断	1.90	按设计图示尺寸单面外围面积以 m^2 计算
玻璃间壁露明墙筋	1.65	
木栅栏、木栏杆(带扶手)	1.82	

续表 4－88

项目名称	系数	工程量计算方法
零星木装修	0.87	按设计图示尺寸油漆部分展开面积以 m^2 计算
木屋架	1.79	按二分之一设计图示跨度乘设计图示高度以 m^2 计算
木楼梯(不带地板)	2.30	按设计图示尺寸的水平投影面积以 m^2 计算
木楼梯(带地板)	1.30	

表 4－89　柜类工程量系数表

项目名称	系数	工程量计算方法
不带门衣柜	5.04	按设计图示尺寸的柜正立面投影面积计算
带木门衣柜	1.35	
不带门书柜	4.97	
带木门书柜	1.3	
带玻璃门书柜	5.28	
带玻璃门及抽屉书柜	5.82	
带木门厨房壁柜	1.47	
不带门厨房壁柜	4.41	
厨房吊柜	1.92	
带木门货架	1.37	
不带门货架	5.28	
带玻璃门吧台背柜	1.72	
带抽屉吧台背柜	2.00	
酒柜	1.97	
存包柜	1.34	
资料柜	2.09	
鞋柜	2.00	
带木门电视柜	1.49	
不带门电视柜	6.35	
带抽屉床头柜	4.32	
不带抽屉床头柜	4.16	
行李柜	5.65	
梳妆台	2.70	按设计图示尺寸以台面中心线长度计算
服务台	5.78	
收银台	3.74	
试衣间	7.21	按设计图示数量以个计算

2. 调整系数

(1)定额中油漆、涂料除注明者外,均按手工操作考虑,如实际操作为喷涂时,油漆消耗量乘系数 1.5,其他不增加。

(2)单层木门油漆按双面刷油考虑。如采用单面油漆,按定额相应项目乘系数 0.53。

(3)梁、柱及天棚面涂料按墙面定额人工乘系数 1.2,其他不变。

3. 说明

(1)油漆定额项目中,油漆的各种颜色已综合在定额内。设计为美术图案的,应另行计算。

(2)壁柜门、顶橱门执行单层木门项目。

(3)石膏板面乳胶漆执行抹灰面乳胶漆定额,板面补缝另行计算。

(4)普通涂料按不批腻子考虑,如实际需要批腻子时,按相应定额项目计算。

(5)板面补缝按长度以 m 计算。

(6)壁纸定额内不含刮腻子,按相应定额项目计算。

(7)金属面防腐及防火涂料按《甘肃省建筑与装饰工程预算定额》第十章防腐及防火涂料工程相应定额项目计算。

(8)壁纸基层处理采用壁纸基膜的,应取消壁纸定额项目中的酚醛墙漆。

四、油漆、涂料、裱糊分项工程工程量的计算方法

1. 计算公式

油漆、涂料、裱糊分项工程工程量的计算公式为:

楼地面、天棚面、墙柱面、梁面的喷刷涂料、抹灰面油漆及裱糊的工程量=楼地面、天棚面、墙柱面、梁面装饰工程相应的工程量

木材面油漆工程量=相应项目工程量基数×定额规定系数

金属面油漆工程量=相应项目工程量基数×定额规定系数

抹灰面油漆及水质涂料工程量=相应的抹灰工程量面积×定额规定系数

2. 实例计算

某工程单层木窗 20 樘,每樘洞口尺寸为1800×1500 mm,框外围尺寸1780×1480 mm,油漆做法为:刮腻子、底油一遍、调和漆两遍。请根据《甘肃省建筑与装饰工程预算定额》计算其油漆工程量,并填写工程量计算表(见表 4-90)。

解:工程量计算按照洞口面积乘以折算系数。

油漆工程量 $S=1.8\times1.5\times20\times1.36=73.44(m^2)$

表 4-90 清单工程量计算表

定额编号	项目名称	单位	工程量	计算式
19—6	单层木窗油漆	m^2	73.44	$S=1.8\times1.5\times20\times1.36$

第九节 其他装饰工程

一、概述

(一)栏杆、栏板、扶手

1.栏板(杆)扶手

(1)楼梯玻璃栏板。

楼梯玻璃栏板又称为玻璃栏河或玻璃扶手,是用大块的透明安全玻璃做楼梯栏板,上面加扶手。扶手可用铝合金管、不锈钢管、黄铜管或高级硬木等材料制作。玻璃可用有机玻璃、钢化玻璃或茶色玻璃制作。楼梯扶手的玻璃安装有半玻或全玻两种方式。

半玻式楼梯扶手是玻璃上下透空,玻璃用卡槽安装在扶手立柱之间或者直接安装在立柱的开槽中,并用玻璃胶固定。全玻式楼梯扶手是将厚玻璃下部固定在楼梯踏步地面上,上部与金属管材或硬木扶手连接。玻璃与金属管材的连接方式有三种:一种是在管子下部开槽,将玻璃插入槽内;二是在管子下部安装 U 型卡槽,厚玻璃卡装在槽内;三是用玻璃胶直接将厚玻璃黏结于管子下部,玻璃下部可用角钢将玻璃卡住定位,然后在角钢与玻璃留出的间隙中嵌玻璃胶将玻璃固定。

(2)楼梯栏杆。

楼梯栏杆是指楼梯扶手与楼梯踏步之间的金属栏杆,金属栏杆之间可以镶玻璃也可以不镶玻璃。根据楼梯形式,楼梯栏杆扶手分为直线型、圆弧型和螺旋型三种。扶手下面的栏杆分为竖条型和其他型两种。按照不同材料和造型,栏杆又分为直线型、铁花栏杆、车花木栏杆和不车花木栏杆等,如图 4-27 所示。

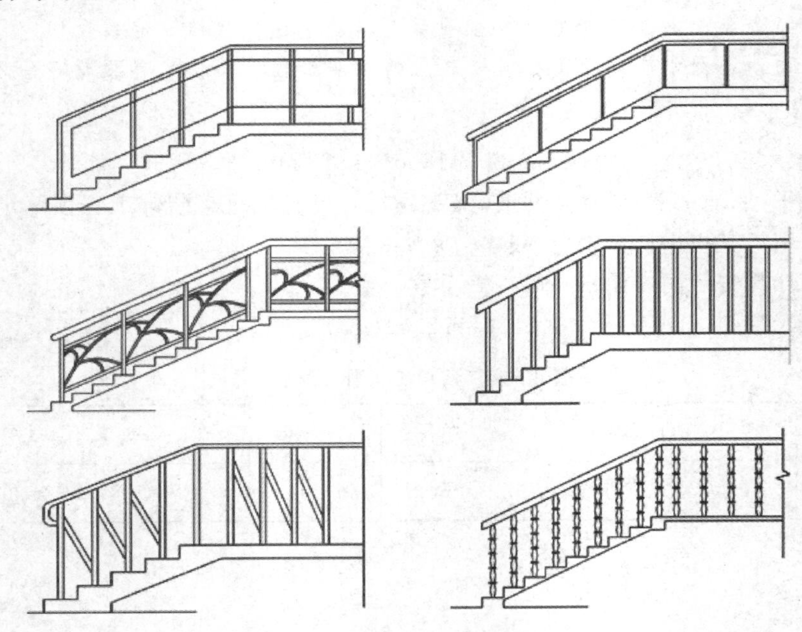

图 4-27 楼梯栏杆扶手示意图

(3)扶手。

楼梯扶手按照材料分为不锈钢扶手、硬木扶手、钢管扶手、铜管扶手、塑料扶手和大理石扶手等;按照造型又分为直形、弧形和螺旋形三种。

(4)靠墙扶手。

靠墙扶手是指扶手固定在墙上,扶手下面没有栏杆或栏板;按照材料不同分不锈钢管、铝合金管、铜管、塑料管、钢管和硬木扶手。靠墙扶手一般均为直线型。

(5)装饰护栏。

护栏的作用一般是为了防止人们随意进入某规定区间而设置的隔离设施,如道路护栏、草地护栏、门窗护栏等。在定额中主要指的是门窗护栏,护栏用小型铝合金或不锈钢管材制作,其上可以制作一些图案起装饰作用,故称作装饰护栏。

(二)其他装饰工程

其他装饰工程是指与建筑装饰工程相关的招牌、美术字、装饰条、室内零星装饰和营业装饰性柜类等。

1. 平面招牌

平面招牌是指安装在门前墙面上的附贴式招牌。招牌是单片形,分木结构和钢结构两种。其中每一种又分为一般和复杂两种类型。一般型招牌是指正立面平正无凸出面,复杂型是指正立面有凸起或造型。

2. 箱式和竖式招牌箱

箱式和竖式招牌箱,是指长方形六面体结构的招牌,离开地面有一定距离,用支撑与墙体固定。定额中分为矩形招牌箱和异型招牌箱两项。矩形招牌箱是指正立面无凸出造型,异型招牌箱是指正立面有凸起或造型。

3. 装饰线条

装饰线条有木装饰条、金属装饰条、石材装饰线、木压条、石膏装饰线、金属压条以及木装饰压角条等。

(1)木装饰条。

木装饰条主要用在装饰画、镜框的压边线、墙面腰线、柱顶和柱脚等部位。其断面形状比较复杂,线面多样,有外凸式、内凹式、凹凸结合式、嵌槽式等。定额中按木装饰条造型线角道数分为三道线内和三道线外两类,每类又按木装饰条宽度分25 mm以内和25 mm以外两种,如图 4-28 所示。

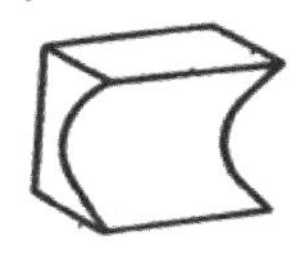
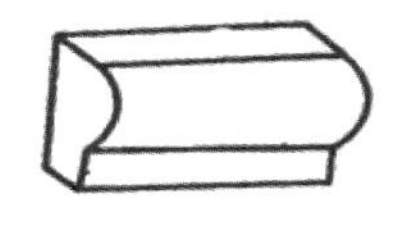

图 4-28　木装饰条

(2)压条。

压条是用在各种交接面(平阶面、相交面、对接面等)沿接口的压板线条。实际工作中有木压条、塑料条和金属条三种。

(3)金属装饰条。

金属装饰条用于装饰面的压边线、收口线以及装饰画、装饰镜面的框边线，也可用在广告牌、灯光箱、显示牌上做边框或框架。金属装饰条按材料分为铝合金线条、铜线条和不锈钢线条。断面形状有直角形和槽口形。

压条和装饰条的区别如下：

①压条用于平接面、相交面、对接面的衔接口处；装饰条用于分界面、层次面及封口处。

②压条断面小，外形简单；装饰条断面比压条大，外形较复杂，装饰效果较好。

③压条的主要作用是遮盖接缝，并使饰面平整；装饰条主要作用是使饰面美观，增加装饰效果。

4. 挂镜线

挂镜线又叫画镜线，一般安装在墙壁与窗顶或门顶平齐的水平位置，用来挂镜框和图片、字画等，上部留槽，用以固定吊钩。挂镜线可用金属、木材、塑料制作。挂镜点的功能和挂镜线相同，只是外形为点状，如图 4－29 所示。

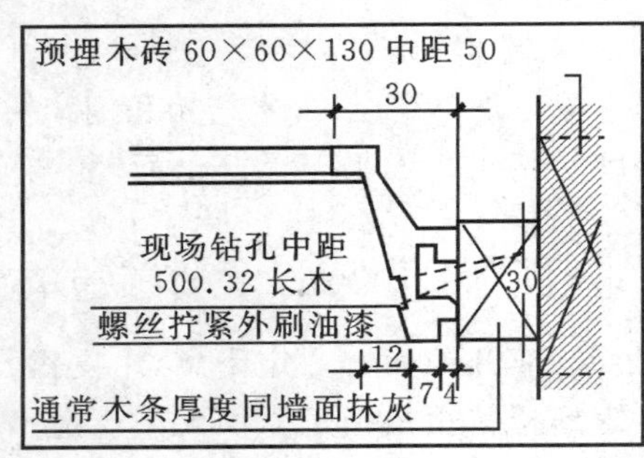

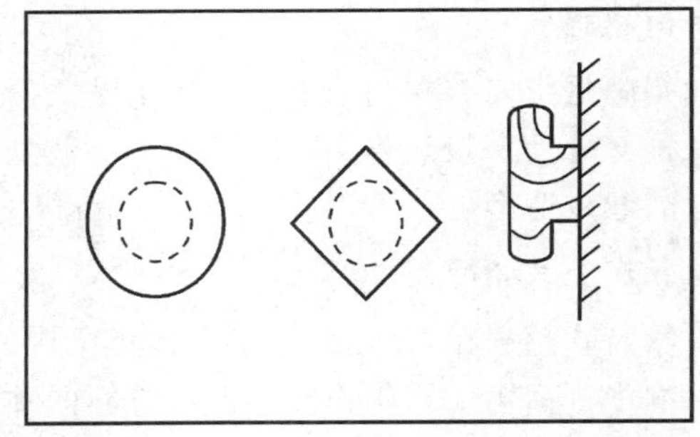

图 4－29　挂镜线示意图

5. 暖气罩

定额中分不同材料和不同做法列项。按照材料可分为柚木板、塑面板、胶合板、铝合金、穿孔钢板等五种。按照制作方式暖气罩分为挂板式暖气罩、明式暖气罩和平墙式暖气罩三种。

(1)挂板式暖气罩制作立面板，用铁件挂于暖气片或暖气管上，如图 4－30(a)所示。

(2)明式暖气罩是罩在突出墙面的暖气片上，由立面板、侧面板和顶板组成，如图 4－30(b)所示。

(3)平墙式暖气罩是封住安放暖气壁龛的挡板，暖气罩挡板安装后大致与墙面平齐，如图 4－30(c)所示。

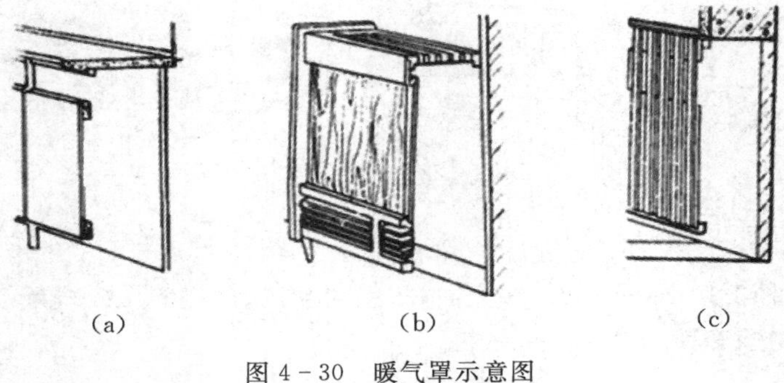

图 4－30　暖气罩示意图

6. 美术字安装

美术字安装定额是以成品字为单位而编制的，不分字体，均按定额执行。工程内容包括美术字现场的拼装、安装固定、清理等全过程，包括美术字的制作。

按材质分，定额中分泡沫塑料有机玻璃、金属和木质三种。

字底基面分大理石面（花岗岩和较硬的块料饰面）、混凝土墙面、砖墙面（抹灰墙面、陶瓷锦砖饰面及面砖饰面）和其他面四种。

7. 柜类

柜类是指柜台、酒吧台、服务台、货架、高货柜、收银台等。《全国统一建筑装饰装修工程消耗量定额》附录中给出了各种柜的构造图，编制预算中可参照图片选用。

二、其他工程工程量清单项目及工程量计算规则

其他装饰工程包括柜类、货架、装饰线、扶手、栏杆、栏板装饰、暖气罩、浴厕配件、雨篷、旗杆、招牌、灯箱和美术字。

（1）其他工程工程量清单项目设置及工程量计算规则如表 4 - 91 至表 4 - 98 所示。

表 4 - 91　柜类、货架（编码：011501）

项目编码	项目名称	计量单位	工程量计算规则
011501001	柜台	1. 个 2. m 3. m^3	以个计量，按设计图示数量以米计算；按设计图示尺寸以延长米计算；按设计图示尺寸以体积计算
011501002	酒柜		
011501003	衣柜		
011501004	存包柜		
011501005	鞋柜		
011501006	书柜		
011501007	厨房壁柜		
011501008	木壁柜		
011501009	厨房低柜		
011501010	厨房吊柜		
011501011	矮柜		
011501012	吧台背柜		
011501013	酒吧吊柜		
011501014	酒吧台		
011501015	展台		
011501016	收银台		
011501017	试衣间		
011501018	货架		
011501019	书架		
011501020	服务台		

表 4－92　压条、装饰线(编码:011502)

项目编码	项目名称	计量单位	工程量计算规则
011502001	金属装饰线	m	按设计图示尺寸以长度计算
011502002	木质装饰线		
011502003	石材装饰线		
011502004	石膏装饰线		
011502005	镜面玻璃线		
011502006	铝塑装饰线		
011502007	塑料装饰线		
011502008	GRC 装饰线条		

表 4－93　扶手、栏杆、栏板装饰(编码:011503)

项目编码	项目名称	计量单位	工程量计算规则
011503001	金属扶手、栏杆、栏板	m	按设计图示尺寸以扶手中心线长度(包括弯头长度)计算
011503002	硬木扶手、栏杆、栏板		
011503003	塑料扶手、栏杆、栏板		
011503004	GRC 栏杆、扶手		
011503005	金属靠墙扶手		
011503006	硬木靠墙扶手		
011503007	塑料靠墙扶手		
011503008	玻璃栏板		

表 4－94　暖气罩(编码:011504)

项目编码	项目名称	计量单位	工程量计算规则
011504001	饰面板暖气罩	m^2	按设计图示尺寸以垂直投影面积(不展开)计算
011504002	塑料板暖气罩		
011504003	金属暖气罩		

表 4－95　浴厕配件(编码:011505)

项目编码	项目名称	计量单位	工程量计算规则
011505001	洗漱台	个/平方米	按设计图示尺寸以台面外接矩形面积计算。不扣除孔洞、挖弯、削角所占面积,挡板、吊沿板面积并入台面面积内。按设计图示数量计算

续表 4-95

项目编码	项目名称	计量单位	工程量计算规则
011505002	晒衣架	个	按设计图示数量计算
011505003	帘子杆		
011505004	浴缸拉手		
011505005	卫生间扶手		
011505006	毛巾杆(架)	套	
011505007	毛巾环	副	
011505008	卫生纸盒	个	
011505009	肥皂盒		
011505010	镜面玻璃	m^2	按设计图示尺寸以边框外围面积计算
011505011	镜箱	个	按设计图示数量计算

表 4-96 雨篷、旗杆(编码:011506)

项目编码	项目名称	计量单位	工程量计算规则
011506001	雨篷吊挂饰面	m^2	按设计图示尺寸以水平投影面积计算
011506002	金属旗杆	根	按设计图示数量计算
011506003	玻璃雨棚	m^2	按设计图示尺寸以水平投影面积计算

表 4-97 招牌、灯箱(编码:011507)

项目编码	项目名称	计量单位	工程量计算规则
011507001	平面、箱式招牌	m^2	按设计图示尺寸以正立面边框外围面积计算。复杂形的凸凹造型部分不增加面积
011507002	竖式标箱	个	按设计图示数量计算
011507003	灯箱		
011507004	信报箱		

表 4-98 美术字(编码:011508)

项目编码	项目名称	计量单位	工程量计算规则
011508001	泡沫塑料字	个	按设计图示数量计算
011508002	有机玻璃字		
011508003	木质字		
011508004	金属字		
011508005	吸塑字		

(2)实例计算。

某饰面板暖气罩尺寸如图 4-31 所示,五合板基层、榉木板面层、机制木花格散热口共需饰面板暖气罩 18 个,计算其清单工程量,并填写清单工程量计算表(见表 4-99)、分部分项工程和单价措施项目清单与计价表(见表4-100)。

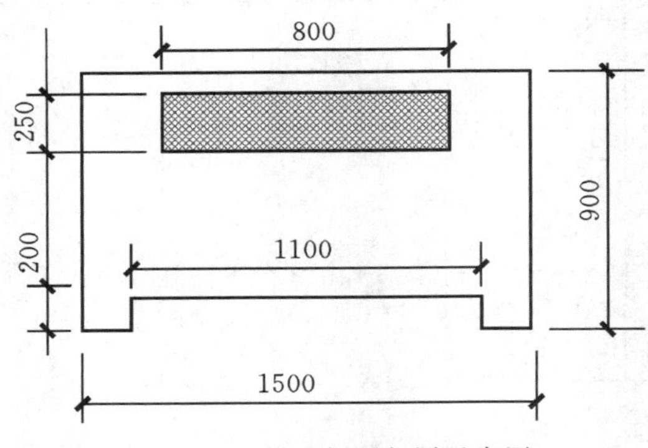

图4-31 饰面板暖气罩示意图

解:饰面板暖气罩清单工程量=垂直投影面积

饰面板暖气罩工程量 $S=(1.5\times0.9-1.10\times0.20-0.80\times0.25)\times18=16.74(m^2)$

表4-99 清单工程量计算表

序号	清单项目编码	清单项目名称	计算式	工程量	计量单位
1	011504001001	饰面板暖气罩	$S=(1.5\times0.9-1.10\times0.20-0.80\times0.25)\times18$	16.74	m^2

表4-100 分部分项工程和单价措施项目清单与计价表

序号	项目编码	项目名称	项目特征描述	计量单位	工程量	金额/元	
						综合单价	合价
1	011504001001	饰面板暖气罩	暖气罩材质:饰面板暖气罩、五合板基层、榉木板面层	m^2	16.74		

三、其他装饰工程定额工程量计算及相关说明

1.其他装饰工程工程清单项目定额工程量计算规则

(1)柜类工程量按正立面设计图示尺寸投影面积以 m^2 计算。

(2)各类台工程量按设计图示尺寸台面中心线长度以m计算。

(3)试衣间工程量按设计图示数量以个计算。

(4)大理石台面按设计图示尺寸的实贴面积以 m^2 计算。

(5)钢栏杆按设计理论质量以t计算;其他各类栏杆、栏板及扶手工程量均按设计图示尺寸的长度以m计算,不扣除弯头所占的长度;弯头数量以个计算。

(6)各类装饰线条、石材磨边及开槽工程量按设计图示长度以m计算。

(7)暖气罩工程量按垂直投影面积以 m^2 计算,扣除暖气百叶所占面积;暖气百叶工程量按边框外围面积以 m^2 计算。

(8)广告牌、灯箱。

①平面广告牌基层工程量按正立面投影面积以 m^2 计算。

②墙柱面灯箱基层工程量按设计图示尺寸的展开面积以 m^2 计算。

③广告牌、灯箱面积工程量按设计图示展开面积以 m^2 计算。

(9)美术字安装(除注明者外)均按字体的最大外围矩形面积以个计算。

(10)开孔、钻孔工程量按设计图示数量以个计算。

(11)大理石洗漱台按设计图示尺寸的展开面积以 m^2 计算,不扣除台面开孔所占的面积。

(12)洗室镜面玻璃按面积以 m^2 计算。

(13)不锈钢旗杆按长度以 m 计算。

(14)GRC 罗马杆按不同直径以延长米计算。

(15)五金配件按设计数量以套计算。

(16)不锈钢帘子杆按设计图示长度以 m 计算。

2. 其他装饰工程定额工程量计算有关说明

(1)装饰线条项目是按墙面直线安装编制的,实际施工不同时,可按下列规定进行调整。

①墙面安装圆形曲线装饰线条,其相应定额人工消耗量乘系数 1.34;材料消耗量乘系数 1.10。

②天棚安装直线装饰线条,其相应定额人工消耗量乘系数 1.34。

③天棚安装圆形曲线装饰线条,其相应人工消耗量乘系数 1.60,材料消耗量乘系数 1.10。

④装饰线条做艺术图案,其相应人工消耗量乘系数 1.80,材料消耗量乘系数 1.10。

(2)广告牌基础以附墙式考虑,如设计为独立式的,其人工消耗量乘系数 1.10;基层材料如设计与定额不同,可以进行调整。

(3)本章定额消耗量是根据附图取定,与实际不同时,材料按实调整,机械不变,人工按下列规定调整:

①胶合板总量每增减 30%时,人工增减 10%;

②抽屉数量与附图不同时,每增减一个抽屉,人工增减 0.1 工日;

③按平方米计量的柜类,当单个柜类正立面投影面积在 1 m^2 以内时,人工乘系数 1.10;

④按米计量的柜类,当单件柜类长度在1 m以内时,人工乘系数 1.10;

⑤弧形面柜类,人工乘系数 1.10。

四、其他分项工程工程量的计算方法

1. 计算公式

其他分项工程工程量的计算公式为:

各类装饰线条工程量=线条延长米

各类栏杆、栏板、扶手工程量=延长米或重量

暖气罩、镜面玻璃工程量=边框外围垂直投影面积

2. 实例计算

铝合金百叶暖气罩如图 4-32 所示,请根据《甘肃省建筑与装饰工程预算定额》计算暖气罩工程量,并填写工程量计算表(见表 4-101)。

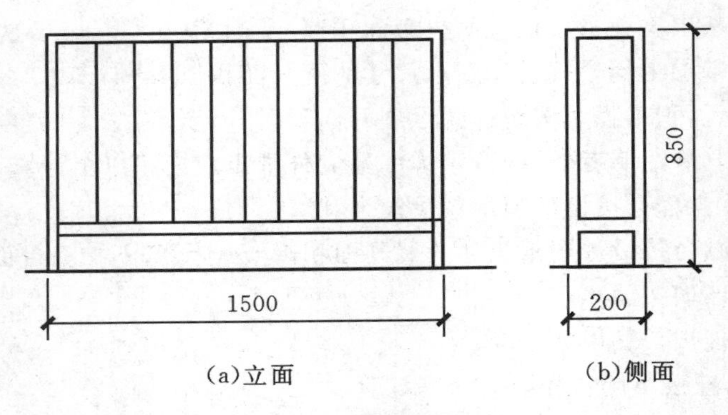

(a)立面　　(b)侧面

图 4-32　铝合金暖气罩

解:暖气罩工程量 $S=1.5\times0.85=1.28(\mathrm{m}^2)$

表 4-101　清单工程量计算表

定额编号	项目名称	单位	工程量	计算式
17-196	铝合金百叶暖气罩	m^2	1.28	$S=1.5\times0.85$

本章小结

1.工程量清单概述

(1)工程量清单是表现拟建工程的分部分项工程项目、措施项目、其他项目名称相应数量的明细清单,由招标人按照《建设工程工程量清单计价规范》附录中统一的项目编码、项目名称、计量单位和工程量计算规则进行编制,包括分部分项工程量清单、指施项目清单、其他项目清单。

(2)工程量清单计价是指投标人完成由招标人提供的工程量清单所需的全部费用,包括分部分项工程费、措施项目费、其他项目费和规费、税金。

(3)工程量清单计价方法是建设工程招标投标中招标人按照国家统一的工程量计算规则提供工程量,由投标人依据工程量清单自主报价,并按照经评审低价中标的工程造价计价方式。

2.工程量清单的内容

一般情况下,工程量清单的编制都指招标工程量清单的编制。招标工程量清单应以单位(项)工程为单位编制,应由分部分项工程项目清单、措施项目清单、其他项目清单、规费和税金项目清单组成。

3.工程量清单的编制程序

工程量清单编制工作可分为施工组织设计编制、分部分项工程量清单的编制、措施项目清单的编制、其他项目清单的编制及规费、税金项目清单的编制五个环节。

4.工程量清单计价的编制依据

编制工程量清单报价的依据主要有:清单工程量、施工图、《建设工程工程量清单计价规范》、消耗量定额、施工方案、工料机市场价格。

5. **工程量清单计价的费用构成**

工程量清单计价应包括招标文件规定的完成工程量清单所列项目的全部费用。包括分部分项工程费、措施项目费、其他项目费、规费和税金。

6. **楼地面装饰工程清单项目**

楼地面装饰工程主要包括：整体面层及找平层、块料面层、橡塑面层、其他材料面层、踢脚线、楼梯装饰、台阶装饰和零星装饰项目。

7. **墙、柱面装饰与隔断、幕墙工程工程量清单项目**

墙、柱面装饰与隔断、幕墙工程主要包括墙面抹灰、柱(梁)面抹灰、零星抹灰、墙面块料面层、柱(梁)面镶贴块料、零星镶贴块料、墙饰面、柱(梁)饰面、隔断和幕墙。

8. **天棚工程工程量清单项目**

天棚工程包括天棚抹灰、天棚吊顶、采光天棚工程和天棚其他装饰。

9. **门窗工程工程量清单项目**

门窗工程包括木门、金属门、金属卷帘门、厂库房大门、特种门、其他门、木窗、金属窗、门窗套、窗帘盒、窗帘轨和窗台板。

10. **油漆、涂料、裱糊工程工程量清单项目**

油漆、涂料、裱糊工程包括门油漆、窗油漆、木扶手及其他板条线条油漆、木材面油漆、金属面油漆、抹灰面油漆、喷塑、涂料、花饰、线条刷涂料和裱糊。

11. **其他工程工程量清单项目**

其他装饰工程包括柜类、货架、装饰线、扶手、栏杆、栏板装饰、暖气罩、浴厕配件、雨篷、旗杆、招牌、灯箱和美术字。

能力训练

1. 某化验室平面如图 4－33 所示。室内外高差为 0.3 m，地面做法为素土夯实；厚 60 mm C10混凝土垫层；素水泥浆一道；1∶2.5 水泥白石子浆水磨石面层；玻璃分格；高 200 mm预制水磨石踢脚板。按照现行定额和清单规范计算地面相关项目的定额和清单工程量。

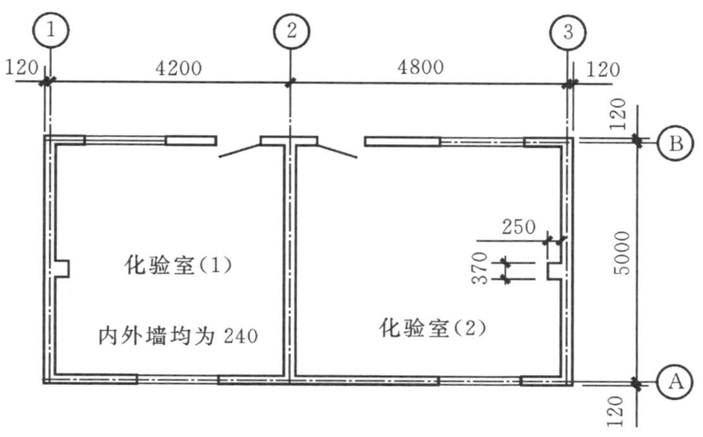

图 4－33　某化验室平面

2. 如图 4－34 所示，计算某装饰装修工程中的活动室、办公室、楼内过道的大理石楼地面的面层工程量，其中门宽 900 mm。

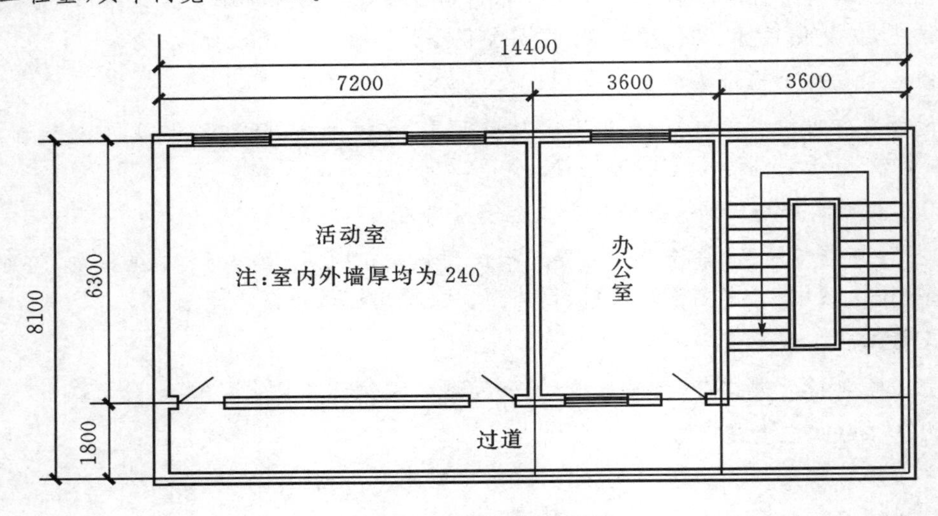

图 4－34　某建筑平面图

3. 某建筑平面如图 4－35 所示，室内地面为陶瓷地砖，踢脚线材质同地面，高 150 mm，试计算面砖地面和踢脚线的工程量。

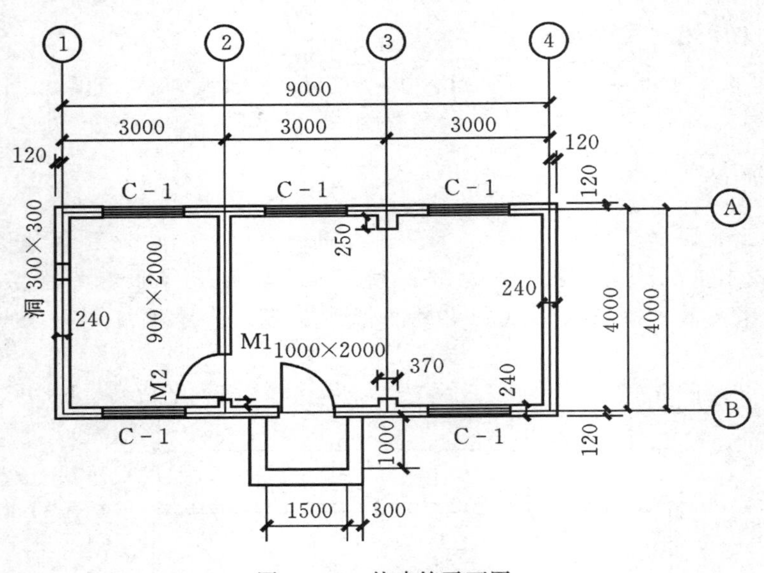

图 4－35　某建筑平面图

4. 如图 4－36 所示的房间吊顶采用不上人轻钢龙骨纸面石膏板吊顶。窗帘盒不与顶棚相连，面层贴壁纸，与墙面交接处四周压石膏线。试计算天棚工程定额工程量。

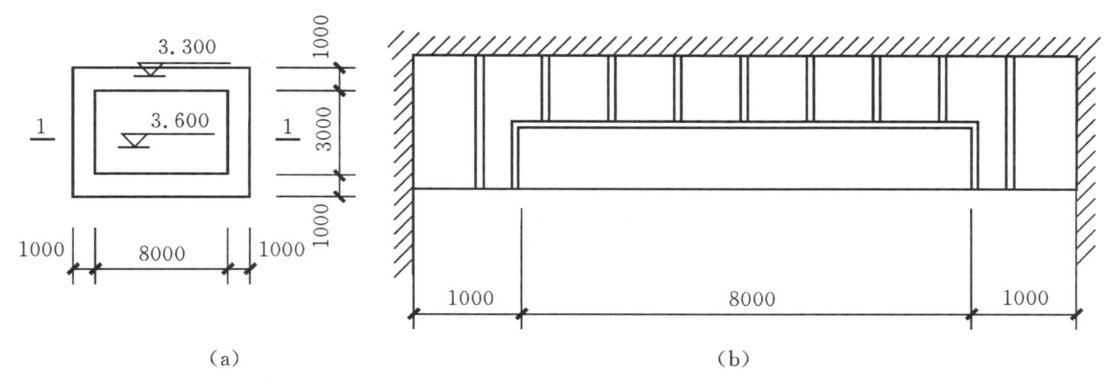

(a) (b)

图 4－36 某房间吊顶图

5. 某门连窗如图 4－37 所示，已知门洞高2400 mm，窗洞高1500 mm，门洞宽1200 mm，窗洞宽800 mm，分别计算门和窗的工程量。

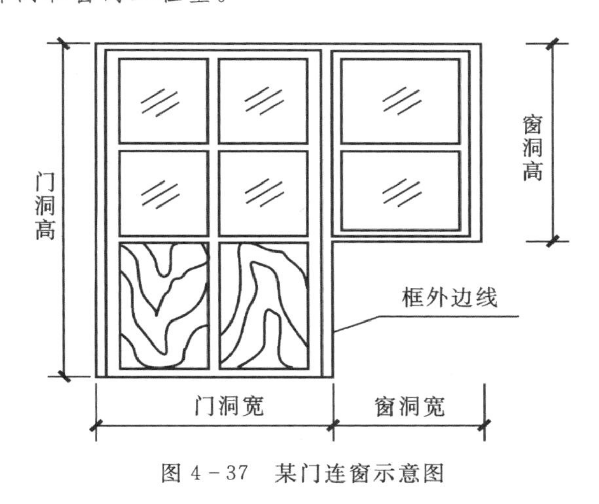

图 4－37 某门连窗示意图

6. 如图 4－38 所示，房间均采用木门窗，墙面裱糊墙纸，计算木门窗油漆、墙面裱糊工程量。

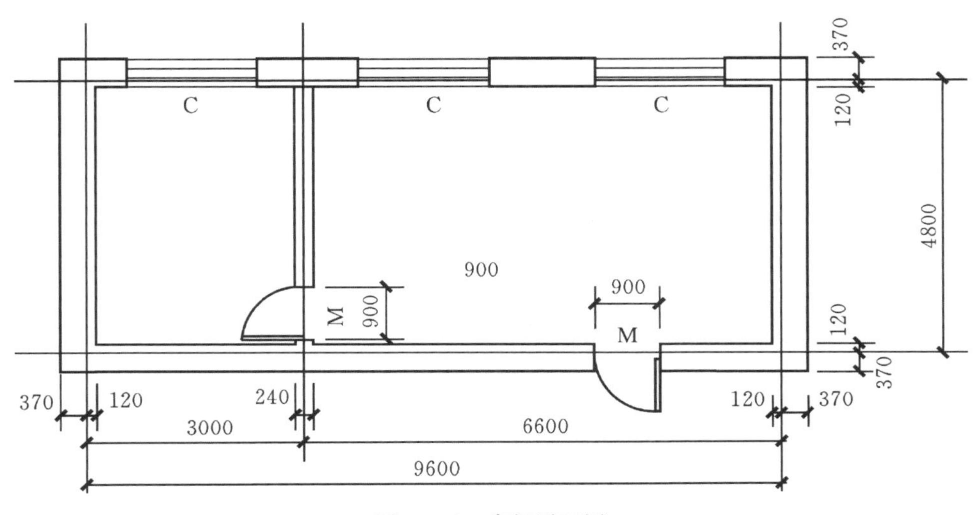

图 4－38 房间平面图

注：(1)木窗尺寸为 $b\times h = 1800$ mm×1500 mm双层木窗(单裁口)；

(2)木门尺寸为 $b\times h = 900$ mm×2000 mm 单层镶板门；

(3)房间顶棚高度为 2800 mm。

7.某工程楼梯栏杆以圆铁为主，每个楼梯栏杆重为421 kg，试计算 8 个楼梯栏杆刷防锈漆一遍、调合漆两遍的工程量。

8.试计算如图 4－39 所示的楼梯木扶手型钢栏杆的工程量。

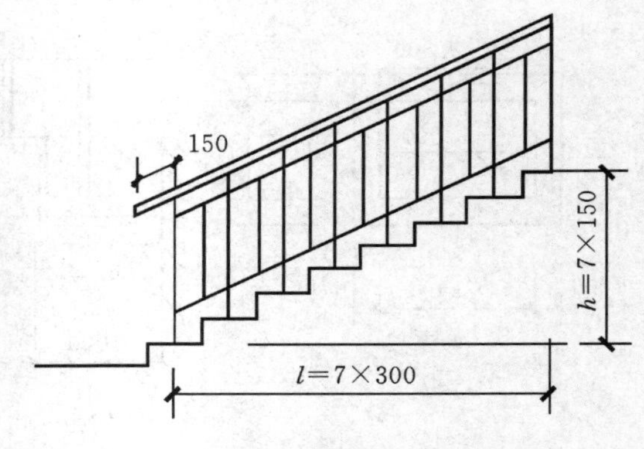

图 4－39 楼梯、台阶与扶手示意图

第五章 工程量清单编制实例与项目实训

内容提要

本章在教学内容组织上，主要设置了家装工程和公装工程的工程量清单计量与计价编制实例，同时设置了家装工程和公装工程项目实训。

教学目标

1. 知识目标：熟悉家装工程和公装工程清单编制；掌握家装工程和公装工程清单计量与计价的编制过程和编制内容。

2. 能力目标：会进行家装工程和公装工程的工程量清单计量与计价文件编制。

第一节 工程量清单编制实例

一、家装工程实例

某家装工程清单编制及工程量计算书如表5－1、5－2所示。

1. 分部分项工程和单价措施项目清单与计价表（见表5－1）

表5－1 分部分项工程和单价措施项目清单与计价表

序号	项目编码	项目名称	项目特征	计量单位	工程量
		0111 楼地面装饰工程			
1	011102003001	客厅、餐厅800 mm×800 mm抛光砖	1. 找平层厚度、砂浆配合比：厚36 mm LC7.5轻骨料混凝土填充层 2. 结合层厚度、砂浆配合比：厚30 mm1：3干硬性水泥砂浆结合层 3. 面层材料品种、规格、颜色：800 mm×800 mm抛光砖 4. 嵌缝材料种类：稀水泥浆擦缝 5. 酸洗、打蜡要求：表面清洁打腊	m^2	33.909

续表 5-1

序号	项目编码	项目名称	项目特征	计量单位	工程量
2	011102003002	书房600 mm×600 mm仿古砖	1. 找平层厚度、砂浆配合比：厚36 mm LC7.5轻骨料混凝土填充层 2. 结合层厚度、砂浆配合比：厚30 mm1∶3干硬性水泥砂浆结合层 3. 面层材料品种、规格、颜色：600 mm×600 mm仿古砖 4. 嵌缝材料种类：稀水泥浆擦缝 5. 酸洗、打蜡要求：表面清洁打腊	m^2	5.314
3	011102003003	卫生间、厨房300 mm×300 mm防滑砖	1. 找平层厚度、砂浆配合比：厚30 mm1∶3水泥砂浆找平层 2. 防水层：厚1.5 mmJS涂膜防水层 3. 找平层厚度、砂浆配合比：厚30 mm1∶3干硬性水泥砂浆 4. 结合层厚度、砂浆配合比：厚6 mm1∶1水泥砂浆 5. 面层材料品种、规格、颜色：300 mm×300 mm防滑砖 6. 嵌缝材料种类：稀水泥浆擦缝缝 7. 酸洗、打蜡要求：表面清洁打腊	m^2	9.981
4	011108001001	黑金花大理石	1. 找平层厚度、砂浆配合比：厚26 mm LC7.5轻骨料混凝土填充层 2. 结合层厚度、砂浆配合比：厚30 mm1∶3干硬性水泥砂浆结合层 3. 面层材料品种、规格、颜色：厚20 mm黑金花大理石 4. 嵌缝材料种类：稀水泥浆擦缝 5. 酸洗、打蜡要求：表面清洁打腊	m^2	1.420
5	011104002001	主卧、儿童房实木地板	1. 龙骨材料种类、规格、铺设间距：30 mm×40 mm木龙骨，间距300 mm，用M8膨胀螺栓固定 2. 基层材料种类、规格：厚9 mm双层木夹板 3. 面层材料品种、规格、颜色：厚18 mm免漆免刨条形实木地板 4. 防护材料种类：木龙骨防火涂料两遍，和地面接触面防腐处理，木夹板防火涂料两遍	m^2	21.990

续表 5-1

序号	项目编码	项目名称	项目特征	计量单位	工程量
6	011105005001	主卧、儿童房木质踢脚线	1.踢脚线高度:高100 mm 2.面层材料品种、规格、颜色:100 mm×20 mm实木踢脚线	m	25.120
7	011105002001	石材踢脚线	1.踢脚线高度:高100 mm 2.面层材料品种、规格、颜色:厚15 mm黑金花大理石,上口磨45度边 3.防护材料种类:石材六面防护	m	34.75
		0113 天棚工程			
8	011407002001	卧室、书房等原顶面喷刷涂料	1.基层类型:水泥砂浆 2.喷刷涂料部位:顶面 3.腻子种类:柔性耐水腻子 4.刮腻子要求:满刮腻子三遍 5.涂料品种、喷刷遍数:乳胶漆涂刷三遍	m^2	44.311
9	011302001001	客厅、餐厅天棚吊顶	1.吊顶形式、吊杆规格、高度:高300 mm 2.龙骨材料种类、规格、中距:轻钢龙骨 3.面层材料品种、规格:纸面石膏板 4.嵌缝材料种类:钉眼防锈漆,石膏腻子嵌缝,板缝胶带 5.防护材料种类:石膏板面满皮腻子三遍,乳胶漆三 遍 6.开灯孔:14 个	m^2	18.047
10	011302001002	卫生间、厨房吊顶天棚	1.吊顶形式、吊杆规格、高度:高300 mm 2.龙骨材料种类、规格、中距:轻钢龙骨 3.面层材料品种、规格:防潮纸面石膏板 4.嵌缝材料种类:钉眼防锈漆,石膏腻子嵌缝,板缝胶带 5.防护材料种类:石膏板面满皮腻子三遍,防水乳胶漆三遍	m^2	8.834
		0112 墙、柱面装饰与隔断、幕墙工程			
11	011408001001	主卧墙纸裱糊	1.基层类型:水泥砂浆 2.裱糊部位:墙面 3.腻子种类:柔性耐水腻子 4.刮腻子遍数:满皮腻子三遍 5.粘结材料种类:专用壁纸胶粘贴 6.面层材料品种、规格、颜色:壁纸,不对花	m^2	35.376

续表 5-1

序号	项目编码	项目名称	项目特征	计量单位	工程量
12	011408001002	儿童房墙纸裱糊	1. 基层类型:水泥砂浆 2. 裱糊部位:墙面 3. 腻子种类:柔性耐水腻子 4. 刮腻子遍数:满皮腻子三遍 5. 粘结材料种类:专用壁纸胶粘贴 6. 面层材料品种、规格、颜色:壁纸,不对花	m^2	23.839
13	011408001003	客厅墙纸裱糊	1. 基层类型:水泥砂浆 2. 裱糊部位:墙面 3. 腻子种类:柔性耐水腻子 4. 刮腻子遍数:满皮腻子三遍 5. 粘结材料种类:专用壁纸胶粘贴 6. 面层材料品种、规格、颜色:壁纸,不对花	m^2	5.428
14	011207001001	客厅银镜装饰面	1. 龙骨材料种类、规格、中距:木龙骨,间距300 mm 2. 保护层材料种类、规格:木龙骨及木夹板防火涂料三遍 3. 基层材料种类、规格:厚18 mm细木工板 4. 面层材料品种、规格、颜色:银镜	m^2	2.07
15	011207001002	客厅奥松板装饰面	1. 龙骨材料种类、规格、中距:木龙骨,间距300 mm 2. 保护层材料种类、规格:木龙骨及木夹板防火涂料三遍 3. 基层材料种类、规格:厚24 mm奥松板混油	m^2	1.472
16	011407001001	书房墙面喷刷涂料	1. 基层类型:水泥砂浆 2. 喷刷涂料部位:墙面 3. 腻子种类:柔性耐水腻子 4. 刮腻子要求:满刮腻子三遍 5. 涂料品种、喷刷遍数:乳胶漆涂刷三遍	m^2	16.484
17	011407001001	客厅、餐厅墙面喷刷涂料	1. 基层类型:水泥砂浆 2. 喷刷涂料部位:墙面 3. 腻子种类:柔性耐水腻子 4. 刮腻子要求:满刮腻子三遍 5. 涂料品种、喷刷遍数:乳胶漆涂刷三遍	m^2	56.313

续表 5-1

序号	项目编码	项目名称	项目特征	计量单位	工程量
18	011204003001	卫生间块料墙面	1.墙体类型:砌块墙 2.安装方式:粘贴安装:厚12 mm1:3水泥砂浆找平层。厚5 mm素水泥浆粘结层 3.面层材料品种、规格、颜色:300 mm×600 mm墙砖 4.缝宽、嵌缝材料种类:密缝,同色水泥擦缝	m^2	25.396
19	011204003002	厨房块料墙面	1.墙体类型:砌块墙 2.安装方式:粘贴安装:厚12 mm1:3水泥砂浆找平层。厚5 mm素水泥浆粘结层 3.面层材料品种、规格、颜色:300 mm×600 mm墙砖 4.缝宽、嵌缝材料种类:密缝,同色水泥擦缝	m^2	20.565
		0108门窗工程			
20	010801002001	木质门带套M1	门代号及洞口尺寸:M1,洞口尺寸900 mm×2150 mm	樘	2.000
21	010801002002	木质门带套M2	门代号及洞口尺寸:M2,洞口尺寸700 mm×2150 mm	樘	1.000
22	010801002003	木质门带套M3	门代号及洞口尺寸:M2,洞口尺寸880 mm×2150 mm	樘	1.000
23	010801002004	木质门带套M4	门代号及洞口尺寸:M2,洞口尺寸780 mm×2150 mm	樘	1.000
24	010809004001	石材窗台板	1.粘结层厚度、砂浆配合比:厚14 mm1:3水泥砂浆找平层。厚6 mm1:1水泥砂浆粘结层 2.窗台板材质、规格、颜色:厚20 mm黑金花窗台板,前口粘石材线条	m^2	2.782
25	010801006001	单扇门锁安装	锁品种:不锈钢执手锁	个(套)	6
		措施项目单价计算项目			
1	011701006001	满堂脚手架		m^2	71.194
2	011707001001	安全文明施工费	项	1	1
3	011707008001	临时设施	项	1	2

2. 工程量计算书

工程名称：某家装工程工程量计算书（见表5-2）

表5-2 工程量计算书

序号	项目编码	子目名称及公式	单位	相同数量	总计
1	011102003001	客厅、餐厅800 mm×800 mm地砖	m^2		33.909
		(2.6－0.24)×1.35		1.00	3.186
		(1.4＋2.6－0.24)×3.9		1.00	14.664
		(1.4＋1.8＋2.1－0.24)×(3.75－0.24)－(1.56＋0.24)×(3.03－0.52)		1.00	13.243
		(1.4－0.12)×2.2		1.00	2.816
2	011102003002	书房600 mm×600 mm仿古砖	m^2		5.314
		(1.72＋0.68－0.24)×(1.3＋1.4－0.24)		1.00	5.314
3	011102003003	卫生间、厨房300 mm×300 mm防滑砖	m^2		9.981
		1.56×(3.03－0.12－0.24)－0.66×(0.4－0.24)		1.00	4.060
		(3.3－1.8－0.24)×(1.15－0.24)		1.00	1.147
		(3.3－0.24)×(1.8－0.24)		1.00	4.774
4	011108001001	黑金花大理石	m^2		1.420
		0.86×0.24＋0.9×0.24＋0.88×0.24＋0.9×0.24＋0.77×0.12＋0.78×0.12＋0.7×0.24＋0.9×0.24		1.00	1.420
5	011104002001	主卧、儿童房实木地板	m^2		21.990
		儿童房：(3－0.24)×(0.9＋2.3－0.12)		1.00	8.500
		主卧：(3.9－0.24)×(2.3＋1.3－0.24)＋0.68×1.75		1.00	13.488
6	011105005001	主卧、儿童房木质踢脚线	m		25.120
		主卧：(3.9＋0.68－0.24)×2＋(2.3＋1.3－0.24)×2－0.87－0.12		1.00	14.410
		儿童房：(3－0.24)×2＋(0.9＋2.3－0.12)×2－0.85－0.12		1.00	10.710
7	011105002001	石材踢脚线	m		34.750
		书房：(1.3＋1.4－0.24)×2－0.83－0.06＋(0.68＋1.72－0.24)×2		1.00	8.350

续表 5-2

序号	项目编码	子目名称及公式	单位	相同数量	总计
		(1.8+1.4+2.1−0.24)×2+(2.2+3.75+3.9+1.35−0.24)×2−(0.87+0.06)×2−(0.87+0.12)−(0.83+0.12)−(0.85+0.12)−(0.75+0.12)		1.00	26.400
8	011407002001	卧室、书房等原顶面喷刷涂料	m^2		44.311
		书房：(1.72+0.68−0.24)×(1.3+1.4−0.24)		1.00	5.314
		主卧：(3.9−0.24)×(2.3+1.3−0.24)+0.68×1.75		1.00	13.488
		儿童房：(3−0.24)×(0.9+2.3−0.12)		1.00	8.500
		生活阳台：(1.5−0.24)×(1.15−0.24)		1.00	1.147
		客厅：2.8×3.34		1.00	9.352
		餐厅：2.1×3.1		1.00	6.510
9	011302001001	客厅、餐厅天棚吊顶	m^2		18.047
		(2.6−0.24)×1.35		1.00	3.186
		(1.4+2.6−0.24)×3.9		1.00	14.664
		(1.4+1.8+2.1−0.24)×(3.75−0.24)−(1.56+0.24)×(3.03−0.52)		1.00	13.243
		(1.4−0.12)×2.2		1.00	2.816
		−2.1×3.1−2.8×3.34		1.00	−15.862
10	11302001002	卫生间、厨房吊顶天棚	m^2		8.834
		1.56×(3.03−0.12−0.24)−0.66×(0.4−0.24)		1.00	4.060
		(3.3−0.24)×(1.8−0.24)		1.00	4.774
11	011408001001	主卧墙纸裱糊	m^2		35.376
		(2.3+1.3−0.24+0.68+3.9−0.24)×2×2.6−(0.87+0.12)×(2+0.06)−1.75×1.5		1.00	35.376
12	011408001002	儿童房墙纸裱糊	m^2		23.839
		(0.9+2.3−0.12+3−0.24)×2×2.6−(0.85+0.12)×(2+0.06)−(0.9−0.12+2.36−0.12)×1.5		1.00	23.839
13	011408001003	客厅墙纸裱糊	m^2		5.428
		[3.9−(0.08×4+0.15×3)×2]×2.3		1.00	5.428
14	011207001001	客厅银镜装饰面			2.070
		0.15×3×2×2.3		1.000	2.070

续表 5-2

序号	项目编码	子目名称及公式	单位	相同数量	总计
15	011207001002	客厅奥松板装饰面			1.472
		0.08×4×2×2.3		1.00	1.472
16	011407001001	书房墙面喷刷涂料			16.484
		(1.3+1.4−0.24+1.05+1.35−0.24)×2×2.7−(1.47+0.74+2.2)×1.5−0.86×2.15		1.00	16.484
17	011407001002	客寄、餐厅墙面喷刷涂料			56.313
		(2.2+3.75+3.9+1.35−0.24+1.8+1.4+2.1−0.24)×2×2.4−0.86×2.15−0.9×2.15×3−0.88×2.15−0.78×2.15−3.9×2.4		1.00	56.313
18	011204003001	卫生间块料墙面	m^2		25.396
		(1.56×4+3.03×2)×(2.4+0.1+0.02)−0.6×1.5−0.74×2×2−0.87×2		1.00	25.396
19	011204003001	厨房间块料墙面	m^2		20.565
		(3.3−0.24+1.8−0.24)×2×(2.4+0.1+0.02)−(0.67−0.24)×2−(0.75−0.24)×2−0.56×1.5		1.00	20.565
20	010801002001	木质门带套 M1	樘		2.0000
		1		1.00	1.0000
21	010801002002	木质门带套 M2	樘		1.0000
		1		1.00	1.0000
22	010801002003	木质门带套 M3	樘		1.0000
		1		1.00	1.0000
23	010801002004	木质门带套 M4	樘		1.0000
24	010809004001	石材窗台板	m^2		2.782
		(2.36−0.12)×(0.87−0.12)+0.72×(0.87+0.9−0.24)		1.00	2.782
	010801006001	单扇门锁安装			6.000
		6		1.00	6.000
26	011701006001	满堂脚手架	m^2		71.194
		33.909+5.314+9.981+21.99			71.194

二、公装工程实例

工程名称:××控制中心大楼装饰工程量清单如图 5-1、表 5-3 至表 5-7 所示。

××控制中心大楼装饰工程

工程量清单

招标人: (单位签字盖章)

法定代表人: (签字盖章)

中介机构

法定代表人: (签字盖章)

造价工程师

及注册证号: (签字盖执业专用章)

编制时间: 年 月 日

图 5-1 工程量清单封面

表 5-3 工程量清单

序号	项目编码	项目名称	计量单位	工程数量
1	020102002001	块料楼地面 1. 结合层厚度、砂浆配合比:水泥砂浆一道,水泥砂浆 1∶2,厚20 mm,水泥浆一道 2. 面层材料品种、规格、品牌、颜色:玻化砖 800 mm×800 mm 3. 嵌缝材料种类:水泥浆嵌缝	m^2	713.610
2	020204003001	防静电活动地板 1. 结合层厚度、砂浆配合比:水泥砂浆一道,水泥砂浆 1∶2,厚度20 mm,水泥浆一道找平 2. 抗静电地板:600 mm×600 mm(含钢架,升降式) 3. 嵌缝材料种类:塑胶嵌缝	m^2	113.730

续表 5-3

序号	项目编码	项目名称	计量单位	工程数量
3	020104004001	金属复合地板 1.面层材料品种、规格、品牌:复合金钢木地板(成品)厚9 mm以内 2.找平层厚度、砂浆配合比:水泥砂浆1∶3,厚20 mm,找平层,水泥砂浆结合层 3.防护材料种类:泡沫塑料基层 4.接缝材料种类、规格:地板接缝胶,铝合金封条	m^2	11.590
4	020102001001	石材楼地面 1.结合层厚度、砂浆配合比:水泥浆一道,水泥砂浆1∶3,厚度20mm,水泥浆一道 2.面层材料品种、规格、品牌、颜色:花岗岩石板材厚20 mm,黑金砂(进口)宽200 mm 3.嵌缝材料种类:水泥浆嵌缝	m^2	52.000
5	020105003001	块料踢脚线 1.踢脚线高度:120 mm 2.粘贴层厚度、材料种类:水泥砂浆 1∶1,厚12 mm 3.面层材料品种、规格、品牌、颜色:玻化砖厚12 mm 4.顶面磨大斜边(45°) 5.勾缝材料种类:素水泥浆	m^2	85.640
6	020207001001	装饰板墙面 1.基层材料种类、规格:厚18 mm细木工板 2.面层材料品种、规格、品牌、颜色:铝塑板厚3 mm,闪银色 3.防火涂料二遍,防腐剂一遍 4.实木角线收口漆 5.宽8 mm黑漆勾缝	m^2	32.630
7	020209001001	隔断 大堂形象墙,厚12 mm钢化玻璃	m^2	5.040
8	020607002001	有机玻璃字 大堂形象墙,主S水晶字(内打灯光)	字	24.000
9	020402003001	金属地弹门 1.玻璃品种、厚度、五金材料、品种、规格:钢化玻璃厚15 mm,地弹簧,豪华条形拉手(不锈钢) 2.扇材质、外围尺寸:钢化玻璃2590 mm×2100 mm 3.框材质、外围尺寸: 40 mm×40 mm×4 mm角钢门套加3010 mm×2310 mm	樘	1.000

续表 5－3

序号	项目编码	项目名称	计量单位	工程数量
10	020407003001	石材门窗套 1. 大花绿异形线干挂宽210 mm 2. 基层40 mm×40 mm×4 mm角钢焊接，刷防锈漆二遍 3. 勾缝水泥浆一遍	m^2	2.852
11	020204001001	石材墙面 1. 挂贴方式粘贴 2. 贴结层厚度、材料种类：水泥砂浆 1：2，厚20 mm 3. 面层材料品种、规格、品牌、颜色：大理石厚20 mm 4. 缝宽、嵌缝材料种类：嵌缝砂浆 5. 磨光、酸洗、打蜡要求：横缝磨大斜边详见大堂门面	m^2	24.520
12	020209001002	通道隔断墙面 1. 基层材料种类、规格：厚18 mm细木工板 2. 面层材料品种、规格、品牌、颜色面饰：红檀木饰面，内嵌钢化玻璃 3. 防护材料种类：防火涂料二遍，防腐剂一遍 4. 油漆品种、刷漆遍数：宽50 mm色漆勾缝 5. 详见通道立面图	m^2	176. 830
13	020209001003	通道隔断墙面 1. 基层材料种类、规格：厚18 mm细木工板 2. 面层材料品种、规格、品牌、颜色面饰：铝塑板厚3 mm，银灰色，内嵌 12 厘钢化玻璃 3. 防护材料种类：防火涂料二遍，防腐剂一遍 4. 详见通道立面图 EA－03	m^2	173.340
14	020209001004	机房彩钢板护墙 1. 钢结构面饰彩钢板 2. 不锈钢门套及窗套内层钢结构 3. 内嵌 8 厘磨砂玻璃 4. 门五金及不锈钢拉手 5. 不锈钢踢脚线 6. 详见机房 M 施工立面图	m^2	39.690
15	020209001005	隔断 1. 钢结构基层细木工板面饰铝塑板 2. 内嵌 12 厘钢化玻璃 3. 详见立面图 4. 监测室及业务室	m^2	43.200

续表 5-3

序号	项目编码	项目名称	计量单位	工程数量
16	020401005001	夹板装饰门 (一)门类型:单扇夹板装饰门 1. 骨架材料种类:厚18 mm细木工板基层 2. 防护材料种类:防火涂料二遍,防腐剂一遍 3. 框截面尺寸、单扇面积: 800 mm×2000 mm 4. 面层材料品种、规格、品牌、颜色:铝塑板厚3 mm 5. 亚光不锈钢门锁,亚光不锈钢合页,不锈钢磁性门碰 (二)门套类型:单扇门 1. 骨架材料种类、规格:厚9 mm胶合板基层 2. 门框外围面积:900 mm×2100 mm 3. 面层材料品种、规格、品牌、颜色:铝塑板饰面厚3 mm,收边颜色相同 4. 防护材料种类:防火涂料二遍,防腐剂一遍	樘	22.000
17	020401005002	夹板装饰门 (一)门类型:双扇夹板装饰门 1. 骨架材料种类:厚18 mm细木工板基层 2. 防水材料种类:防火涂料二遍,防腐剂一遍 3. 框截面尺寸、单扇面积: 800 mm×2000 mm 4. 面层材料品种、规格、品牌、颜色:铝塑板厚3 mm 5. 亚光不锈钢门锁,亚光不锈钢合页,不锈钢磁性门碰 (二)门套类型:双扇门 1. 骨架材料种类、规格:厚9 mm胶合板基层 2. 门框外围面积:1800 mm×2100 mm 3. 面层材料品种、规格、品牌、颜色:铝塑板饰面厚3 mm,收边颜色相同 4. 防护材料种类:防火涂料二遍,防腐剂一遍	樘	4.000
18	020209001006	隔断 1. 骨架、边框材料种类、规格:45 mm×75 mm轻钢骨架 2. 隔板材料品种、规格、品牌、颜色:厚12 mm纸面石膏板 3. 内填充超细吸声棉	m^2	151.820
19	020207001002	装饰板墙面 1. 基层材料种类、规格:厚18 mm细木工板 2. 面层材料品种、规格、品牌、颜色:刷漆三遍,白色 3. 宽 8 厘黑漆勾缝 4. 详见 CT 立面图	m^2	12.610

续表 5－3

序号	项目编码	项目名称	计量单位	工程数量
20	020209001007	隔断 1. 基层材料种类、规格：厚18 mm细木工板 2. 面层材料品种、规格、品牌、颜色面饰：红檀木饰面，内嵌 12 厘钢化玻璃 3. 防护材料种类：防火涂料二遍，防腐剂一遍 4. 油漆品种、刷漆遍数：宽50 mm白漆勾缝 5. 压条材料种类：红檀实木收口 6. 轨道、万向轮及五金配件 7. 油漆品种、刷漆遍数：木板面聚脂漆二底二面	m^2	102.400
21	020207001003	装饰板墙面 1. 基层材料种类、规格：厚18 mm细木工板 2. 面层材料品种、规格、品牌、颜色：铝塑板厚3 mm 3. 防护材料种类：防火涂料二遍，防腐剂一遍 4. 砂光不锈钢压条宽30 mm 5. 宽 10mm 黑漆勾缝	m^2	16.440
22	010302001001	实心砖墙 1. 墙体类型：内墙 2. 砖品种、规格、强度等级：粘土砖 240 mm×115 mm×53 mm，MU10 3. 砂浆强度等级、配合比：混合砂浆 M5 4. 墙体厚115 mm	m^3	8.580
23	020201002001	墙面装饰抹灰 1. 内砖墙 2. 底层厚度、砂浆配合比：水泥砂浆 1∶3，厚19 mm 3. 面层厚度、砂浆配合比：水泥砂浆 1∶2.5，厚5 mm	m^2	147.680
24	020202002003	块料楼地面 1. 结合层厚度，砂浆配合比：水泥砂浆 1∶2，厚20 mm，水泥浆一遍 2. 面层材料品种、规格、品牌、颜色：防滑砖 300 mm×300 mm 3. 嵌缝材料种类：水泥砂浆嵌缝 4. 防护层材料种类：防水 991 数遍	m^2	12.880

续表 5-3

序号	项目编码	项目名称	计量单位	工程数量
25	020204003001	块料墙面 1.粘贴 2.贴结层厚度、材料种类:水泥砂浆1:1,厚12 mm,107胶水 3.玻化砖:300 mm×600 mm,白色 4.水泥砂浆嵌缝 5.防水材料种类:防水911,数遍	m^2	75.480
26	020302001001	天棚吊顶 1.天棚吊顶,不造型 2.龙骨材料种类、规格、中距:装配U型轻钢龙骨1200 mm×600 mm以内,中距,不上人型 3.方形铝扣板:300 mm×300 mm×1.2 mm,亚光 4.检修孔材料、规格、位置:同饰面材料,300 mm×300 mm 5.卫生间	m^2	23.460
27	020209001008	隔断 基层刨花板面饰防火板,含五金配件(按成品确认,定购安装)	m^2	4.000
28	020402005001	塑钢门 1.卫生间单扇门 2.800 mm×2100 mm(成品)	樘	3.000
29	020302001002	天棚吊顶 1.天棚吊顶,不造型 2.龙骨材料种类、规格、中距:装配U型轻钢龙骨1200 mm×600 mm以内,中距,不上人型 3.方形矿棉板:60 mm×600 mm,暗式烤漆龙骨架 4.检修孔材料、规格、位置:同饰面材料3 mm×300 mm	m^2	430.610
30	020302001003	天棚吊顶 1.天棚吊顶,不造型 2.龙骨材料种类、规格、中距:装配U型轻钢龙骨1200 mm×600 mm以内,中距,不上人型 3.微孔板:600 mm×600 mm×1.2 mm,亚光 4.样品室,电脑室	m^2	45.610

续表 5-3

序号	项目编码	项目名称	计量单位	工程数量
31	020302001004	天棚吊顶 1.天棚吊顶,不规则(含造型在内) 2.龙骨材料种类、规格、中距:装配 U 型轻钢龙骨 600 mm×600 mm 以内,中距,不上人型 3.纸面石膏:厚 9.5 mm 4.检修孔材料、规格、位置:同饰面材料300×300 mm 5.大堂,会议室,走廊	m^2	346.620
32	020302001008	天棚吊顶 1.吊圆型 2.龙骨材料种类、规格、中距:25 mm×25 mm 镀锌方管骨架 600 mm×600 mm 以内,中距,不上人型 3.面层材料品种、规格、品牌、颜色:铝塑板厚 3 mm 4.白色建筑胶 5.监测中心	m^2	25.000
33	020302001006	天棚吊顶 1.方格式形 2.龙骨材料种类、规格、中距:25 mm×25 mm 镀锌方管骨架 600 mm×600 mm 以内,中距,不上人型 3.面层材料品种、规格、品牌、颜色:铝塑板厚 3 mm 4.白色建筑胶 5.会议室	m^2	7.360
34	020302001007	天棚吊顶 1.造型 2.龙骨材料种类、规格、中距:砂光不锈钢饰面,基层钢结构饰不锈钢板,厚 1.0 mm 3.会议室 4.嵌缝材料种类:白色建筑胶	m^2	4.320
35	020506001001	抹灰面油漆 1.天棚石膏板面 2.内墙面装饰抹灰面 3.腻子种类:胶腻子 4.刮腻子要求:满批腻子二遍 5.水性水泥漆:二底二面	m^2	333.920

续表 5-3

序号	项目编码	项目名称	计量单位	工程数量
36	020506001002	抹灰面油漆 1. 基层类型内墙面装饰抹灰面 2. 腻子种类:胶腻子 3. 刮腻子要求:满批腻子二遍 4. 油漆品种、刷漆遍数:水性水泥漆二底二面	m^2	498.420
37	020408001001	木窗帘盒 1. 窗帘盒材质、规格、颜色:18 厘细木工板制作200 mm×250 mm 2. 防护材料种类:木板防火涂料二遍 3. 水性水泥漆二底二面,满批腻子二遍,打磨(含弧形在内)	m	62.000

表 5-4 措施项目清单

序号	项目名称
1	文明施工
2	安全施工
3	临时设施
4	夜间施工
5	已完工程及设备保护
6	缩短工期措施费
7	生产工具用具使用费
8	工程点交、场地清理费
9	优良工程增加费

表 5-6 其他项目清单

序号	项目名称
1	招标人部分
1.1	预留金
1.2	材料购置费
	小计
2	投标人部分
2.1	总承包服务费
2.2	零星工作项目
	小计
	合计

表 5－7　材料清单

序号	材料编码	材料名称	规格、型号等特殊要求	单位
1	400100300001000	水泥	32.5 MPa	kg
2	430102300033000	不锈钢板	宽 800 mm,厚 1.0 mm	m
3	430101500003000	角钢	综合	kg
4	420101300129000	硬板材		m^3
5	420100300013000	松板材		m^3
6	420100700001000	红榉木夹板		m^2
7	420101300181000	金属烤漆板条	异型	m^2
8	420100300009000	杉枋材		m^3
9	400500500051000	中(粗)砂	损耗 2% ＋膨胀 1.18	m^3
10	400501700007000	滑石粉		kg
11	400500500049000	中(细)砂	损耗 2% ＋膨胀 1.18	m^3
12	400500100005000	红砖	240 mm×115 mm×53 mm	块
13	402100700587000	泡沫塑料有机玻璃字	0.2 m^2以内	个
14	402300300127000	铁钉		kg
15	402301100001000	地弹簧		套
16	470103300127000	万能胶		kg
17	401700500005000	彩色弹性防水涂料	H－991	kg
18	430500100001000	不锈钢上下帮		m
19	402300300207000	射钉		百个
20	402300500007000	不锈钢铰链 127		个
21	430501101009000	角托		只
22	402302100479000	小五金费用		元
23	402500100015000	玻璃棉毡	厚75 mm	m^2
24	401500100027004	黑金砂磨光大理石板	厚20 mm	m^2
25	401500500055000	不锈钢压条	50 mm	m
26	401500700089000	细木工板	厚15 mm	m^2
27	401700100001000	内墙水泥漆底漆		kg
28	400903100007001	防滑砖	300 mm×300 mm	块
29	402300900011000	高级门锁		把
30	400702300001000	塑钢平开门		m^2
31	470103300123000	玻璃胶	350 g	支
32	401500700017000	胶合板	五夹板	m^2

续表 5－7

序号	材料编码	材料名称	规格、型号等特殊要求	单位
33	401500500019000	镜面不锈钢板	厚0.8 mm	m^2
34	402100700675000	密封胶		支
35	430501101187000	吊筋		h
36	400702100003000	不锈钢大门	全玻双扇	m^2
37	430700100073000	铝合金工字		m
38	430500500029000	轻钢天地龙骨	75 mm×40 mm	m
39	401700100011000	聚醋酸乙烯乳液		kg
40	401500700019000	胶合板	九夹板	m^2
41	401500700025000	胶合板	十八夹板	m^2
42	401500700021000	胶合板	十二夹板	m^2
43	401500700011000	防静电活动复合地板	成品	m^2
44	401500100049004	大花绿弧形板磨光花岗岩板	厚25 mm	m^2
45	430501100237000	铁件		kg
46	402&00700067000	玻璃胶	350 g	支
47	401300700001000	纸面石膏板	厚9 mm	m^2
48	470103500009000	防火涂料	A60－1	kg
49	401700700035000	水性水泥漆		kg
50	430500500027000	轻钢竖龙骨	75 mm×50 mm	m
51	401100500003000	磨砂玻璃	厚5 mm	m^2
52	401300300001000	普通石膏板	厚9 mm	m^2
53	402302100335000	不锈钢挂件		套
54	400703500013000	杉木胶合板门		m^2
55	401500500011000	彩钢夹芯板	厚 75 mm	m^2
56	430700100165000	铝合金平方板		m^2
57	4015Q0500015001	铝塑板	厚3 mm	m^2
58	401500100027001	磨光大理石板	厚20 mm	m^2
59	401500700039000	难燃白原木胶合板	厚 3 mm	m^2
60	430501100419000	铸铁支架		1套
61	401500500003000	钢质活动地板	500 mm×500 mm×30 mm	m^2
62	471100100001000	矿棉吸声板		m^2
63	400902900033002	玻化砖	300 mm×600 mm	m^2
64	401500700087000	细木工板	厚12 mm	m^2
65	401500100027002	黑金光砂磨光大理石板	厚20 mm	m^2

续表 5－7

序号	材料编码	材料名称	规格、型号等特殊要求	单位
66	400901300007002	玻化砖	500 mm×500 mm	块
67	401500700035001	榉木胶合板		m^2
68	430501100527000	镀锌钢板横梁		kg
69	401500700035003	红檀木板		m^2
70	430500500055000	轻钢龙骨不上人型	平面 450 mm×450 mm	m^2
71	401500500017000	铝塑板	厚4 mm	ra2
72	401102900003000	钢化玻璃	厚12 mm	m^2
73	400901300011000	玻化砖	800 mm×800 mm	块

三、工程量清单计价编制实例

工程名称：某教学实验综合楼装饰工程量清单计价，详见表 5－8 至表 5－11。

表 5－8　单位工程费汇总表

序号	费用名称	金额/元
1	分部分项工程量清单计价合计	6491681.21
2	措施项目清单计价合计	331290
3	其他项目清单计价合计	622400
4	规费(5.0%)	388833.06
5	税金(3.41%)	278443.35
	合 计	8443937.63

表 5－9　分部分项工程量清单计价表

序号	项目编码	项目名称	计量单位	工程量	单价/元	合价/元	备注
		B.1 楼地面工程					
1	020101001001	楼地面 1∶2.5 水泥砂浆抹光，厚 25 mm(教室及其他) 1. 基层处理；2. 抹找平层	m^2	11740.25	8.77	102961.9925	
2	020101002001	现浇水磨石楼地面(走廊及首层公共区) 1. 基层清理；2. 抹找平层；3. 面层铺设；4. 磨光、酸洗、打蜡	m^2	6155.30	26.47	162930.791	
3	020102001001	烧面花岗石地面(大门入口) 1. 抹找平层；2. 面层敷设规格 400 mm×600 mm；3. 刷防护材料	m^2	243.96	218.20	53232.072	

续表 5-9

序号	项目编码	项目名称	计量单位	工程量	单价/元	合价/元	备注
4	020102001002	国产花岗石地面(电梯厅) 1. 抹找平层;2. 面层敷设规格 600 mm×600 mm;3. 刷防护材料	m^2	646.50	165.73	107144,445	
5	020102002001	楼地面1:2.5水泥砂浆底厚20 mm,400 mm×400 mm浅蓝色防滑砖面层 1. 基层处理,抹找平层;2. 面层铺设;3. 嵌缝	m^2	1692.00	67.59	114362.28	
6	020102002002	楼地面1:2.5水泥砂浆,底厚20 mm,抛光砖面层 1. 基层处理,抹找平层 2. 面层铺设规格 600 mm×600 mm; 3. 嵌缝	m^2	3396. 14	136.77	464490.0678	
7	020105001001	踢脚线1:1:6水泥石灰砂浆,底厚15 mm,1:2.5水泥砂浆,面厚20 mm(教室及其他) 1. 基层处理,抹找平层;2. 面层铺设	m^2	232.52	12.94	3008.8088	
8	020105003001	踢脚线1:1:6水泥石灰砂浆,底厚15 mm,抛光砖面层 1. 基层处理,抹找平层;2. 面层铺设	m^2	83.53	150. 81	12597.1593	
9	020106002001	楼梯面层1:2水泥砂浆,底厚20 mm,耐磨砖面层 1. 基层处理,抹找平层;2. 面层铺设	m^2	2299.58	119. 87	275650. 6546	
10	020107001001	不锈钢管带钢化玻璃栏板 1. ϕ50 不锈钢管立杆;2. ϕ75 不锈钢圆管扶手;3. 厚10 mm无色钢化玻璃	m	1012.76	342. 36	346728.5136	
11	020107001002	外墙窗饰栏杆扁铁花栏杆 1. 成品订做;2. 运输;3. 安装;4. 油漆	m	1329.45	155. 89	207247.9605	
12	020108001001	台阶1:3水泥砂浆找平层,厚20 mm,1:1.5水泥砂浆,厚20 mm(加 5%建筑胶)粘结层,烧面花岗石面层 1. 基层处理;2. 抹找平层;3. 面层铺贴;4. 勾缝	m^2	237.85	349.75	83188.0375	

续表 5－9

序号	项目编码	项目名称	计量单位	工程量	单价/元	合价/元	备注
13	020108003001	台阶1：2.5水泥砂浆，整体面层厚25 mm(阶梯教室) 1.基层处理;2.抹找平层	m^2	586.27	88.47	51867.3069	
		B.2墙、柱面工程					
14	020201001001	内墙面1：2：8水泥石灰砂浆，底厚15 mm，1：1：6水泥砂浆，面层厚5 mm 1.基层处理;2.砂浆制作、运输;3.底层抹灰;4.抹面层	m^2	20415.68	7.04	143726.3872	
15	020204001001	墙面1：2.5水泥砂浆底，挂贴国产花岗石 1.底层抹灰;2.结合层铺贴;3.面层挂贴;4.刷防护涂料	m^2	1799.60	190.06	342031.976	
16	020204003001	内墙裙1：2.5水泥砂浆，底厚15 mm，釉面砖面层 1.基层处理;2.砂浆制作运输;3.底层抹灰;4.面层铺贴	m^2	3835.42	61.90	237412.498	
17	020204003002	内墙面1：2.5水泥砂浆，底厚15 mm，白瓷片面层(卫生间) 1.基层处理;2.砂浆制作运输;3.底层抹灰;4.面层铺贴	m^2	3414.76	91.64	312928.6064	
18	020204003003	外墙面1：2.5水泥砂浆，底厚15 mm，浅蓝色条形砖面层 1.基层处理(含局部挂钢丝网)2.砂浆制作运输;3.底层抹灰;4.面层铺贴	m^2	3617.82	61.98	224232.4836	
19	020204003004	外墙面1：2.5水泥砂浆，底厚15 mm，乳白色条形砖面层 1.基层处理(含局部挂钢丝网);2.砂浆制作运输;3.底层抹灰;4.面层铺贴	m^2	9038.26	50.17	453449.5042	
20	020205001001	椭圆柱面挂贴光面花岗石面层 1.基层处理;2.砂浆制作运输;3.底层抹灰;4.面层挂贴	m^2	191.49	860.48	164773.3152	

续表 5-9

序号	项目编码	项目名称	计量单位	工程量	单价/元	合价/元	备注
21	020205003001	柱面1∶2.5水泥砂浆,底厚15 mm,乳白色条形砖面屋(花架及首层独立柱) 1.基层处理;2.砂拨制作运输;3.底层抹灰;4.面层铺贴	m^2	918.02	47.29	43413.1658	
22	020206001001	花岗石圆形装饰柱脚 1.石材柱成品购置;2.柱脚铺装	个	4.00	2295.70	9182.8	
23	020207001001	墙面民族风情壁画 1.抹灰底层;2.壁画基层;3.壁画安装	m^2	122.4	581.95	71230.68	
24	020207001002	墙面 50 mm×50 mm彩色砖(根据设计图案贴成壁画) 1.1∶2水泥沙浆抹灰;2.面贴彩砖	m^2	424.00	229.72	97401.28	
25	020209001001	卫生间塑钢隔断 1.塑钢骨架及边框制作、运输、安装;2.塑钢隔板制安;3.嵌缝,塞口	m^2	186.12	215.99	40200.0588	
		B.3 天棚工程					
26	020301001001	天棚1∶1∶6水泥石灰砂家打底,纸筋灰面层 1.混凝土基层清理;2.底层抹灰;3.抹面层	m^2	38280.55	5.31	203269.7205	
		B.4 门窗工程					
27	020401003001	双扇平开木门 M1(150 mm×2800 mm) 1.夹板门制作、运输、安装;2.五金、玻璃安装;3.刷油漆	樘	12.00	618.02	7416.24	
28	020401003002	单扇平开木门 M1(150 mm×2800 mm) 1.夹板门制作、运输、安装;2.五金、玻璃安装;3.刷油漆	樘	308.00	433.64	133561.12	
29	020401003001	乙级防火门单扇平开 FM-1(90 mm×210 mm) 1.夹板门制作运输、安装;2.五金、玻璃安装;3.刷油漆	樘	96.00	806.94	77466.24	

续表 5-9

序号	项目编码	项目名称	计量单位	工程量	单价/元	合价/元	备注
30	020401003002	乙级防火门双扇平开 M2(1500 mm×2100 mm) 1. 夹板门制作、运输、安装;2. 五金、玻璃安装 3. 刷油漆	樘	84.00	1345.19	112995.96	
31	020401006003	乙级防火门双扇平开 M3(1200 mm×2800 mm) 1. 夹板门制作、运输、安装;2 五金、玻璃安装;3. 刷油漆	樘	2.00	1430.60	2861.2	
32	020401008001	木质门连窗 MC1(245 mm×4100 mm) 1. 实木门窗制作、运输、安装;2. 五金、玻璃安装;3. 刷油漆	樘	2.00	1783.81	3567.62	
33	020401008002	木质门连窗 MC2(2800 mm×10060 mm) 1. 实木门窗运输、安装;2. 五金、玻璃安装;3. 刷油漆	樘	2.00	4779.60	9559.2	
34	020406003001	铝合金窗白铝白玻固定窗 C1(2100 mm×46250 mm) 1. 窗制作、运输、安装;2. 五金、玻璃安装;3. 70 系列、2×13 分格,厚14 mm 白铝:厚4.5 mm钢化白玻	樘	1.00	25436.34	25436.34	
35	020406003002	铝合金窗白铝白玻固定窗 C2(900 mm×46250 mm) 1. 窗制作、运输、安装;2. 五金,玻璃安装;3. 70 系列、2×13 分格,厚14 mm 白铝:厚4.5 mm钢化白玻	樘	1.00	10897.56	10897.56	
36	020406001001	铝合金窗白铝白玻推拉窗 C3(280 mm×1800 mm) 1. 窗制作、运输、安装:2. 五金、玻璃安装;3. 70 系列不带亮、三扇、厚1.4 mm 白铝;厚4.5 mm白玻	樘	122.00	984.10	120030.2	

续表 5－9

序号	项目编码	项目名称	计量单位	工程量	单价/元	合价/元	备注
37	020406001002	铝合金窗白铝白玻推拉窗 C4 (3600 mm×1800 mm) 1.窗制作、运输、安装；2.五金、玻璃安装；3.70 系列不带亮、四扇、厚1.4 mm白铝；厚4.5 mm白玻	樘	132.00	1265.29	16715.28	
38	02040601003	铝合金窗白铝白玻推拉窗 C5 (3520 mm×1800 mm) 1.窗制作、运输、安装；2.五金、玻璃安装；3.70 系列不带亮、四扇、厚1.4 mm白铝；厚4.5 mm白玻	樘	22.00	1237.18	27217.96	
39	02040601004	铝合金窗白铝白玻推拉窗 C6 (900 mm×900 mm) 1.窗制作、运输、安装；2.五金、玻璃安装；3.70 系列不带亮、双扇、厚1.2 mm白铝；厚4.5 mm白玻	樘	22.00	157.98	3475.56	
40	02040603003	铝合金窗白铝白玻固定窗 C7 (3060 mm×24750 mm) 1.窗制作、运输、安装；2.五金、玻璃安装；3.70 系列、3×14 分格、厚1.4 mm白铝；厚4.5 mm白玻	樘	2.00	14790.27	29580.54	
41	02040601005	铝合金窗白铝白玻推拉窗 C8 (2680 mm×2700 mm) 1.窗制作、运输、安装；2.五金、玻璃安装；3.70 系列带亮、三扇、厚1.4 mm白铝；厚4.5 mm白玻	樘	2.00	1415.57	2831.14	
42	02040601006	铝合金窗白铝白玻推拉窗 C9 (4200 mm×3200 mm) 1.窗制作、运输、安装；2.五金、玻璃安装；3.70 系列带亮、四扇、厚1.4 mm白铝；厚4.5 mm白玻	樘	8.00	2623.69	20989.52	

续表 5－9

序号	项目编码	项目名称	计量单位	工程量	单价/元	合价/元	备注
43	02040601007	铝合金窗白铝白玻推拉窗 C10 (4000 mm×3200 mm) 1. 窗制作、运输、安装；2. 五金、玻璃安装；3. 70 系列带亮、四扇、厚1.4 mm白铝；厚4.5 mm白玻	樘	12.00	2499.21	29990.52	
44	02040601008	铝合金窗白铝白玻推拉窗 C11 (2300 mm×3200 mm) 1. 窗制作、运输、安装；2. 五金、玻璃安装；3. 70 系列带亮、四扇、厚1.4 mm白铝；厚4.5 mm白玻	樘	4.00	1435.10	5740.4	
45	02040601009	铝合金窗白铝白玻推拉窗 C12 (2515 mm×3300 mm) 1. 窗制作、运输、安装；2. 五金、玻璃安装；3. 70 系列带亮、四扇、厚1.4 mm白铝；厚4.5 mm白玻	樘	5.00	1620.58	8102.9	
46	02040601010	铝合金窗白铝白玻推拉窗 C13 (2820 mm×2700 mm) 1. 窗制作、运输、安装；2. 五金、玻璃安装；3. 70 系列带亮、四扇、厚1.4 mm白铝；厚4.5 mm白玻	樘	2.00	1483.92	2967.84	
47	02040601011	铝合金窗白铝白玻推拉窗 C14 (2445 mm×3300 mm) 1. 窗制作、运输、安装；2. 五金、玻璃安装；3. 70 系列带亮、四扇、厚1.4 mm白铝；厚4.5 mm白玻	樘	12.00	1575.03	18900.36	
48	02040601012	铝合金窗白铝白玻推拉窗 C15 (5460 mm×1800 mm) 1. 窗制作、运输、安装；2. 五金、玻璃安装；3. 70 系列带亮、四扇、厚1.4 mm白铝；厚4.5 mm白玻	樘	6.00	1919.97	11519.82	

续表 5-9

序号	项目编码	项目名称	计量单位	工程量	单价/元	合价/元	备注
49	020406001013	铝合金窗白铝白玻推拉窗 C16 (2000 mm×1800 mm) 1.窗制作、运输、安装;2.五金、玻璃安装;3.70 系列不带亮、双扇、厚1.4 mm白铝; 厚4.5 mm白玻	樘	20.00	702.90	14058	
50	020406001014	铝合金窗白铝白玻推拉窗 C17 (1960 mm×1800 mm) 1.窗制作、运输、安装;2.五金、玻璃安装;3.70 系列不带亮、双扇、厚1.4 mm白铝; 厚4.5 mm白玻	樘	6.00	689.89	4139.34	
51	020406001015	铝合金窗白铝白玻推拉窗 C18 (5400 mm×1800 mm) 1.窗制作、运输、安装;2.五金、玻璃安装;3.70 系列不带亮、五扇、厚1.4 mm白铝; 厚4.5 mm白玻	樘	70.00	1897.84	132848.8	
52	020406001016	铝合金窗白铝白玻推拉窗 C19 (1600 mm×1800 mm) 1.窗制作、运输、安装;2.五金、玻璃安装;3.70 系列不带亮、双扇、厚1.4 mm白铝; 厚4.5 mm白玻	樘	90.00	562.32	50608.8	
53	020406001017	铝合金窗白铝白玻推拉窗 C20 (26360 mm×1800 mm) 1.窗制作、运输、安装;2.五金、玻璃安装;3.70 系列不带亮、二十四扇、厚1.4 mm白铝;厚4.5 mm白玻	樘	10.00	11681.57	116815.7	
54	020406001018	铝合金窗白铝白玻推拉窗 C21 (27760 mm×1800 mm) 1.窗制作、运输、安装;2.五金、玻璃安装;3.70 系列不带亮、二十六扇、厚1.4 mm白铝;厚4.5 mm白玻	樘	10.00	12301.96	123019.6	

续表 5－9

序号	项目编码	项目名称	计量单位	工程量	单价/元	合价/元	备注
55	020406001019	铝合金窗白铝白玻推拉窗 C22（28560 mm×1800 mm）1. 窗制作、运输、安装；2. 五金、玻璃安装；3. 70 系列不带亮、二十六扇、厚 1.4 mm白铝；厚4.5 mm白玻	樘	10.00	12656.47	126564.7	
56	020406001020	铝合金窗白铝白玻推拉窗 C23（3060 mm×1800 mm）1. 窗制作、运输、安装；2. 五金、玻璃安装；3. 70 系列不带亮、三扇、厚 1.4 mm白铝；厚4.5 mm白玻	樘	20.00	1075.83	21516.6	
57	020406001021	铝合金窗白铝白玻推拉窗 C24（2820 mm×1800 mm）1. 窗制作、运输、安襄；2. 五金、玻璃安装；3. 70系列不带亮、三扇、厚1.4 mm白铝；厚4.5 mm白玻	樘	10.00	991.88	9918.8	
58	020406001022	铝合金窗白铝白玻推拉窗 C25（1800 mm×1800 mm）1. 窗制作、运输、安装；2. 五金、玻璃安装；3. 70系列不带亮、双扇、厚1.4 mm白铝；厚4.5 mm白玻	樘	76.00	632.51	48070.76	
59	020406001023	铝合金窗白铝白玻推拉窗 C26（4500 mm×1800 mm）1. 窗制作、运输、安装；2. 五金、玻璃安装；3. 70 系列不带亮、四扇、厚1.4 mm白铝；厚4.5 mm白玻	樘	40.00	1581.53	63261.2	
60	020406001024	铝合金窗白铝白玻推拉窗 C27（5600 mm×1800 mm）1. 窗制作、运榆、安装；2. 五金、玻璃安装；3. 70系列不带亮、五扇、厚1.4 mm白铝；厚4.5 mm白玻	樘	5.00	1968.13	9840.65	

续表 5-9

序号	项目编码	项目名称	计量单位	工程量	单价/元	合价/元	备注
61	020406001025	铝合金窗白铝白玻推拉窗 C28 (29960 mm×1800 mm) 1.窗制作、运输、安装;2.五金,玻璃安装;3.70 系列不带亮、二十八扇、厚1.4 mm白铝;厚4.5 mm白玻	樘	3.00	13277.68	39833.04	
62	020406001026	铝合金窗白铝白玻推拉窗 C29 (3200 mm×1800 mm) 1.窗制作、运输、安装;2.五金、玻璃安装;3.70 系列不带亮、三扇、厚1.4 mm白铝;厚4.5 mm白玻	樘	21.00	1125.02	23625.42	
63	020406001027	铝合金窗白铝白玻推拉窗 C30 (480 mm×1800 mm) 1.窗制作、运输、安装;2.五金、玻璃安装;3.70 系列不带亮、四扇、厚1.4 mm白铝;厚4.5 mm白玻	樘	14.00	1574.56	22043.84	
64	020406001028	铝合金窗白铝白玻推拉窗 C31 (3360 mm×1800 mm) 1.窗制作、运输、安装;2.五金、玻璃安装;3.70 系列不带亮、三扇、厚1.4 mm白铝;厚4.5 mm白玻	樘	12.00	1181.27	14175.24	
65	020406001029	铝合金窗白铝白玻推拉窗 C32 (3060 mm×1200 mm) 1.窗制作、运输、安装;2.五金、玻璃安装;3.70 系列不带亮、三扇、厚14 mm白铝;厚4.5 mm白玻	樘	4.00	717.55	2870.2	
66	020406001030	铝合金窗白铝白玻推拉窗 C33 (24160 mm×1800 mm) 1.窗制作、运输、安装;2.五金、玻璃安装;3.70 系列不带亮、二十二扇、厚1.4 mm白铝;厚4.5 mm白玻	樘	2.00	10709.14	21418.28	

续表 5－9

序号	项目编码	项目名称	计量单位	工程量	单价/元	合价/元	备注
67	020406001031	铝合金窗白铝白玻推拉窗 C34 (3360 mm×1200 mm) 1.窗制作、运输、安装;2.五金、玻璃安装;3.70 系列不带亮、二十二扇、厚1.4mm白铝;厚4.5 mm白玻	樘	2.00	790.77	1581054	
68	020406001032	铝合金窗白铝白玻推拉窗 C35 (99360 mm×1800 mm) 1.窗制作、运输、安装;2.五金、玻璃安装;3.70 系列不带亮、二十二扇、厚1.4 mm白铝;厚4.5 mm白玻	樘	3.00	44026.43	132079.29	
69	020406001033	铝合金窗白铝白玻推拉窗 C36 (6400 mm×1800 mm) 1.窗制作、运输、安装;2.五金、玻璃安装;3.70 系列不带亮、二十二扇、厚1.4 mm白铝;厚4.5 mm白玻	樘	4.00	2250.27	9001.08	
70	020406001034	铝合金窗白铝白玻推拉窗 C37 (5200 mm×1800 mm) 1.窗制作、运输、安装;2.五金、玻璃安装;3.70 系列不带亮、二十二扇、厚1.4 mm白铝;厚4.5 mm白玻	樘	2.00	1825.60	3651.2	
71	020406001035	铝合金窗白铝白玻推拉窗 C38 (3080 mm×1800 mm) 1.窗制作、运输、安装;2.五金、玻璃安装;3.70 系列不带亮、二十二扇、厚1.4 mm白铝;厚4.5 mm白玻	樘	4.00	1083.64	4334.56	
72	020406001036	铝合金窗白铝白玻推拉窗 C39 (8100 mm×1800 mm) 1.窗制作、运输、安装;2.五金、玻璃安装;3.70 系列不带亮、二十二扇、厚1.4 mm白铝;厚4.5 mm白玻	樘	2.00	2850.67	5701.34	

续表 5-9

序号	项目编码	项目名称	计量单位	工程量	单价/元	合价/元	备注
73	020406001037	铝合金窗白铝白玻璃 C40 (9200 mm×1800 mm) 1.窗制作、运输、安装;2.五金、玻璃安装;3.70 系列不带亮、八扇、厚1.4 mm 白铝;厚4.5 mm白玻	樘	1.00	3241.16	3241.16	
74	0204060011038	铝合金窗白铝白玻璃 C41 (600 mm×600 mm) 1.窗制作、运输、安装;2.五金、玻璃安装;3.70 系列不带亮、双扇、厚1.4 mm 白铝;厚4.5 mm白玻	樘	20.00	70.29	1450.8	
		B.5 油漆、涂料、裱糊工程					
75	020506001001	抹灰面油漆 墙面刷乳胶漆 1.基层处理;2.刮腻子;3.刷、喷涂料,底漆二遍,面漆二遍	m^2	22206.63	4.53	100596.0339	
76	020506001002	抹灰面油漆,墙面刷乳胶漆 1.基层处理;2.刮腻子;3.刷、喷涂料,底漆二遍,面漆二遍	m^2	38280.55	4.98	190637.139	
		B. 6 其他工程					
77	020603001001	国产黑金沙大理石洗手台 1.台面及支架制作、运输、安装;2.配件安装	m^2	61.02	557.26	34004.0052	
		合计				6491681.21	

表 5-10 措施项目计价表

序号	项目名称	金额/元
1	通用项目	215093
1.1	环境保护	10000
1.2	文明施工	15000
1.3	安全事故	22017
1.4	临时施工	66051
1.5	夜间施工	10000
1.6	二次搬运	

续表 5－10

序号	项目名称	金额/元
1.7	大型机械设备进退场及安拆	
1.8	混凝土、钢筋混凝土模板及支架	
1.9	脚手架	87025
1.10	已完工程及设备保护	5000
1.11	施工排水、降水	
2	建筑工程、装饰装修工程	116197
2.1	垂直运输机械	86197
2.2	室内空气污染测试	30000
	合计	331290

表 5－11 其他项目清单计价表

序号	名称	金额/元
1	招标人部分	
1.1	预留金	500000
1.2	材料购置费	120000
1.3	其他	
	小计	620000
2	投标人部分	
2.1	总承包服务费	2400
2.2	零星工作费	
2.3	其他	2400
	小计	
	合计	

第二节 工程量清单项目实训

一、家装工程清单项目实训

1. 内容要求

根据提供的沫若公馆建筑装饰工程图纸，编制该装饰装修工程分部分项工程量清单和单价措施项目清单（只计算脚手架、安全文明施工费、临时设施费）。

2. 编制依据

(1)《建筑工程工程量清单计价规范》(GB 50500—2013)；
(2)《房屋建筑与装饰工程工程量计算规范》(GB 50854—2013)；
(3)提供的建筑装饰施工图纸（沫若公馆装修施工图）；
(4)相关要求。

3. 形式

(1)采用手工算量；
(2)按照提供的表格填写和计算相关内容。

4. 上交资料

(1)分部分项工程量清单；
(2)措施项目工程量清单；
(3)工程量计算书。

5. 说明

(1)根据设计图纸编制清单；
(2)图纸没有说明的做法按照常规做法编制；
(3)生活阳台只计算顶面和地面；
(4)所有建筑安装部分不计算；
(5)饰面板装饰表面的防护（如油漆等）列入饰面板项目，不单独列清单项目。

6. 实训具体内容安排

实训具体内容安排详见二维码。

二、公装工程清单项目实训

1. 内容要求

根据提供的 XX 酒店三层多功能厅建筑装饰图纸，编制该装饰装修工程分部分项工程量清单。

2. 编制依据

(1)《建筑工程工程量清单计价规范》(GB 50500—2013)；

(2)《房屋建筑与装饰工程工程量计算规范》(GB50854—2013)；

(3)提供的建筑装饰施工图纸(多功能厅装修施工图)；

(4)相关要求。

3. 形式

(1)采用手工算量；

(2)按照提供的表格填写和计算相关内容。

4. 上交资料

(1)分部分项工程量清单；

(2)工程量计算书。

5. 说明

(1)根据设计图纸编制多功能厅内装饰清单；

(2)图纸没有说明的做法按照常规做法编制；

(3)所有建筑安装部分不计算；

(4)饰面板装饰表面的防护(如油漆、乳胶漆等)单独列清单项目；

(5)所有门口采用石材门槛石，主入口门槛石宽度为 520 mm，其余门口门槛石宽度为 350 mm。

6. 实训具体内容安排

实训具体内容安排详见二维码。

本章小结

1. 家装工程清单计量与计价文件的编制内容和方法。

2. 公装工程清单计量与计价文件的编制内容和方法。

能力训练

(略)

参考文献

[1]袁建新.建筑工程预算[M].北京:中国建筑工业出版社,2007.
[2]王春宁.建筑工程预算[M].哈尔滨:黑龙江科学技术出版社,2000.
[3]刘宝生.建筑工程预算[M].北京:机械工业出版社,2011.
[4]宋芳.建筑工程定额与预算[M].北京:机械工业出版社,2011.
[5]任波远,曹文萍.建筑工程预算[M].北京:机械工业出版社,2010.
[6]谭大璐.工程估价[M].北京:中国建筑工业出版社,2005.
[7]李佐华.建筑工程计量与计价[M].北京:高等教育出版社,2005.
[8]建设工程工程量清单计价规范(GB 50500—2013)[S].北京:中国计划出版社,2013.
[9]房屋建筑与装饰工程计量规范(GB 500854—2013)[S].北京:中国计划出版社,2013.
[10]规范编制组.2013 建设工程计价计量规范辅导.[M].北京:中国计划出版社,2013.
[11]袁建新.工程量清单计价.[M].北京:中国建筑工业出版社,2010.
[12]王广军,徐晓峰.建筑工程计量与计价.[M].天津:天津科学技术出版社,2013.
[13]王代荣,俞进萍.建筑室内装饰预算[M].北京:机械工业出版社,2007.